工程有限元法基本原理

李立新　编著

ZHEJIANG UNIVERSITY PRESS
浙江大学出版社

图书在版编目（CIP）数据

工程有限元法基本原理 / 李立新编著. —杭州：浙江大学出版社，2019.7
ISBN 978-7-308-19245-3

Ⅰ. ①工… Ⅱ. ①李… Ⅲ. ①有限元法—应用—工程设计 Ⅳ. ①TB21

中国版本图书馆 CIP 数据核字（2019）第 125284 号

工程有限元法基本原理

李立新　编著

责任编辑　杜希武
责任校对　陈静毅　汪志强
封面设计　刘依群
出版发行　浙江大学出版社
（杭州市天目山路 148 号　邮政编码 310007）
（网址：http://www.zjupress.com）
排　　版　杭州好友排版工作室
印　　刷　嘉兴华源印刷厂
开　　本　787mm×1092mm　1/16
印　　张　11.25
字　　数　280 千
版 印 次　2019 年 7 月第 1 版　2019 年 7 月第 1 次印刷
书　　号　ISBN 978-7-308-19245-3
定　　价　39.00 元

浙江大学出版社市场运营中心联系方式：(0571) 88925591；http://zjdxcbs.tmall.com

前　言

有限元分析已经成为现代工程设计不可或缺的辅助工具。从机械、建筑、桥梁设计到飞机、水电、核电设计，举凡涉及复杂结构、介质与载荷的场合，都需要使用这一工具进行仿真分析，以优化设计并确保安全。

当今，工程设计人员自己编程进行有限元分析的做法已经过时，直接采用商品化有限元分析软件(如 ANSYS)解决设计中面临的工程分析问题具有自己编程无法比拟的性价比。与此同时，一些计算机辅助设计软件，如 SolidWorks，也已经集成了部分有限元分析模块。专业有限元分析软件与集成在计算机辅助设计软件中的有限元分析模块，这两种工具的关系，类似于照相机与集成在手机上的照相机组件之间的关系：前者专业，后者便捷。但无论是专业软件还是集成模块，要想用好这些商品化的有限元分析工具，单纯学习软件使用手册与重复实例练习是远远不够的。只有真正理解了有限元法的基本原理和数学逻辑，并对其优势与局限有所了解，才能正确地抽象和简化工程问题，设置合理的分网密度与加载方式，选择合适的求解算法，最终获得有效的分析结果。

然而，深入浅出地讲好有限元法的基本原理和数学逻辑并不容易。注重有限元法原理的书籍往往都是从某种数学理论讲起，涉及多数读者并不熟悉的变分法或者某种极值原理以及复杂的编程技巧，从而使读者陷入数学上的困境，难以看清有限元法的逻辑脉络，因而并不适合当今时代的多数读者。正因如此，已经出版的多数关于有限元法的书籍都采取了避开理论，或者只是简单地罗列理论公式，而重点讲解实例操作的策略。这类书籍虽然拥有众多读者，但对读者真正理解有限元法的原理帮助不大。正是在这种情形下，作者根据多年的教学工作与工程实践经验，觉得有必要从便于工科学生和工程设计人员理解的角度，而不是从理论研究和编程开发的角度，编写一本结合工程实例讲述有限元法基本原理的教程。这就是编写此书的初衷。

因此，本书面向的读者，既不是有限元理论的研究者，也不是有限元软件的开发者，而是有限元软件的使用者，他们通常是具有大专基础的工科学生和工程设计人员。

为了方便读者，部分例题及习题答案的电子文档分享在百度网盘中，如有需要，可扫描封底的二维码免费下载。

限于作者水平，书中错误与不足在所难免，恳请读者来信批评指正：lilixin@zju. edu. cn。

李立新

2018 年 12 月于求是园

目　录

第1章

预备知识

初学者往往以为，有限元法可以代替专业领域的基本理论而直接解决实际问题。但事实刚好相反，专业领域的基本理论与必要的数学知识，才是理解有限元法并将其正确应用于相关专业领域以解决工程问题的前提。为此，本章列出了理解后续各章内容所需的预备知识以供参考。读者若需要了解更多细节以确认其正确性或进一步了解有关方程的来历，谨请查阅相关专业书籍。

1.1 拉格朗日插值

设已知函数 $f(x)$ 在 $x_1, x_2, \cdots, x_m$ ($x_1 < x_2 < \cdots < x_m$) 处的值分别为 $\varphi_1, \varphi_2, \cdots, \varphi_m$，则在 $[x_1, x_m]$ 内，函数 $f(x)$ 的一种近似估计为

$$\varphi(x) = \sum_{i=1}^{m} L_i(x)\varphi_i \tag{1.1}$$

其中

$$L_i(x) = \prod_{j=1, j\neq i}^{m} \frac{x - x_j}{x_i - x_j} \qquad (i = 1, 2, \cdots, m) \tag{1.2}$$

称为 $m-1$ 次拉格朗日插值多项式。容易验证

$$\begin{cases} L_i(x_i) = 1, \quad L_i(x_{j\neq i}) = 0 \qquad (i = 1, 2, \cdots, m) \\ \sum_{i=1}^{m} L_i(x) \equiv 1 \end{cases} \tag{1.3}$$

因而式(1.1)必然通过型值点 $(x_1, \varphi_1), (x_2, \varphi_2), \cdots, (x_m, \varphi_m)$，称为拉格朗日插值。容易验证

当 $m=2$ 时

$$L_1(x) = \frac{x - x_2}{x_1 - x_2}; \qquad L_2(x) = \frac{x - x_1}{x_2 - x_1} \tag{1.4}$$

若 $x_1 = -1, x_2 = 1$，则

$$L_1(x) = \frac{1}{2}(1 - x); \qquad L_2(x) = \frac{1}{2}(1 + x) \tag{1.5}$$

当 $m=3$ 时

$$L_1(x)=\frac{(x-x_2)(x-x_3)}{(x_1-x_2)(x_1-x_3)};\ L_2(x)=\frac{(x-x_1)(x-x_3)}{(x_2-x_1)(x_2-x_3)};\ L_3(x)=\frac{(x-x_1)(x-x_2)}{(x_3-x_1)(x_3-x_2)} \tag{1.6}$$

若 $x_1=-1, x_2=0, x_3=1$，则

$$L_1(x)=\frac{1}{2}x(x-1);\quad L_2(x)=(1-x)(1+x);\quad L_3(x)=\frac{1}{2}x(x+1) \tag{1.7}$$

本节内容与有限元法的关联：拉格朗日插值的核心思想，是用插值多项式函数与域内型值点的函数值进行线性组合来估算全域内的函数值。在有限元法中，这样的型值点称为结点，由若干相邻结点围合而成的区域称为单元，在单元内分布的某个待求函数称为场函数，而单元域内的场函数总是用单元结点的场值与某种插值多项式（未必是拉格朗日插值多项式）的线性组合来估算的。这时的插值多项式，称为形函数。因此，理解拉格朗日插值的原理，是理解有限元法的基础。

1.2　伽辽金法

设在 t 时刻，空域 $\Omega(x,y,z)$ 内及其边界 Σ 上，分布着一个未知的场函数 $u=u(x,y,z)$，已知它所满足的偏微分方程为

$$\mathbb{A}(u)=0 \qquad (x,y,z)\in\Omega \tag{1.8}$$

边界条件为

$$\mathbb{B}(u)=0 \qquad (x,y,z)\in\Sigma \tag{1.9}$$

其中$\mathbb{A}$，$\mathbb{B}$ 是 u 对(x,y,z)的微分算子。

在一般情形下，未知函数 u 不存在解析解，因而需要一个求解近似解的方法。伽辽金法正是这样一种方法，其具体做法如下

首先，选取 m 个形函数 $\mathbf{N}(x,y,z)=[N_1\ N_2 \cdots\ N_m]$，它们必须满足三个要求：1）其适当的线性组合能够表示任意函数，只要 m 足够大；2）这个适当的线性组合能够自动满足边界条件(1.9)；3）这 m 个形函数在区域 Ω 内是线性无关的，即仅当所有组合系数同为零时，其线性组合才在区域 Ω 内恒为零。这样，u 的近似解（m 项解）可以表示为

$$u^{(m)}=\sum_{i=1}^{m}N_i u_i^{(m)}=\mathbf{N}\boldsymbol{u}^{(m)} \tag{1.10}$$

其中的组合系数

$$\boldsymbol{u}^{(m)}=[u_1^{(m)}\ u_2^{(m)}\ \cdots\ u_m^{(m)}]^{\mathrm{T}} \tag{1.11}$$

可由以下方程组决定

$$\iiint_{\Omega} \boldsymbol{N}^{\mathrm{T}} \mathbb{A}(u^{(m)}) \mathrm{d}\Omega = 0 \tag{1.12}$$

式(1.12)通常会转变成 m 个代数方程,并且根据前述第三个要求,式(1.12)通常会有唯一的非零解。

例 1.1:已知函数 u 在域[0,1]内满足微分方程

$$\ddot{u}(x) + u(x) + x = 0 \qquad [1]$$

和边界条件

$$\begin{cases} u(0) = 0 \\ u(1) = 0 \end{cases} \qquad [2]$$

求其近似解。

解法一:选取 m 个形函数为

$$x(1-x), x^2(1-x), \cdots, x^m(1-x) \qquad (m = 1, 2, \cdots) \qquad [3]$$

则方程[1]的 m 项解为

$$u^{(m)}(x) = x(1-x)(u_1^{(m)} + u_2^{(m)} x + \cdots + u_m^{(m)} x^{m-1}) \qquad (m = 1, 2, \cdots) \qquad [4]$$

易知,这 m 个形函数满足前面所提的三个要求。

现取一项近似解,即 $m = 1$,代入(1.12),得

$$\int_0^1 x(1-x)[u_1^{(1)}(-x^2 + x - 2) + x]\mathrm{d}x = 0 \qquad [5]$$

即

$$[\int_0^1 x(1-x)(-x^2 + x - 2)\mathrm{d}x]u_1^{(1)} + \int_0^1 x(1-x)x\mathrm{d}x = 0 \qquad [6]$$

解之,有:$u_1^{(1)} = 5/18$,因此一项近似解为

$$u^{(1)}(x) = (5/18)x(1-x) \qquad [7]$$

取两项近似解代入(1.12),得

$$\int_0^1 \begin{bmatrix} x(1-x) \\ x^2(1-x) \end{bmatrix} [x + u_1^{(2)}(-2 + x - x^2) + u_2^{(2)}(2 - 6x + x^2 - x^3)]\mathrm{d}x = 0 \qquad [8]$$

即

$$\begin{cases} [\int_0^1 x(1-x)(-2 + x - x^2)\mathrm{d}x]u_1^{(2)} + [\int_0^1 x(1-x)(2 - 6x + x^2 - x^3)\mathrm{d}x]u_2^{(2)} + \\ \int_0^1 x^2(1-x)\mathrm{d}x = 0 \\ [\int_0^1 x^2(1-x)(-2 + x - x^2)\mathrm{d}x]u_1^{(2)} + [\int_0^1 x^2(1-x)(2 - 6x + x^2 - x^3)\mathrm{d}x]u_2^{(2)} + \\ \int_0^1 x^3(1-x)\mathrm{d}x = 0 \end{cases} \qquad [9]$$

解之，有：$u_1^{(2)} = 71/369, u_2^{(2)} = 7/41$，因此两项近似解为

$$u^{(2)}(x) = x(1-x)(71/369 + 7x/41) \tag{10}$$

解法二：另取 $n+1$ 个形函数为

$$N_1^{(n+1)}(x) = \begin{cases} -nx+1 & [0,1/n] \\ 0 & \text{其余} \end{cases}$$

$$N_i^{(n+1)}(x) = \begin{cases} nx-(i-2) & [(i-2)n,(i-1)n] \\ -nx+i & [(i-1)/n,i/n] \\ 0 & \text{其余} \end{cases} \qquad (i = 2,3,\cdots,n;\quad n = 2,3,\cdots)$$

$$N_{n+1}^{(n+1)}(x) = \begin{cases} nx-(n-1) & [(n-1)/n,1] \\ 0 & \text{其余} \end{cases}$$

$$\tag{11}$$

称为分段线性函数，当 $n = 4$ 时，如图 1-1 所示。

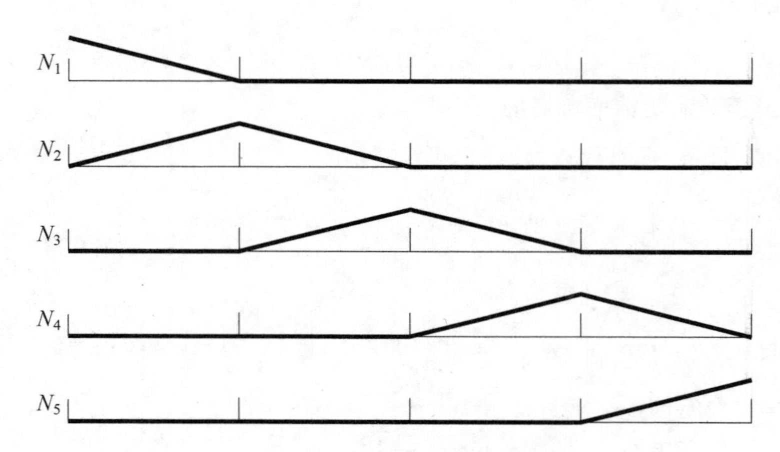

图 1-1　当 $n = 4$ 时的分段函数，每个函数的最大值为 1

则方程[1]的 $n+1$ 项解为

$$u^{(n+1)}(x) = \sum_{i=1}^{n+1} N_i^{(n+1)}(x) u_i^{(n+1)} \qquad (n = 2,3,\cdots) \tag{12}$$

其中

$$u_1^{(n+1)} = u(0), \qquad u_{n+1}^{(n+1)} = u(1) \tag{13}$$

显然，这 $n+1$ 个形函数满足前述的三个条件；如将(1.3)中的函数 L_i 换作 N_i，则同样成立。

直接求导，$n+1$ 项解[12]的一阶导数为

$$\dot{u}^{(n+1)}(x) = \begin{cases} n(u_2^{(n+1)} - u_1^{(n+1)}) & [0,1/n] \\ n(u_{i+1}^{(n+1)} - u_i^{(n+1)}) & [(i-1)/n,i/n] \\ n(u_{n+1}^{(n+1)} - u_n^{(n+1)}) & [(n-1)/n,1] \end{cases} \qquad (i = 2,3,\cdots,n-1) \tag{14}$$

用差分估算(首末两段内的差分采用各自靠近内部结点处的差分值),$n+1$ 项解[12]的二阶导数为

$$\ddot{u}^{(n+1)}(x)=\begin{cases}n^2(u_3^{(n+1)}-2u_2^{(n+1)}+u_1^{(n+1)}) & [0,1/n]\\ n^2(u_{i+2}^{(n+1)}-u_{i+1}^{(n+1)}-u_i^{(n+1)}+u_{i-1}^{(n+1)})/2 & [(i-1)/n,i/n]\quad (i=2,3,\cdots,n-1)\\ n^2(u_{n+1}^{(n+1)}-2u_n^{(n+1)}+u_{n-1}^{(n+1)}) & [(n-1)/n,1]\end{cases}\tag{15}$$

取 3 项解,即 $n=2$,有

$$u^{(3)}(x)=\sum_{i=1}^{3}u_i^{(3)}N_i^{(3)}(x)\tag{16}$$

其中

$$N_1^{(3)}(x)=\begin{cases}-2x+1 & [0,1/2]\\ 0 & 其余\end{cases}$$
$$N_2^{(3)}(x)=\begin{cases}2x & [0,1/2]\\ -2x+2 & [1/2,1]\\ 0 & 其余\end{cases}\tag{17}$$
$$N_3^{(3)}(x)=\begin{cases}2x-1 & [1/2,1]\\ 0 & 其余\end{cases}$$

同时

$$u_1^{(3)}=0,\qquad u_3^{(3)}=0,\qquad \ddot{u}^{(3)}(x)=-8u_2^{(3)}\tag{18}$$

由于3个待定系数中首末两个已经确定,只有中间一个待求,因此在(1.12)中只取中间一式,有

$$\int_0^1 N_2^{(3)}(x)[-8u_2^{(3)}+u_2^{(3)}N_2^{(3)}(x)+x]\mathrm{d}x=0\tag{19}$$

解之,有

$$u_2^{(3)}=3/44\tag{20}$$

取 4 项解,即 $n=3$,有

$$N_1^{(4)}(x)=\begin{cases}-3x+1 & [0,1/3]\\ 0 & 其余\end{cases}$$
$$N_2^{(4)}(x)=\begin{cases}3x & [0,1/3]\\ -3x+2 & [1/3,2/3]\\ 0 & 其余\end{cases}$$

$$N_3^{(4)}(x)=\begin{cases}3x-1 & [1/3,23]\\ -3x+3 & [2/3,1]\\ 0 & \text{其余}\end{cases}$$

$$N_4^{(4)}(x)=\begin{cases}3x-2 & [2/3,1]\\ 0 & \text{其余}\end{cases} \qquad [21]$$

同时

$$u_1^{(4)}=0$$

$$u_4^{(4)}=0$$

$$\ddot{u}^{(4)}(x)=\begin{cases}9(u_3^{(4)}-2u_2^{(4)}) & [0,1/3]\\ 9(-u_3^{(4)}-u_2^{(4)})/2 & [1/3,2/3]\\ 9(-2u_3^{(4)}+u_2^{(4)}) & [2/3,1]\end{cases} \qquad [22]$$

由于4个待定系数中首末两个已经确定，只有中间两个待求，因此在(1.12)中只取中间两式，有

$$\begin{cases}\int_0^{1/3}3x[9(u_3^{(4)}-2u_2^{(4)})+u_2^{(4)}\cdot 3x+x]\mathrm{d}x+\\ \quad\int_{1/3}^{2/3}(-3x+2)[9(-u_3^{(4)}-u_2^{(4)})/2+u_2^{(4)}(-3x+2)+u_3^{(4)}(3x-1)+x]\mathrm{d}x=0\\ \int_{1/3}^{2/3}(3x-1)[9(-u_3^{(4)}-u_2^{(4)})/2+u_2^{(4)}(-3x+2)+u_3^{(4)}(3x-1)+x]\mathrm{d}x+\\ \quad\int_{2/3}^{1}(-3x+3)[9(-2u_3^{(4)}+u_2^{(4)})+u_3^{(4)}(-3x+3)+x]\mathrm{d}x=0\end{cases}$$

[23]

解之，有

$$u_2^{(4)}=185/3822,\quad u_3^{(4)}=283/3822 \qquad [24]$$

可以验证，这个问题的精确解为

$$u(x)=\frac{\sin x}{\sin 1}-x \qquad [25]$$

为对照起见，将近似解[7]、[10]、[20]、[24]与精确解[25]分别用图形显示在图1-2中。

本节内容与有限元法的关联：通过对照可以看出，例1.1中的两种方法都可以使近似解收敛到精确解，但两种方法各有特点。第一种方法是全域逼近的，它通过提高全域内插值函数的次数来逼近真解；第二种方法是局域逼近的，它通过提高对域划分的段数来逼近真解。通常情形下，全域逼近收敛更快，但要找到自动满足边界条件的函数系列并不容易，特别是对二维、三维的具有一般形状空域的问题，这样的解析函数系列往往并不存在；在这种情形

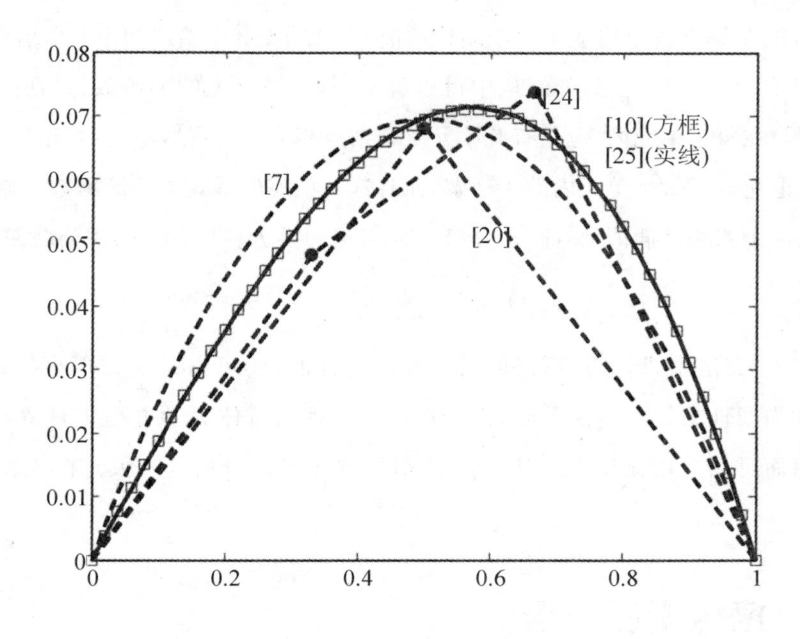

图 1-2　两种近似方法与精确解的对照

下，就需要在(1.12)中将对边界条件(1.9)的相应积分也考虑进去，从而使之变得复杂。这种全域逼近的方法称为谱方法，在 ANSYS 的早期版本中称为 p- 方法，现已废弃不用。与此相反，局域逼近虽然收敛较慢，但由于近似函数采用分段插值的方式，可以自动满足边界条件，因而在有限元分析中得到广泛应用，在 ANSYS 中称为 h- 方法。从图 1-1 中可以看出，每一个分段点(对应于有限元法中的结点)对应一个形函数，每个形函数只在包含此分段点的分段(对应于有限元法中的单元)内不为零；在任一分段内，也只有与此段分段点相应的形函数不为零。因此，所有形函数与分段点场值的线性组合，既在全域上完成了一个形态自由

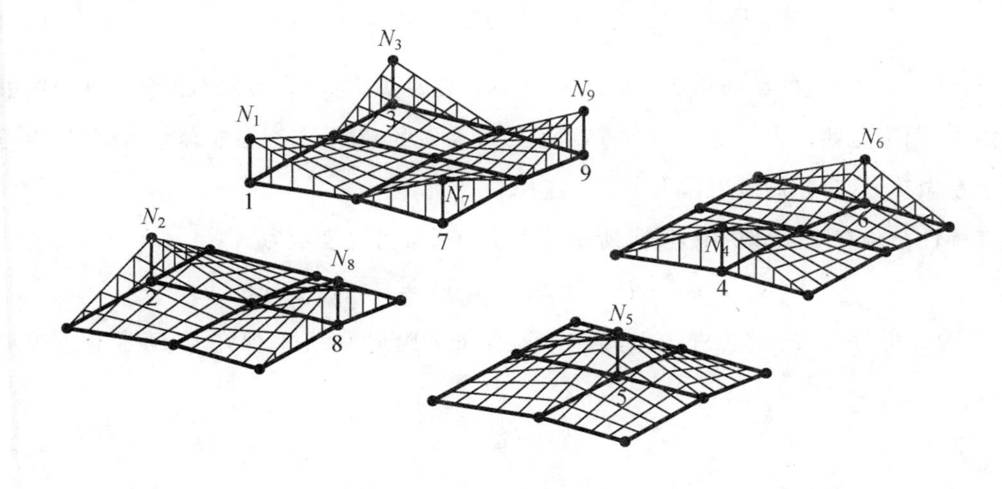

图 1-3　四单元平面域上的 9 个分段双线性函数，每个函数的最大值为 1

的分段插值，也在每个段内完成了一个线性插值。再如图 1-3 中给出的由 9 个结点 4 个单元构成的平面域上的 9 个双线性形函数，从中可以看出：每个结点上的形函数，只在此结点相邻的单元内不为零；在每个单元内，也只有此单元 4 个结点相应的形函数不为零。这样，在全域 Ω 上的 9 项解，就退化成了每个单元内的 4 项解，而且这 4 项解的形式正是形函数与单元结点场值的线性组合：一个双线性插值。因此，积分(1.12) 可以转换为在单元上的积分之和，即

$$\iiint_{\Omega}\boldsymbol{N}^{\mathrm{T}}\mathbb{A}\left(u^{(m)}\right)\mathrm{d}\Omega=\sum_{e}\iiint_{e}\boldsymbol{N}^{\mathrm{T}}\mathbb{A}\left(u^{(m)}\right)\mathrm{d}\Omega=0 \tag{1.13}$$

当然，在 h- 方法中，形函数不仅可以是分段线性的，还可以是次数更高的；与此相应的单元，分别称为线性单元与高次单元。由于传热学方程与流体力学方程正是按照(1.8) 的形式给出的，因而可以采用伽辽金法(h- 方法) 分别导出传热分析的有限元格式和流体分析的有限元格式。

1.3 拉格朗日方程

假设由 n 个质点构成的质点系，其全部质点的位置坐标可以表示为

$$x_k=x_k(Q_1,Q_2,\cdots,Q_M)\qquad(k=1,2,\cdots,3n) \tag{1.14}$$

即可以由 M 个独立参数或称为广义坐标 $Q_j(j=1,2,\cdots,M)$ 决定，则称式(1.14) 为此质点系受到的几何约束。此时，质点系的运动满足拉格朗日方程

$$\frac{\mathrm{d}}{\mathrm{d}t}\left(\frac{\partial T}{\partial\dot{Q}_j}\right)-\frac{\partial T}{\partial Q_j}=F_j\qquad(j=1,2,3,\cdots,M) \tag{1.15}$$

其中 T 是系统的动能，$\dot{Q}_j$ 是广义速度，F_j 是与广义坐标 Q_j 相应的广义力，其定义为

$$F_j=\sum_{k=1}^{3n}\frac{\partial x_k}{\partial Q_j}X_k\qquad(j=1,2,3,\cdots,M) \tag{1.16}$$

其中 X_k 是与 x_k 相应的某质点所受的沿 x_k 方向的主动力。主动力通常不包含由理想约束产生的内力，因为这些内力的功之和为零，不会影响系统的动能。当存在非理想约束时，内力将对质点系做功，这时它们应当作为主动力考虑。

在弹性结构有限元分析中，质点所受的主动力通常可以表示为

$$X_k=G_k-P_k-C_k\dot{x}_k\qquad(k=1,2,\cdots,3n) \tag{1.17}$$

其中 G_k 是保守外力，P_k 是保守内力，第三项表示介质阻尼力，是非保守力，C_k 是速度阻尼系数。同时

$$G_k=\frac{\partial W}{\partial x_k};\quad P_k=\frac{\partial E}{\partial x_k}\qquad(k=1,2,\cdots,3n) \tag{1.18}$$

其中 W 是保守外力所做的功；E 是保守内力所做的功，它以弹性势能的形式存在于弹性结

构中。

当几何约束是线性约束时,式(1.14)成为

$$x_k = \sum_{j=1}^{M} h_{kj} Q_j \qquad (k = 1,2,\cdots,3n) \tag{1.19}$$

从而

$$\dot{x}_k = \sum_{j=1}^{M} h_{kj} \dot{Q}_j \qquad (k = 1,2,\cdots,3n) \tag{1.20}$$

其中 h_{kj} 是与 x_k 和 Q_j 相关的常数。显然,在这种情形下,Q_j 不会出现在 T 的表达式中,因此

$$\frac{\partial T}{\partial Q_j} = 0 \tag{1.21}$$

同时

$$\begin{aligned} F_j &= \sum_{k=1}^{3n} \frac{\partial x_k}{\partial Q_j}(G_k - P_k - C_k \dot{x}_k) = \sum_{k=1}^{3n} \frac{\partial x_k}{\partial Q_j}\frac{\partial W}{\partial x_k} - \sum_{k=1}^{3n} \frac{\partial x_k}{\partial Q_j}\frac{\partial E}{\partial x_k} - \sum_{k=1}^{3n} \frac{\partial x_k}{\partial Q_j} C_k \dot{x}_k \\ &= \frac{\partial W}{\partial Q_j} - \frac{\partial E}{\partial Q_j} - \sum_{k=1}^{3n} h_{kj} C_k \Big(\sum_{i=1}^{M} h_{ki} \dot{Q}_i\Big) = \frac{\partial W}{\partial Q_j} - \frac{\partial E}{\partial Q_j} - \sum_{i=1}^{M} \Big(\sum_{k=1}^{3n} C_k h_{ki} h_{kj}\Big) \dot{Q}_i \\ &= \frac{\partial W}{\partial Q_j} - \frac{\partial E}{\partial Q_j} - \sum_{i=1}^{M} C_{ij} \dot{Q}_i \qquad (j = 1,2,3,\cdots,M) \end{aligned} \tag{1.22}$$

其中 $C_{ij}\ (i,j = 1,2,\cdots,M)$ 是与 Q_i 和 Q_j 相关的线性阻尼系数,并且显然 $C_{ij} = C_{ji}$。
这时,拉格朗日方程(1.15)可用矩阵表示为

$$\frac{\mathrm{d}}{\mathrm{d}t}\left(\frac{\partial T}{\partial \dot{\boldsymbol{Q}}}\right) + \boldsymbol{C}\dot{\boldsymbol{Q}} + \frac{\partial E}{\partial \boldsymbol{Q}} = \frac{\partial W}{\partial \boldsymbol{Q}} \tag{1.23}$$

其中

$$\boldsymbol{Q} = \begin{bmatrix} Q_1 \\ Q_2 \\ \vdots \\ Q_M \end{bmatrix} \quad \dot{\boldsymbol{Q}} = \begin{bmatrix} \dot{Q}_1 \\ \dot{Q}_2 \\ \vdots \\ \dot{Q}_M \end{bmatrix} \quad \boldsymbol{C} = \begin{bmatrix} C_{11} & C_{12} & \cdots & C_{1M} \\ & C_{22} & \cdots & C_{2M} \\ & & \vdots & \vdots \\ S & & & C_{MM} \end{bmatrix} \tag{1.24}$$

$\boldsymbol{C}$ 称为介质阻尼矩阵,是一个对称矩阵。

例 1.2:如图 1-4 所示,一个质点系由两个振子与三根轻质弹簧(不计质量)组成。已知:两振子的质量分别为 m_1 和 m_2,弹簧的刚度系数分别为 k_1、k_2 和 k_3,两振子所受速度阻尼的系数为 C_1 和 C_2,作用于两振子上的外力分别为 G_1 和 G_2。试列出系统的动力学方程。

解:首先,选两质点从平衡位置发生的位移 x_1 与 x_2 为广义坐标,式(1.14)或(1.19)成为

$$x_k = Q_k \qquad (k = 1,2) \tag{[1]}$$

并且式(1.19)中系数 $h_{ij} = 1(i = j\ 时)$,$h_{ij} = 0(i \neq j\ 时)$,因而在式(1.23)中有

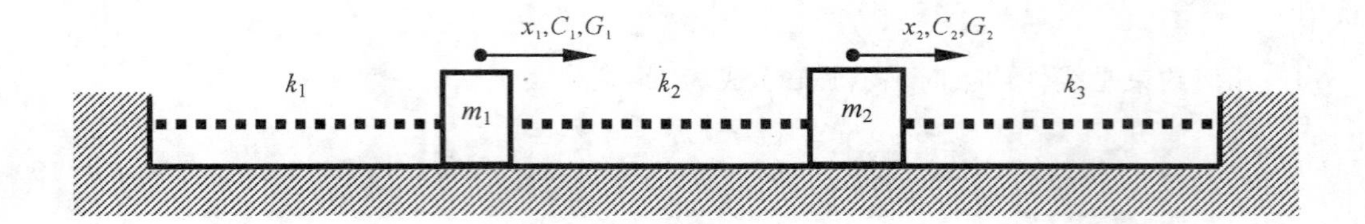

图 1-4 两自由度系统

$$\boldsymbol{C}=\begin{bmatrix}C_1 & 0\\0 & C_2\end{bmatrix} \tag{2}$$

考虑到

$$\begin{cases}T=\dfrac{1}{2}m_1\dot{x}_1^2+\dfrac{1}{2}m_2\dot{x}_2^2 & \Rightarrow \dfrac{\partial T}{\partial \dot{x}_1}=m_1\dot{x}_1;\quad \dfrac{\partial T}{\partial \dot{x}_2}=m_2\dot{x}_2;\\ E=\dfrac{1}{2}k_1x_1^2+\dfrac{1}{2}k_2(x_2-x_1)^2+\dfrac{1}{2}k_3x_2^2 & \Rightarrow \dfrac{\partial E}{\partial x_1}=(k_1+k_2)x_1-k_2x_2;\\ & \quad\ \dfrac{\partial E}{\partial x_2}=-k_2x_1+(k_2+k_3)x_2;\\ W=G_1x_1+G_2x_2 & \Rightarrow \dfrac{\partial W}{\partial x_1}=G_1;\dfrac{\partial W}{\partial x_2}=G_2\end{cases} \tag{3}$$

因此,方程(1.23)成为

$$\begin{bmatrix}m_1 & 0\\0 & m_2\end{bmatrix}\begin{bmatrix}\ddot{x}_1\\ \ddot{x}_2\end{bmatrix}+\begin{bmatrix}C_1 & 0\\0 & C_2\end{bmatrix}\begin{bmatrix}\dot{x}_1\\ \dot{x}_2\end{bmatrix}+\begin{bmatrix}k_1+k_2 & -k_2\\-k_2 & k_2+k_3\end{bmatrix}\begin{bmatrix}x_1\\x_2\end{bmatrix}=\begin{bmatrix}G_1\\G_2\end{bmatrix} \tag{4}$$

本节内容与有限元法的关联:在约束与外力共同作用下振动着的一块连续弹性结构体,可以视为一个受约束的质点系,其中的质点实为微元体。在完成单元划分与形函数选取之后,可以将结点位移视为广义坐标,而单元内部任意点的位移,进而连续弹性结构体内任一点的位移,或者说受约束的质点系中每个质点的坐标,都可以由结点位移的线性组合来表示。这个线性组合可视为在质点中引入了一个线性几何约束。在引入弹性力学方程与受线性几何约束的拉格朗日方程后,就可以导出弹性结构分析的有限元格式。

1.4 弹性力学基本方程

弹性力学最基本的假设是连续性假设,即认为所研究的弹性材料是由连续分布的物质组成的系统。如图 1-5 所示,在三维区域 $\Omega(x,y,z)$ 中,有一块连续的弹性结构体,其表面为 Σ。假设该弹性体在时变的位移约束与时变外力的共同作用下,产生了一个分布的位移场 $\boldsymbol{u}(t)=[u(x,y,z,t)\ v(x,y,z,t)\ w(x,y,z,t)]^{\mathrm{T}}$。时变的位移约束通常来自表面上的某些点,用 $\boldsymbol{u}_j(t)$ 表示,相应的约束反力为 $\boldsymbol{R}_j(t)=[R_x(t)\ R_y(t)\ R_z(t)]^{\mathrm{T}}$。时变外力通常包括三

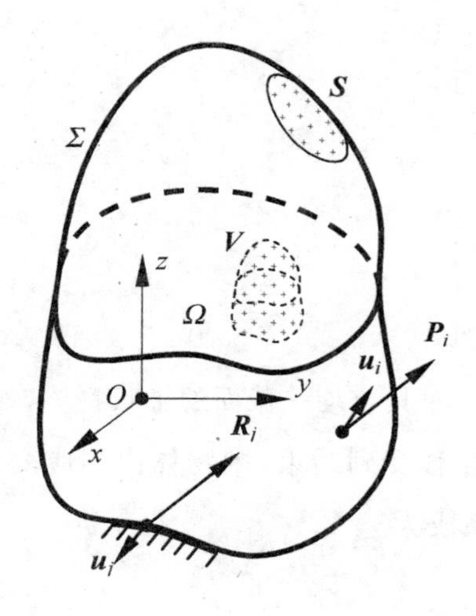

图 1-5　弹性结构体

种:体积分布载荷 $\boldsymbol{V}(t)=[V_x(t)\ V_y(t)\ V_z(t)]^{\mathrm{T}}$、表面面积分布载荷 $\boldsymbol{S}(t)=[S_x(t)\ S_y(t)\ S_z(t)]^{\mathrm{T}}$ 和集中载荷 $\boldsymbol{P}_i(t)=[P_x(t)\ P_y(t)\ P_z(t)]^{\mathrm{T}}$(与之相应点的位移为 $\boldsymbol{u}_i(t)$)。如果必须考虑沿曲线分布的载荷,只要事先将其离散成若干集中载荷即可。根据弹性力学理论,位移场 $\boldsymbol{u}(t)$ 将伴生相应的应变张量场,其 9 个分量中仅有 6 个是独立的,可用 $\boldsymbol{\varepsilon}(t)=[\varepsilon_x(t)\ \varepsilon_y(t)\ \varepsilon_z(t)\ \gamma_{yz}(t)\ \gamma_{zx}(t)\ \gamma_{xy}(t)]^{\mathrm{T}}$ 表示。同时伴生的还有应力张量场,其 6 个独立分量可表示为 $\boldsymbol{\sigma}(t)=[\sigma_x(t)\ \sigma_y(t)\ \sigma_z(t)\ \tau_{yz}(t)\ \tau_{zx}(t)\ \tau_{xy}(t)]^{\mathrm{T}}$。总结一下:在弹性力学中,外力是原因,变形是结果。

1.4.1　应变 - 位移关系

在小变形假设下,在任何时刻,应变 - 位移关系为

$$\begin{aligned}\boldsymbol{\varepsilon} &= [\varepsilon_x \quad \varepsilon_y \quad \varepsilon_z \quad \gamma_{yz} \quad \gamma_{zx} \quad \gamma_{xy}]^{\mathrm{T}} \\ &= \left[\frac{\partial u}{\partial x} \quad \frac{\partial v}{\partial y} \quad \frac{\partial w}{\partial z} \quad \frac{\partial v}{\partial z}+\frac{\partial w}{\partial y} \quad \frac{\partial w}{\partial x}+\frac{\partial u}{\partial z} \quad \frac{\partial u}{\partial y}+\frac{\partial v}{\partial x}\right]^{\mathrm{T}}\end{aligned} \tag{1.25}$$

1.4.2　应力 - 应变关系

对各向同性的线性弹性材料,在任何时刻,应力 - 应变关系即广义的虎克定理为

$$\boldsymbol{\sigma} = [\sigma_x \quad \sigma_y \quad \sigma_z \quad \tau_{yz} \quad \tau_{zx} \quad \tau_{xy}]^{\mathrm{T}} = \boldsymbol{D\varepsilon} \tag{1.26}$$

其中 $\boldsymbol{D}$ 是对称的材料矩阵

$$\boldsymbol{D}=\frac{E}{(1+\nu)(1-2\nu)}\begin{bmatrix}1-\nu & \nu & \nu & 0 & 0 & 0\\ \nu & 1-\nu & \nu & 0 & 0 & 0\\ \nu & \nu & 1-\nu & 0 & 0 & 0\\ 0 & 0 & 0 & 0.5-\nu & 0 & 0\\ 0 & 0 & 0 & 0 & 0.5-\nu & 0\\ 0 & 0 & 0 & 0 & 0 & 0.5-\nu\end{bmatrix} \tag{1.27}$$

其中E是弹性模量,ν是泊松比。对具有均一截面的轴状物体,如果所受载荷是横向的并沿轴向(z 向) 均匀分布,并且轴向位移受到约束,则物体内的应变状态称为平面应变,ε_z,γ_{yz} 与 γ_{zx} 为 0。这时,应力 - 应变关系成为

$$\begin{bmatrix}\sigma_x\\ \sigma_y\\ \tau_{xy}\end{bmatrix}=\frac{E}{(1+\nu)(1-2\nu)}\begin{bmatrix}1-\nu & \nu & 0\\ \nu & 1-\nu & 0\\ 0 & 0 & 0.5-\nu\end{bmatrix}\begin{bmatrix}\varepsilon_x\\ \varepsilon_y\\ \gamma_{xy}\end{bmatrix}$$

$$\sigma_z=\nu E(\varepsilon_x+\varepsilon_y)/(1+\nu)/(1-2\nu) \tag{1.28}$$

对很薄的平面物体,如果所受的载荷也在同一平面(xy 平面) 内,则物体内的应力状态称为平面应力,σ_z,τ_{yz} 和 τ_{zx} 为 0。在这种情形下,根据(1.26),γ_{yz} 和 γ_{zx} 必须为 0,而 ε_z 必须满足

$$\sigma_z=\nu\varepsilon_x+\nu\varepsilon_y+(1-\nu)\varepsilon_z=0 \tag{1.29}$$

因此

$$\varepsilon_z=\frac{-\nu}{1-\nu}(\varepsilon_x+\varepsilon_y) \tag{1.30}$$

考虑到这一关系,应力 - 应变关系成为

$$\begin{bmatrix}\sigma_x\\ \sigma_y\\ \tau_{xy}\end{bmatrix}=\frac{E}{1-\nu^2}\begin{bmatrix}1 & \nu & 0\\ \nu & 1 & 0\\ 0 & 0 & (1-\nu)/2\end{bmatrix}\begin{bmatrix}\varepsilon_x\\ \varepsilon_y\\ \gamma_{xy}\end{bmatrix} \tag{1.31}$$

对等截面轴向物体,如果只受轴向载荷,则应力 - 应变关系退化为一维情形

$$\sigma=E\varepsilon \tag{1.32}$$

1.4.3 Von Mises 应力

Von Mises 应力通常被用作塑性材料的失效准则。它必须小于材料的许用屈服应力,即

$$\sigma_{VM}\leqslant[\sigma_Y] \tag{1.33}$$

其定义为

$$\sigma_{VM}=\sqrt{I_1^2-3I_2} \tag{1.34}$$

而 I_1 与 I_2 是应力张量的第一与第二不变量，其定义为

$$\begin{aligned} I_1 &= \sigma_x + \sigma_y + \sigma_z \\ I_2 &= \sigma_x\sigma_y + \sigma_y\sigma_z + \sigma_z\sigma_x - \tau_{yz}^2 - \tau_{zx}^2 - \tau_{xy}^2 \end{aligned} \tag{1.35}$$

对平面应变，有

$$\begin{aligned} I_1 &= \sigma_x + \sigma_y \\ I_2 &= \sigma_x\sigma_y - \tau_{xy}^2 \end{aligned} \tag{1.36}$$

对一维情形，有

$$\sigma_{VM} = \sigma \tag{1.37}$$

本节内容与有限元法的关联：结构分析是有限元法最早的应用领域，也是应用最普及的领域。弹性力学方程是本领域的控制方程，将它们与受线性几何约束的拉格朗日方程一起引入完成网格划分的弹性结构体，就可导出弹性结构分析的有限元格式。

1.5　传热学基本方程

与弹性力学一样，传热学最基本的假设也是连续性假设，即认为所研究的导热材料是由连续分布的物质组成的系统。设导热材料所占据的三维空域为 $\Omega(x,y,z)$，其表面为 Σ。则在 Ω 内的瞬态温度场 $T(x,y,z,t)$ 满足以下热量平衡方程

$$\mathbb{H}(T) = \rho c \frac{\partial T}{\partial t} - \frac{\partial}{\partial x}\left(k_x \frac{\partial T}{\partial x}\right) - \frac{\partial}{\partial y}\left(k_y \frac{\partial T}{\partial y}\right) - \frac{\partial}{\partial z}\left(k_z \frac{\partial T}{\partial z}\right) - Q = 0 \tag{1.38}$$

及边界条件($\Sigma = \Sigma_1 + \Sigma_2 + \Sigma_3$)

$$T = T_1 \quad (\text{在 } \Sigma_1 \text{ 上}) \tag{1.39}$$

$$k_x \frac{\partial T}{\partial x} n_x + k_y \frac{\partial T}{\partial y} n_y + k_z \frac{\partial T}{\partial z} n_z = q_2 \quad (\text{在 } \Sigma_2 \text{ 上}) \tag{1.40}$$

$$k_x \frac{\partial T}{\partial x} n_x + k_y \frac{\partial T}{\partial y} n_y + k_z \frac{\partial T}{\partial z} n_z = h(T_3 - T) \quad (\text{在 } \Sigma_3 \text{ 上}) \tag{1.41}$$

其中：ρ 密度($\text{kg} \cdot \text{m}^{-3}$)；

c 比热($\text{J} \cdot \text{kg}^{-1} \cdot ℃^{-1}$)；

t 时间(s)；

k_x, k_y, k_z 沿 x, y, z 方向的热传导系数($\text{W} \cdot \text{m}^{-1} \cdot ℃^{-1}$)；

$Q = Q(x,y,z,t)$ 内生热功率密度($\text{W} \cdot \text{m}^{-3}$)；

n_x, n_y, n_z 沿 x, y, z 方向的边界外法向余弦；

$T_1 = T_1(x,y,z,t)$ 边界 Σ_1 上的给定温度(℃)；

$q_2 = q_2(x,y,z,t)$ 边界 Σ_2 上的给定热流密度($\text{W} \cdot \text{m}^{-2}$)；

h 热交换系数($W \cdot m^{-2} \cdot ℃^{-1}$);

$T_3 = T_3(x,y,z,t)$ 对流边界层的环境温度(℃)。

方程(1.38) 中第 1 项代表微元体升温所需热量,第 2,3,4 项代表由 x,y,z 方向传入微元体的热量,最后一项代表微元体内热源产生的热量。方程(1.39) 是第一类边界条件,也称强制条件;方程(1.40) 是第二类边界条件,也称热流条件,当热流密度为 0 时称绝热条件;方程(1.41) 是第三类边界条件,又称热交换条件。第二类与第三类边界条件也称自然边界条件。注意方程(1.38),如果温度场 T 能够满足要求,则 $T+\Delta$ 也能够满足要求,Δ 可以是任意常数,因而温度场 T 只具有相对意义,场中各点之间(包括与对流边界层之间) 的相对大小(称为温差) 才有绝对意义,但若给定了方程(1.39) 或(1.41),则 Δ 就不能任意取值了。总结一下:在传热学中,温差是原因,热流是结果。

当在一个方向上的温度没有变化时,前述问题退化为二维热传导问题。这时,导热材料所占据的二维空域为 $\Sigma(x,y)$,其边界为 Γ。前述方程分别退化成

$$\mathbb{H}(T) = \rho c \frac{\partial T}{\partial t} - \frac{\partial}{\partial x}(k_x \frac{\partial T}{\partial x}) - \frac{\partial}{\partial y}(k_y \frac{\partial T}{\partial y}) - Q = 0 \tag{1.42}$$

及边界条件($\Gamma = \Gamma_1 + \Gamma_2 + \Gamma_3$)

$$T = T_1 \quad (在\ \Gamma_1\ 上) \tag{1.43}$$

$$k_x \frac{\partial T}{\partial x} n_x + k_y \frac{\partial T}{\partial y} n_y = q_2 \quad (在\ \Gamma_2\ 上) \tag{1.44}$$

$$k_x \frac{\partial T}{\partial x} n_x + k_y \frac{\partial T}{\partial y} n_y = h(T_3 - T) \quad (在\ \Gamma_3\ 上) \tag{1.45}$$

不论是二维还是三维,热分析问题均可分为瞬态与稳态两种。

所谓瞬态热分析问题,就是在给定初始条件

$$T(x,y,z,0) = T_0(x,y,z) \tag{1.46}$$

的前提下,求解 Ω 内的瞬态温度场 $T(x,y,z,t)$。

所谓稳态热分析问题,就是当三类边界条件均不随时间变化,且经过足够长的热交换已达成热平衡后,求解温度场 $T(x,y,z)$,这时

$$\frac{\partial T}{\partial t} = 0 \tag{1.47}$$

本节内容与有限元法的关联:传热分析也是较早引入有限元法并获得成功的应用领域,传热学的基本方程与伽辽金法(h-方法) 相结合,可导出传热分析的有限元形式。

1.6 流体力学基本方程

与固体相比,流体具有易流动和不能保持一定形状的特点。研究流体宏观流动规律的基

本假设是连续介质假设，即认为流体是一种由连续分布的流体物质所组成的系统。通常把流体所占据的空间称为流场，流场中的每个空间点上，在任何时刻，都只有一个流体质点，其实是一个微元体，该流体质点处的密度、温度、压强和该流体质点的速度等物理量，称为该流场空间点的场函数，它们都是流场空间坐标与时间的连续函数。这里应当明确区分流场空间点与流体质点的概念：流场空间点是固定的，正在其位的流体质点是随时变换的；流体质点是运动的，随着时间的推移会依次通过不同的流场空间点。与之对应，选定的流场空间称为控制体；选定的流体物质称为流体系统。流体力学方程就是要描述流场空间中各场函数之间的关系。设控制体所在的三维空域为 $\Omega(x,y,z)$，其表面为 Σ。本书只考虑满足以下条件的相对简单的情形：1）流体的介质是单相的；2）流体是不可压缩的牛顿流体（气体在低速时也可视为不可压缩流体）；3）控制体所在参照系是惯性系。则在 Ω 内的各种流场函数满足以下方程

1）连续性方程（表示流场中的流体质量守恒）

$$\mathbb{M}(U,V,W)=\frac{\partial U}{\partial x}+\frac{\partial V}{\partial y}+\frac{\partial W}{\partial z}=0 \tag{1.48}$$

其中 U,V,W 分别表示流体质点沿 x,y,z 方向的流速（$\mathrm{m\cdot s^{-1}}$）。

2）运动方程（又称 N-S 方程，表示流场中的流体动量平衡）

$$\left.\begin{aligned}\mathbb{U}(U,V,W,P)&=\rho\left(\frac{\partial U}{\partial t}+U\frac{\partial U}{\partial x}+V\frac{\partial U}{\partial y}+W\frac{\partial U}{\partial z}\right)\\&\quad-\mu\left(\frac{\partial^2 U}{\partial x^2}+\frac{\partial^2 U}{\partial y^2}+\frac{\partial^2 U}{\partial z^2}\right)+\frac{\partial P}{\partial x}-f_x=0\\\mathbb{V}(U,V,W,P)&=\rho\left(\frac{\partial V}{\partial t}+U\frac{\partial V}{\partial x}+V\frac{\partial V}{\partial y}+W\frac{\partial V}{\partial z}\right)\\&\quad-\mu\left(\frac{\partial^2 V}{\partial x^2}+\frac{\partial^2 V}{\partial y^2}+\frac{\partial^2 V}{\partial z^2}\right)+\frac{\partial P}{\partial y}-f_y=0\\\mathbb{W}(U,V,W,P)&=\rho\left(\frac{\partial W}{\partial t}+U\frac{\partial W}{\partial x}+V\frac{\partial W}{\partial y}+W\frac{\partial W}{\partial z}\right)\\&\quad-\mu\left(\frac{\partial^2 W}{\partial x^2}+\frac{\partial^2 W}{\partial y^2}+\frac{\partial^2 W}{\partial z^2}\right)+\frac{\partial P}{\partial z}-f_z=0\end{aligned}\right\} \tag{1.49}$$

其中：ρ 密度（$\mathrm{kg\cdot m^{-3}}$）；

t 时间（s）；

f_x,f_y,f_z 沿 x,y,z 方向的体积力（$\mathrm{N\cdot m^{-3}}$）；

P 压力（压强）（$\mathrm{N\cdot m^{-2}}$）；

μ 动力粘度（$\mathrm{N\cdot s\cdot m^{-2}}$）。

3）热量方程（表示流场中的流体热量守恒）

$$\mathbb{T}(U,V,W,T)=\rho c\left(\frac{\partial T}{\partial t}+U\frac{\partial T}{\partial x}+V\frac{\partial T}{\partial y}+W\frac{\partial T}{\partial z}\right)-k\left(\frac{\partial^2 T}{\partial x^2}+\frac{\partial^2 T}{\partial y^2}+\frac{\partial^2 T}{\partial z^2}\right)-Q=0 \tag{1.50}$$

其中：$Q = Q_c + \mu[2(\frac{\partial U}{\partial x})^2 + 2(\frac{\partial V}{\partial y})^2 + 2(\frac{\partial W}{\partial z})^2 + (\frac{\partial U}{\partial y} + \frac{\partial V}{\partial x})^2 + (\frac{\partial V}{\partial z} + \frac{\partial W}{\partial y})^2 + (\frac{\partial W}{\partial x} + \frac{\partial U}{\partial z})^2]$；

T 温度(℃)；

Q_c 内生热功率密度($\mathrm{W \cdot m^{-3}}$)；

k 热传导系数($\mathrm{W \cdot m^{-1} \cdot ℃^{-1}}$)。

其中 Q 的第二项表示由于流体粘性力做功，即粘性耗散所产生的热功率密度。

以上方程中一共出现了五个场函数：U,V,W,P 和 T，方程也是五个，满足封闭条件，不过第五个方程即热量方程跟前四个方程并不耦合，因此如果对流场中的温度分布不感兴趣，则不必引入这个方程；如果确需了解由于粘性耗散引起的温升，则可在解出 U,V 和 W 之后再代入第五个方程来求解 T。虽然满足封闭条件，但要解出以上方程组，还需满足恰当的初始条件与边界条件。同时注意到，在这五个方程中，如果压力场 P 能够满足要求，则 $P+\Delta$ 也能够满足要求，Δ 可以是任意常数，因而：压力场 P 只具有相对意义，场中各点之间的相对大小(称为压差)才有绝对意义；同理，温度场 T 也只具有相对意义，场中各点之间的相对大小(称为温差)才有绝对意义；与 P,T 不同，速度场 U,V,W 则具有绝对意义。总结一下：在流体力学中，压差是原因，流动是结果；如果有传热问题，则温差是原因，热流是结果。

此外，与固体类似，流场空间中也存在应变场，其各分量与压力场和速度场的关系如下

$$\begin{aligned} &\sigma_x = -P + 2\mu\frac{\partial U}{\partial x}; \quad \sigma_y = -P + 2\mu\frac{\partial V}{\partial y}; \quad \sigma_z = -P + 2\mu\frac{\partial W}{\partial z} \\ &\tau_{xy} = \mu(\frac{\partial V}{\partial x} + \frac{\partial U}{\partial y}); \quad \tau_{yz} = \mu(\frac{\partial W}{\partial y} + \frac{\partial V}{\partial z}); \quad \tau_{zx} = \mu(\frac{\partial U}{\partial z} + \frac{\partial W}{\partial x}) \end{aligned} \tag{1.51}$$

称为不可压缩牛顿流体的本构关系。

由于在以上方程中出现了对时间的一阶偏导数，因此，初始条件就是流场空间中每个物理场的初始分布。对定常流动而言，则不需要初始条件。定常流动是指流场空间中每个物理场的分布不随时间变化的流动。

所谓边界条件，指的是控制体边界 Σ 上的各物理场应满足的条件，下面仅给出四种最为常见的情形。

1) 流 — 固界面。一般而言，流体是有粘性的，因而在流 — 固界面上有

$$\left.\begin{aligned} &U = U_1; \quad V = V_1; \quad W = W_1; \quad T = T_1 \quad (\text{在 } \Sigma_1 \text{ 上}) \\ &q_2 = k(\frac{\partial T}{\partial x}n_x + \frac{\partial T}{\partial y}n_y + \frac{\partial T}{\partial z}n_z) = k\frac{\partial T}{\partial n} \quad (\text{在 } \Sigma_2 \text{ 上}) \end{aligned}\right\} \tag{1.52}$$

其中：U_1,V_1,W_1 沿 x,y,z 方向的固壁面速度分布；

T_1 沿 x,y,z 方向的固壁面温度分布；

q_2 固壁面上的热流密度；

n_x, n_y, n_z 沿 x, y, z 方向的控制体在固壁面上的外法向余弦。

在给定 T_1 的流—固界面上，压力分布 P 通常是未知待求的；在给定热流密度的流—固界面上，除压力分布 P 之外，温度分布 T 也是未知待求的。

2）管道流动中的入口面。一般给定入口速度与温度分布，即

$$U = U_1;\quad V = V_1;\quad W = W_1;\quad T = T_1 \qquad (\text{在 } \Sigma_1 \text{ 上}) \tag{1.53}$$

在入口面上的压力分布 P 通常是未知待求的。

3）管道流动中的自由出口面。这时，由于流体已经充分发展，所以压力为环境压力，且各物理量在此面法向的导数均为零，即

$$\left.\begin{aligned} &P = P_1 && (\text{在 } \Sigma_1 \text{ 上}) \\ &\frac{\partial U}{\partial n} = \frac{\partial V}{\partial n} = \frac{\partial W}{\partial n} = \frac{\partial T}{\partial n} = 0 && (\text{在 } \Sigma_2 \text{ 上}) \end{aligned}\right\} \tag{1.54}$$

在自由出口面上，速度分布 U, V, W 与温度分布 T 通常是未知待求的。

4）无穷远面。当一个物体在大范围的流体中相对运动时，它对流场的扰动在远处已没有影响。因此，只要控制体与运动物体相比足够大，就可以在控制体的外层边界上引入无穷远条件

$$U = U_\infty;\quad V = V_\infty;\quad W = W_\infty;\quad P = P_\infty;\quad T = T_\infty \qquad (\text{在 } \Sigma_1 \text{ 上}) \tag{1.55}$$

其中 $U_\infty, V_\infty, W_\infty, P_\infty, T_\infty$ 为无穷远处的速度、压强与温度分布。

在这种条件下，控制体内一般还存在内层边界，它们通常具有指定的场值。

需要指出的是，以上方程仅考虑了层流的情形，当流场雷诺数较高，或流域边界剧烈变化时，流场中会出现各种尺度不同的漩涡，这时称为湍流。湍流是相当复杂的事物，迄今没有找到理论上准确且数值计算上可行的数学模型，而只有各种近似模型可供选用。在各种近似模拟湍流的数学模型中，最经典的是 k-ε 模型，它引入湍流动能 k 与湍流耗散率 ε 两个新的物理量来描述湍流的平均表现。这两个物理量亦遵循与N-S方程类似的方程，需要在求解时一并考虑。因为本书内容是讲述工程有限元基本原理的，所以不再对此展开讨论。

为了直观而形象地表示流场，最常用的方法是在流场空间中画出迹线、流线或脉线。它们的含意分述如下。

流体质点的迹线，是指流体质点在流场中运动的轨迹，也就是流体质点运动位置的几何表示。流场空间中的流线，是指某一时刻，位于该曲线上的所有流体质点的运动方向都与该曲线相切，这是流体运动速度分布在流场空间中的一种几何表示。流场空间点的脉线，是指某一时刻，曾经通过流场空间中一点的所有流体质点联结而成的曲线。如果在该流场空间点有一个染色源，则在某一时刻观察到的是一条有色的脉线，因此，脉线又称染色线或烟线。

需要说明的是，对定常流动而言，以上三种曲线是重合的。但对非定常流动而言，它们是不重合的。下面仅给出流线的微分方程。

根据定义，在指定时刻 t，流线与其上各点的速度相切，因此有

$$\frac{\mathrm{d}x}{U(x,y,z,t)}=\frac{\mathrm{d}y}{V(x,y,z,t)}=\frac{\mathrm{d}z}{W(x,y,z,t)} \tag{1.56}$$

对上式积分就可得到流线方程。需要说明的是，由于流线是对同一时刻而言的，因此在积分时 t 应视为常数。

当在一个方向上的速度、压力与温度场值没有变化时，问题退化为二维流场问题。这时，流场控制体占据的二维空域为 $\Sigma(x,y)$，其边界为 Γ。前述各方程(1.48)～(1.56)分别退化成相应的二维形式，此处从略。

本节内容与有限元法的关联：将有限元法引入流场分析后，流场分析的数值模拟取得了空前的成功。流体力学的基本方程与伽辽金法(h-方法)相结合，可导出流场分析的有限元格式。

1.7　思考题

1.1　与代定系数法相比，拉格朗日插值有什么优势？假设函数 $f(x)$实际上是 $\sin(x)$，已经确定它在 $x=1,2,3,4$ 和 5 处的值分别为 0.841，0.909，0.141，－0.757 和－0.959，试解答：

1）列出 5 个相应的拉格朗日插值多项式。

2）用 Matlab 画出插值误差曲线。

3）如果将全域[1,5]分成两个子域[1,3]和[3,5]，并对两个子域分别进行拉格朗日插值，用 Matlab 画出插值误差曲线。

4）将全域分为四个子域，在每个子域上完成线性分段插值，用 Matlab 画出插值误差曲线。

5）整体插值与分段插值各有什么优势？

1.2　用 Matlab 编程验证例 1-1 中解法二的结果，并进一步给出解法二的 5 项解。

1.3　在采用拉格朗日方程研究质点系的运动时，什么是线性几何约束？试举出一个实例，并将其相应的约束方程写出来。

1.4　若已知一平面应变问题的弹性模量 $E=2\times10^5\,\mathrm{MPa}$，泊松比 $\nu=0.3$，位移场可用下式描述(单位为 mm)

$$\begin{cases}u=10^{-3}(x^2-2y^2+6xy)\\ v=10^{-3}(3x-6y+y^2)\end{cases}$$

试计算各应变分量和 z 方向的主应力。

1.5　对于弹性力学的稳态分析问题，至少需要满足什么样的边界条件，才能确保有唯一解？

1.6　设半径为 R 的圆形截面的导线中通过电流时产生了均匀的热生成 Q，已知环境温度为 T_h，表面热交换系数为 h，导线的导热系数为 k，试求达成热平衡之后导线中心的温度 C。

1.7　对于传热学的稳态分析问题，至少需要满足什么样的边界条件，才能确保有唯一解？

1.8　已知绕过半径为 r_0 的光滑圆的二维理想流体（不可压缩且不计粘性）稳态流场的速度分布为（其中 U_∞ 代表无穷远处的流场速度，沿 x 方向）

$$\begin{cases} U(x,y)=U_\infty-U_\infty\dfrac{r_0^2(x^2-y^2)}{(x^2+y^2)^2} \\ V(x,y)=-2U_\infty\dfrac{r_0^2xy}{(x^2+y^2)^2} \end{cases} \qquad x^2+y^2\geqslant r_0^2$$

试解答：

1）验证此速度分布满足二维形式的连续性方程。

2）假设流体的密度为 ρ，无穷远处的压力为 P_∞，不计体积力，推导流场的压力分布 $P(x,y)$。

3）推导流场流线的微分方程，验证半径为 r_0 的两个半圆正是两条流线。

1.9　对于流体力学的稳态分析问题，至少需要满足什么样的边界条件，才能确保有唯一解？

第 2 章

单元、形函数与分段插值

单元、形函数与分段插值这三个概念，是理解有限元法的核心概念。这些概念的一维形式在第 1 章的第 1 节与第 2 节中已有所述及，在本章中将对其展开详细讨论。

2.1 直角坐标系与重心坐标系

如图 2-1 所示，在有限元法中，有两种常用的坐标系：直角坐标系与重心坐标系。从一维到三维，直角坐标系分别以线段、正方形和立方体作为参照单位进行定义，一个点的各坐标相互独立；而重心坐标系则分别以线段、三角形和四面体作为参照单位进行定义，一个点的坐标个数比维数多 1，因而各坐标之间并不独立。

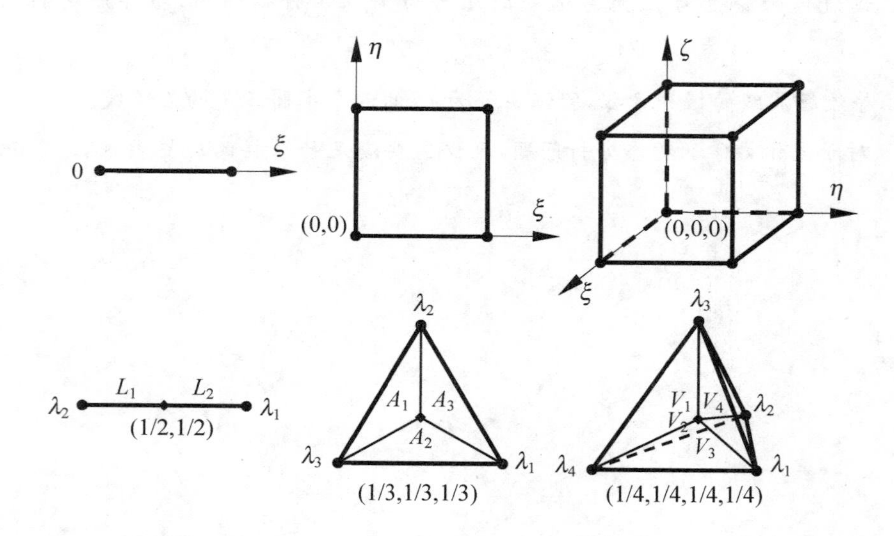

图 2-1 直角坐标系与重心坐标系

由于直角坐标系已广为人知，故此处只介绍重心坐标系。从一维到三维，一个点的重心坐标分别定义为该点子分线段与参考线段的长度比值、子分三角形与参考三角形的面积比值以及子分四面体与参考四面体的体积比值

$$\begin{cases}1\text{-D}:\lambda_1=L_1/L;\lambda_2=L_2/L,\ \lambda_1+\lambda_2=1\\2\text{-D}:\lambda_1=A_1/A;\lambda_2=A_2/A;\lambda_3=A_3/A,\ \lambda_1+\lambda_2+\lambda_3=1\\3\text{-D}:\lambda_1=V_1/V;\lambda_2=V_2/V;\lambda_3=V_3/V;\lambda_4=V_4/V,\ \lambda_1+\lambda_2+\lambda_3+\lambda_4=1\end{cases}\tag{2.1}$$

其中 L、A 与 V 分别代表长度、面积与体积。例如，三角形中心点的重心坐标为(1/3,1/3,1/3)，而第一条边中点的坐标为(0,1/2,1/2)。在所有情形下，一个点的重心坐标之和均为 1。

2.2　直角坐标系下的等参单元

如图 2-2 所示，在直角坐标系下，一个由 4 个结点构成的平面实体单元上分布着一个大小待求的物理场 T。已知，各结点编号分别为 1、2、3 及 4，其相应的直角坐标分别为(x_1,y_1)，(x_2,y_2)，(x_3,y_3) 和(x_4,y_4)，物理场 T 在这 4 个结点上的值分别是 T_1，T_2，T_3 及 T_4。现在，有两个问题：第一，单元的边界是什么？第二，单元内的场分布即场函数如何估计？

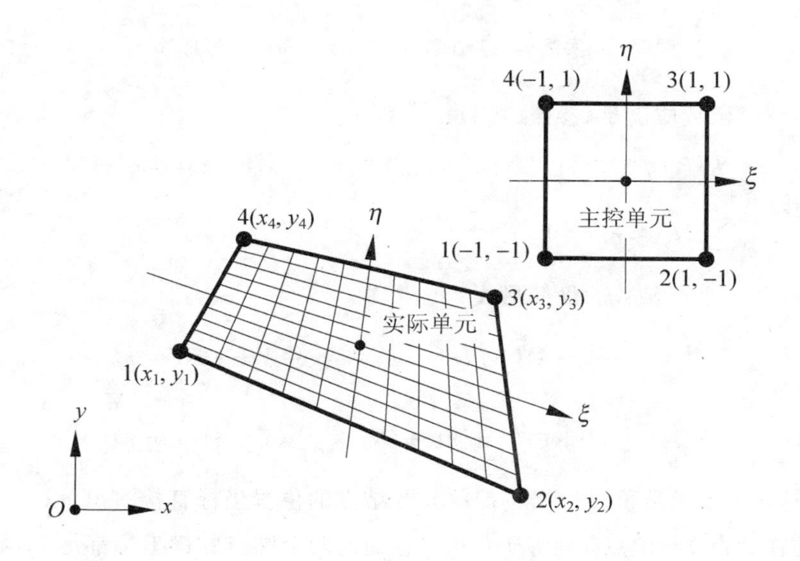

图 2-2　实际单元与主控单元

关于第一个问题，答案是显然的，单元的边界为这 4 个结点依次直线相连而成的平面四边形。

关于第二个问题，当然可以参照拉格朗日插值的方法进行，但若如此，则其插值多项式必将包含结点的实际坐标，而这将在后续推导相关公式时带来诸多不便。为此，我们首先研究一个位于参数空间直角坐标系(ξ,η) 中心的边长为 2 的正方形，称为主控单元，其 4 个结点的坐标(ξ_i,η_i)($i=1\sim4$) 分别为 1(-1,-1)，2(1,-1)，3(1,1) 和 4(-1,1)。假定在这

4 个结点上场 T 的值正是 T_1, T_2, T_3 及 T_4，则根据拉格朗日插值的思想，我们需要构造 4 个插值多项式，即形函数，将它们与 4 个结点的场值进行线性组合，就可以获得单元内场分布的一个近似估计，即

$$T = \sum_{i=1}^{4} N_i(\xi,\eta) T_i \tag{2.2}$$

如图 2-3 所示。

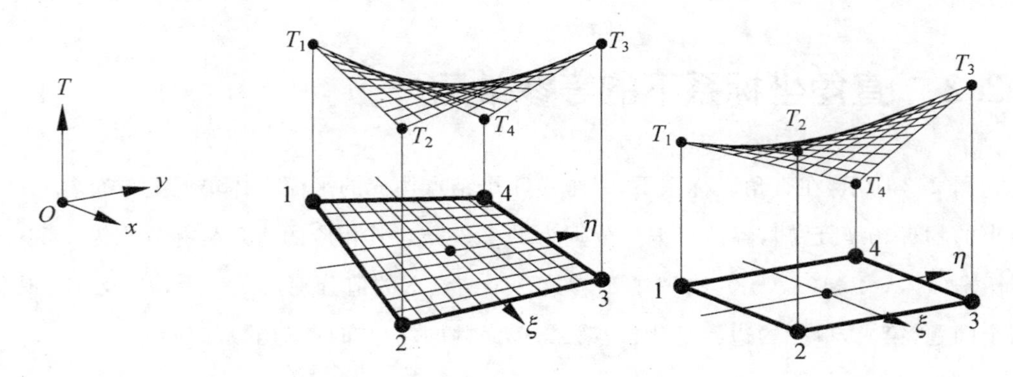

图 2-3 实际单元与主控单元上场分布的插值估计

其中的 4 个形函数应满足(参照(1.3))

$$\begin{cases} N_i(\xi_i,\eta_i) = 1, \quad N_{j\neq i}(\xi_i,\eta_i) = 0 \qquad (i,j = 1,2,3,4) \\ \sum_{i=1}^{4} N_i(\xi,\eta) \equiv 1 \end{cases} \tag{2.3}$$

容易验证，这 4 个形函数的最简形式为

$$\begin{aligned} N_1 &= \frac{1}{4}(1-\xi)(1-\eta); \quad N_2 = \frac{1}{4}(1+\xi)(1-\eta) \\ N_3 &= \frac{1}{4}(1+\xi)(1+\eta); \quad N_4 = \frac{1}{4}(1-\xi)(1+\eta) \end{aligned} \tag{2.4}$$

事实上，这 4 个形函数可以根据主控单元各结点的位置坐标直接写出。以 N_1 为例，根据方程(2.3)，它在结点 2 与结点 3 处等于 0 并注意到这两个结点的横坐标都是 1，因而 N_1 要包含因子$(1-\xi)$；它在结点 4 与结点 3 处等于 0 并注意到这两个结点的纵坐标都是 1，因而要包含$(1-\eta)$。至于前面的系数 1/4，只要注意到它在结点 1 处等于 1 即可得到。其他 3 个形函数的导出方法类同，下文中其他单元的形函数导出方法也类同，不再重复。

现在，建立从主控单元到实际单元的映射

$$\begin{aligned} x &= x(\xi,\eta) = \sum_{i=1}^{4} N_i(\xi,\eta) x_i \\ y &= y(\xi,\eta) = \sum_{i=1}^{4} N_i(\xi,\eta) y_i \end{aligned} \tag{2.5}$$

相应地，主控单元的 4 个结点就映射成实际单元的 4 个结点，主控单元的 4 条直边就映射成实际单元的 4 条直边。在有限元理论中，将参数空间中的坐标系(ξ,η)称为局部坐标系；但在微分几何中，映射(2.5)称为在实际单元上建立一个曲线坐标系(ξ,η)。这样，若用曲线坐标系(ξ,η)表示实际单元上各点的几何位置，则其上的场分布估计正是(2.2)。需要指出的是，映射(2.5)与估计(2.2)采用了一组相同的参数和形函数，前者描述了单元的实际形状，后者描述了实际单元上的场分布，这样的单元称为等参单元，而映射(2.5)称为等参变换。

引入等参变换之后，在有限元法中进行的各种积分运算都可以变换到形状规则的主控单元上进行，从而可以方便地采用标准化的数值积分算法，进而将各类不同工程问题的有限元分析纳入统一的通用化程序。因此，等参单元的提出为有限元法成为现代工程领域最有效的数值分析方法奠定了极为重要的基础。

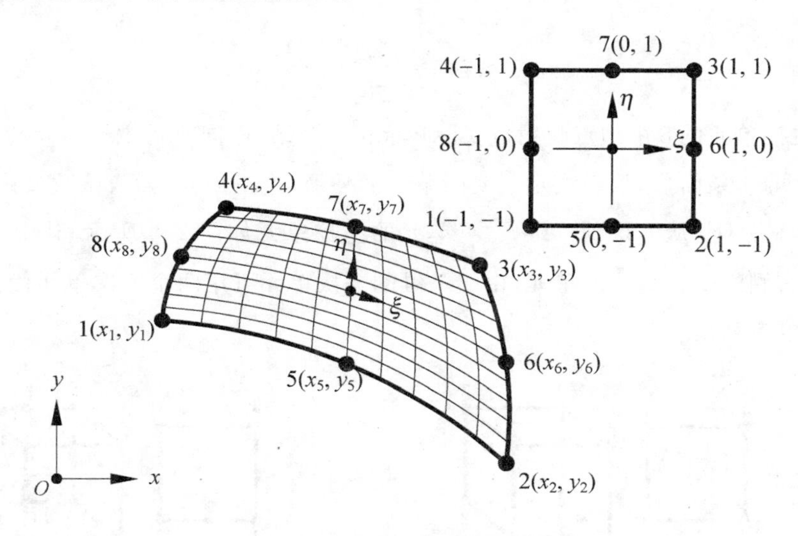

图 2-4　二次单元与等参变换

现在，考虑 8 结点等参单元，称为二次单元，如图 2-4 所示。其主控单元仍然是边长为 2 的正方形，只不过除 4 个角点处的结点之外，每条边的中点再增加 1 个结点，其编号与坐标分别为 5(0,−1)，6(1,0)，7(0,1) 和 8(−1,0)。相应地，在实际单元中，也要在每条边的中部再增加 1 个结点，其坐标分别为(x_5,y_5)，(x_6,y_6)，(x_7,y_7)和(x_8,y_8)。此时，单元内场分布的估计为

$$T=\sum_{i=1}^{8}N_i(\xi,\eta)T_i \tag{2.6}$$

其中的 8 个形函数应满足

$$\begin{cases}N_i(\xi_i,\eta_i)=1, \quad N_{j\neq i}(\xi_i,\eta_i)=0 \qquad (i,j=1,2,\cdots,8)\\ \sum_{i=1}^{8}N_i(\xi,\eta)\equiv 1\end{cases} \tag{2.7}$$

容易验证，这 8 个形函数为

$$
\begin{aligned}
&N_1=-\frac{1}{4}(1-\xi)(1-\eta)(1+\xi+\eta);\quad N_2=-\frac{1}{4}(1+\xi)(1-\eta)(1-\xi+\eta)\\
&N_3=-\frac{1}{4}(1+\xi)(1+\eta)(1-\xi-\eta);\quad N_4=-\frac{1}{4}(1-\xi)(1+\eta)(1+\xi-\eta)\\
&N_5=\frac{1}{2}(1-\xi)(1+\xi)(1-\eta);\quad N_6=\frac{1}{2}(1+\xi)(1-\eta)(1+\eta)\\
&N_7=\frac{1}{2}(1-\xi)(1+\xi)(1+\eta);\quad N_8=\frac{1}{2}(1-\xi)(1-\eta)(1+\eta)
\end{aligned}
\tag{2.8}
$$

同时，从主控单元到实际单元的映射

$$
\begin{aligned}
x&=x(\xi,\eta)=\sum_{i=1}^{8}N_i(\xi,\eta)x_i\\
y&=y(\xi,\eta)=\sum_{i=1}^{8}N_i(\xi,\eta)y_i
\end{aligned}
\tag{2.9}
$$

不仅将主控单元的 8 个结点映射成实际单元的 8 个结点，同时将主控单元的 4 条直边映射成实际单元的 4 条曲边，从而决定了实际单元的外形。也正因此，插值函数又称为形函数。

在直角坐标系下，从一维到三维，常见单元的主控单元如图 2-5 所示。其中左侧的 3 种为线性单元，右侧的 2 种为二次单元，由于一维的二次单元可用两个一次单元代替因而并无实用价值，故没有列出。

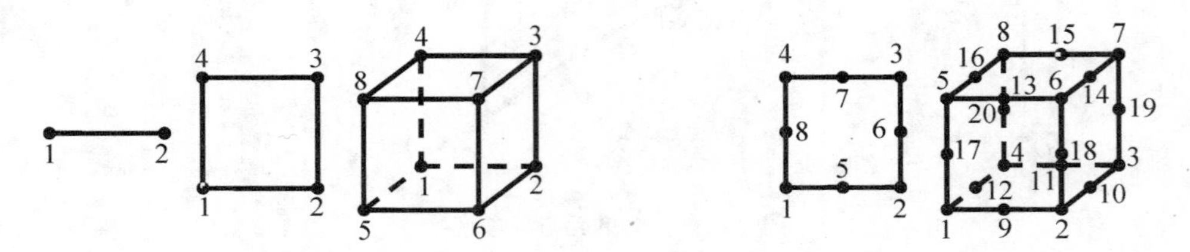

图 2-5　直角坐标系下常见单元的主控单元

类似地，三维线性单元(8 结点) 与二次单元(20 结点) 的形函数分别为

$$
\begin{aligned}
&N_1=\frac{1}{8}(1-\xi)(1-\eta)(1-\zeta);\quad N_2=\frac{1}{8}(1+\xi)(1-\eta)(1-\zeta)\\
&N_3=\frac{1}{8}(1+\xi)(1+\eta)(1-\zeta);\quad N_4=\frac{1}{8}(1-\xi)(1+\eta)(1-\zeta)\\
&N_5=\frac{1}{8}(1-\xi)(1-\eta)(1+\zeta);\quad N_6=\frac{1}{8}(1+\xi)(1-\eta)(1+\zeta)\\
&N_7=\frac{1}{8}(1+\xi)(1+\eta)(1+\zeta);\quad N_8=\frac{1}{8}(1-\xi)(1+\eta)(1+\zeta)
\end{aligned}
\tag{2.10}
$$

和

$$
\begin{aligned}
N_1 &= -\frac{1}{8}(1-\xi)(1-\eta)(1-\zeta)(2+\xi+\eta+\zeta) \\
N_2 &= -\frac{1}{8}(1+\xi)(1-\eta)(1-\zeta)(2-\xi+\eta+\zeta) \\
&\cdots \\
N_{19} &= \frac{1}{4}(1+\xi)(1+\eta)(1-\zeta)(1-\zeta) \\
N_{20} &= \frac{1}{4}(1-\xi)(1+\eta)(1-\zeta)(1-\zeta)
\end{aligned}
\tag{2.11}
$$

相应的等参变换为

$$
\left.
\begin{aligned}
x &= x(\xi,\eta,\zeta) = \sum_{i=1}^{m} N_i(\xi,\eta,\zeta)x_i \\
y &= y(\xi,\eta,\zeta) = \sum_{i=1}^{m} N_i(\xi,\eta,\zeta)y_i \\
z &= z(\xi,\eta,\zeta) = \sum_{i=1}^{m} N_i(\xi,\eta,\zeta)z_i
\end{aligned}
\right\}
\quad (m = 8 \text{ 或 } 20)
\tag{2.12}
$$

而一维线性单元(2 结点) 的形函数与等参变换分别为

$$
N_1 = \frac{1}{2}(1-\xi); \quad N_2 = \frac{1}{2}(1+\xi) \tag{2.13}
$$

和

$$
x = N_1 x_1 + N_2 x_2 \tag{2.14}
$$

2.3　等参单元的有效性

等参单元有效的条件,即局部坐标系与全局直角坐标系之间形成一一映射的条件,是变换的雅可比矩阵的行列式 $|\boldsymbol{J}|$ 不等于 0,因为若 $|\boldsymbol{J}|=0$ 则 $\boldsymbol{J}^{-1}$ 将不存在,从而不具有逆映射。为此,需要研究在等参单元中出现 $|\boldsymbol{J}|$ 等于或接近为 0 的情形,从而在划分单元时就给予避免。根据雅可比矩阵的定义,对三维等参变换(2.12) 而言,有

$$
\boldsymbol{J} = \frac{\partial(x,y,z)}{\partial(\xi,\eta,\zeta)} = \begin{bmatrix} \partial x/\partial\xi & \partial y/\partial\xi & \partial z/\partial\xi \\ \partial x/\partial\eta & \partial y/\partial\eta & \partial z/\partial\eta \\ \partial x/\partial\zeta & \partial y/\partial\zeta & \partial z/\partial\zeta \end{bmatrix} \tag{2.15}
$$

而

$$\left.\begin{aligned}\frac{\partial x}{\partial \xi}=\sum_{i=1}^{m}\frac{\partial N_i}{\partial \xi}x_i;\frac{\partial y}{\partial \xi}=\sum_{i=1}^{m}\frac{\partial N_i}{\partial \xi}y_i;\frac{\partial z}{\partial \xi}=\sum_{i=1}^{m}\frac{\partial N_i}{\partial \xi}z_i\\ \frac{\partial x}{\partial \eta}=\sum_{i=1}^{m}\frac{\partial N_i}{\partial \eta}x_i;\frac{\partial y}{\partial \eta}=\sum_{i=1}^{m}\frac{\partial N_i}{\partial \eta}y_i;\frac{\partial z}{\partial \eta}=\sum_{i=1}^{m}\frac{\partial N_i}{\partial \eta}z_i\\ \frac{\partial x}{\partial \zeta}=\sum_{i=1}^{m}\frac{\partial N_i}{\partial \zeta}x_i;\frac{\partial y}{\partial \zeta}=\sum_{i=1}^{m}\frac{\partial N_i}{\partial \zeta}y_i;\frac{\partial z}{\partial \zeta}=\sum_{i=1}^{m}\frac{\partial N_i}{\partial \zeta}z_i\end{aligned}\right\}(m=8\text{ 或 }20) \tag{2.16}$$

因此

$$\boldsymbol{J}=\begin{bmatrix}\partial N_1/\partial\xi & \partial N_2/\partial\xi & \cdots & \partial N_m/\partial\xi\\ \partial N_1/\partial\eta & \partial N_2/\partial\eta & \cdots & \partial N_m/\partial\eta\\ \partial N_1/\partial\zeta & \partial N_2/\partial\zeta & \cdots & \partial N_m/\partial\zeta\end{bmatrix}\begin{bmatrix}x_1 & x_2 & \cdots & x_m\\ y_1 & y_2 & \cdots & y_m\\ z_1 & z_2 & \cdots & z_m\end{bmatrix}^{\mathrm{T}}\quad(m=8\text{ 或 }20) \tag{2.17}$$

类似地，对二维情形，有

$$\boldsymbol{J}=\begin{bmatrix}\partial N_1/\partial\xi & \partial N_2/\partial\xi & \cdots & \partial N_m/\partial\xi\\ \partial N_1/\partial\eta & \partial N_2/\partial\eta & \cdots & \partial N_m/\partial\eta\end{bmatrix}\begin{bmatrix}x_1 & x_2 & \cdots & x_m\\ y_1 & y_2 & \cdots & y_m\end{bmatrix}^{\mathrm{T}}\quad(m=4\text{ 或 }8) \tag{2.18}$$

对一维情形，有

$$J=\sum_{i=1}^{m}\frac{\partial N_i}{\partial\xi}x_i\quad(m=2) \tag{2.19}$$

研究这些表达式可知，$|\boldsymbol{J}|$ 是否为 0 将仅取决于单元的实际结点坐标，或者说构形。具体地说，参照图 2-2 与图 2-4 中实际单元上的局部坐标网格线，要求实际单元的每个内部点上都有两条（在三维的情形下则是三条）夹角非零的网格线，或者说实际单元与主控单元相比不能太过畸形。理由如下。

在参数空间中构成长方体的三个微分量 $\mathrm{d}\xi$，$\mathrm{d}\eta$ 与 $\mathrm{d}\zeta$ 经变换式（2.12）后，将映射成三个微矢量

$$\mathrm{d}\boldsymbol{\xi}=\left(\frac{\partial x}{\partial\xi}\boldsymbol{i}+\frac{\partial y}{\partial\xi}\boldsymbol{j}+\frac{\partial z}{\partial\xi}\boldsymbol{k}\right)\mathrm{d}\xi;\quad \mathrm{d}\boldsymbol{\eta}=\left(\frac{\partial x}{\partial\eta}\boldsymbol{i}+\frac{\partial y}{\partial\eta}\boldsymbol{j}+\frac{\partial z}{\partial\eta}\boldsymbol{k}\right)\mathrm{d}\eta;\quad \mathrm{d}\boldsymbol{\zeta}=\left(\frac{\partial x}{\partial\zeta}\boldsymbol{i}+\frac{\partial y}{\partial\zeta}\boldsymbol{j}+\frac{\partial z}{\partial\zeta}\boldsymbol{k}\right)\mathrm{d}\zeta \tag{2.20}$$

由它们组成的微元体体积为

$$\mathrm{d}V=\mathrm{d}\boldsymbol{\xi}\times\mathrm{d}\boldsymbol{\eta}\cdot\mathrm{d}\boldsymbol{\zeta}=\begin{vmatrix}\partial x/\partial\xi & \partial y/\partial\xi & \partial z/\partial\xi\\ \partial x/\partial\eta & \partial y/\partial\eta & \partial z/\partial\eta\\ \partial x/\partial\zeta & \partial y/\partial\zeta & \partial z/\partial\zeta\end{vmatrix}\mathrm{d}\xi\mathrm{d}\eta\mathrm{d}\zeta=|\boldsymbol{J}|\mathrm{d}\xi\mathrm{d}\eta\mathrm{d}\zeta \tag{2.21}$$

可见

$$|\boldsymbol{J}|=\frac{\mathrm{d}\boldsymbol{\xi}\times\mathrm{d}\boldsymbol{\eta}\cdot\mathrm{d}\boldsymbol{\zeta}}{\mathrm{d}\xi\mathrm{d}\eta\mathrm{d}\zeta} \tag{2.22}$$

因此，$|\boldsymbol{J}|$ 不为 0 就要求映射成三个微矢量 $\mathrm{d}\boldsymbol{\xi}$，$\mathrm{d}\boldsymbol{\eta}$ 与 $\mathrm{d}\boldsymbol{\zeta}$ 构成的微元体体积不为 0，因而不能有任意两个是共线的或接近共线的。

在二维的情形下，参数空间中构成长方形的两个微分量 $\mathrm{d}\xi$ 与 $\mathrm{d}\eta$ 经变换(2.5) 或(2.9)后，将映射成两个微矢量

$$\mathrm{d}\boldsymbol{\xi} = (\frac{\partial x}{\partial \xi}\boldsymbol{i} + \frac{\partial y}{\partial \xi}\boldsymbol{j})\mathrm{d}\xi; \quad \mathrm{d}\boldsymbol{\eta} = (\frac{\partial x}{\partial \eta}\boldsymbol{i} + \frac{\partial y}{\partial \eta}\boldsymbol{j})\mathrm{d}\eta \tag{2.23}$$

由它们组成的微元体面积为

$$\mathrm{d}S = |\mathrm{d}\boldsymbol{\xi} \times \mathrm{d}\boldsymbol{\eta}| = \begin{vmatrix} \partial x/\partial \xi & \partial y/\partial \xi \\ \partial x/\partial \eta & \partial y/\partial \eta \end{vmatrix} \mathrm{d}\xi\mathrm{d}\eta = |\boldsymbol{J}|\,\mathrm{d}\xi\mathrm{d}\eta \tag{2.24}$$

可见

$$|\boldsymbol{J}| = \frac{|\mathrm{d}\boldsymbol{\xi} \times \mathrm{d}\boldsymbol{\eta}|}{\mathrm{d}\xi\mathrm{d}\eta} \tag{2.25}$$

因此，$|\boldsymbol{J}|$ 不为 0 就要求映射成两个微矢量 $\mathrm{d}\boldsymbol{\xi}$ 与 $\mathrm{d}\boldsymbol{\eta}$ 构成的微元体面积不为 0，因而两者是不能共线的或接近共线的。

2.4　重心坐标系下的等参单元

在重心坐标系下，二维与三维的主控单元如图 2-6 所示，一维的因无实用价值，故没有列出。

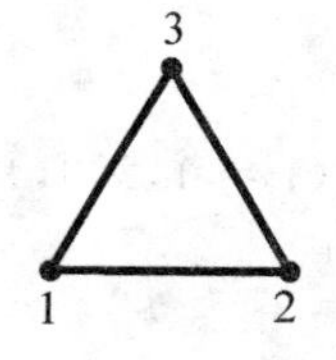

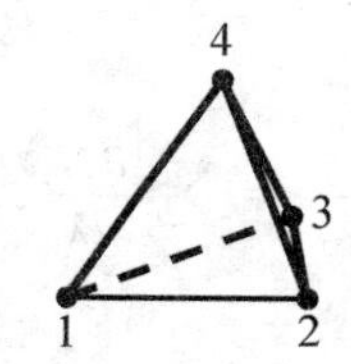

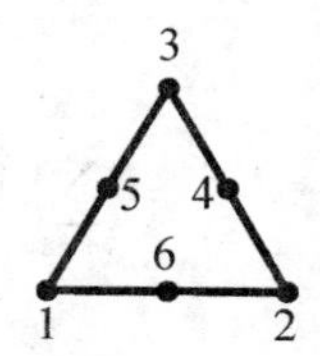

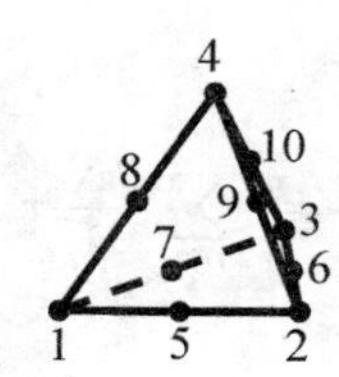

图 2-6　重心坐标系下常见的主控单元

对三维重心坐标系而言，由于四个坐标中只有三个是独立的，第四个可以用前三个来表示，所以，可将前三个取为局部坐标，在实际单元上建立曲线坐标系。为了直接套用前一节中雅可比矩阵的计算公式(2.17) 和(2.18)，可令

$$\lambda_1 = \xi; \quad \lambda_2 = \eta; \quad \lambda_3 = \zeta \tag{2.26}$$

则

$$\lambda_4 = 1 - \xi - \eta - \zeta \tag{2.27}$$

从而有

$$\partial x/\partial \xi = \partial x/\partial \lambda_1 - \partial x/\partial \lambda_4;\quad \partial y/\partial \xi = \partial y/\partial \lambda_1 - \partial y/\partial \lambda_4;\quad \partial z/\partial \xi = \partial z/\partial \lambda_1 - \partial z/\partial \lambda_4$$
$$\partial x/\partial \eta = \partial x/\partial \lambda_2 - \partial x/\partial \lambda_4;\quad \partial y/\partial \eta = \partial y/\partial \lambda_2 - \partial y/\partial \lambda_4;\quad \partial z/\partial \eta = \partial z/\partial \lambda_2 - \partial z/\partial \lambda_4$$
$$\partial x/\partial \zeta = \partial x/\partial \lambda_3 - \partial x/\partial \lambda_4;\quad \partial y/\partial \zeta = \partial y/\partial \lambda_3 - \partial y/\partial \lambda_4;\quad \partial z/\partial \zeta = \partial z/\partial \lambda_3 - \partial z/\partial \lambda_4 \tag{2.28}$$

对二维的情形，只选前两个坐标为局部坐标，可令

$$\lambda_1 = \xi;\quad \lambda_2 = \eta \tag{2.29}$$

则

$$\lambda_3 = 1 - \xi - \eta \tag{2.30}$$

从而有

$$\begin{aligned} \partial x/\partial \xi &= \partial x/\partial \lambda_1 - \partial x/\partial \lambda_3;\quad \partial y/\partial \xi = \partial y/\partial \lambda_1 - \partial y/\partial \lambda_3 \\ \partial x/\partial \eta &= \partial x/\partial \lambda_2 - \partial x/\partial \lambda_3;\quad \partial y/\partial \eta = \partial y/\partial \lambda_2 - \partial y/\partial \lambda_3 \end{aligned} \tag{2.31}$$

对四面体线性等参单元(4 结点)，其形函数为

$$N_1 = \lambda_1;\quad N_2 = \lambda_2;\quad N_3 = \lambda_3;\quad N_4 = \lambda_4 \tag{2.32}$$

等参变换为

$$x = \sum_{i=1}^{4} N_i x_i;\quad y = \sum_{i=1}^{4} N_i y_i;\quad z = \sum_{i=1}^{4} N_i z_i \qquad (\lambda_1, \lambda_2, \lambda_3, \lambda_4) \in [0,1]^3 \tag{2.33}$$

从中可知

$$\frac{\partial x}{\partial \lambda_j} = \sum_{i=1}^{4} \frac{\partial N_i}{\partial \lambda_j} x_i;\quad \frac{\partial y}{\partial \lambda_j} = \sum_{i=1}^{4} \frac{\partial N_i}{\partial \lambda_j} y_i;\quad \frac{\partial z}{\partial \lambda_j} = \sum_{i=1}^{4} \frac{\partial N_i}{\partial \lambda_j} z_i \quad (j = 1,2,3,4) \tag{2.34}$$

因而

$$\boldsymbol{J} = \frac{\partial(x,y,z)}{\partial(\xi,\eta,\zeta)} = \frac{\partial(x,y,z)}{\partial(\lambda_1,\lambda_2,\lambda_3)} = \begin{bmatrix} x_1 - x_4 & y_1 - y_4 & z_1 - z_4 \\ x_2 - x_4 & y_2 - y_4 & z_2 - z_4 \\ x_3 - x_4 & y_3 - y_4 & z_3 - z_4 \end{bmatrix} \tag{2.35}$$

对四面体二次等参单元(10 结点)，其形函数为

$$N_1 = \lambda_1(2\lambda_1 - 1);\quad N_2 = \lambda_2(2\lambda_2 - 1);\quad N_3 = \lambda_3(2\lambda_3 - 1);\quad N_4 = \lambda_4(2\lambda_4 - 1)$$
$$N_5 = 4\lambda_1\lambda_2;\quad N_6 = 4\lambda_2\lambda_3;\quad N_7 = 4\lambda_3\lambda_1$$
$$N_8 = 4\lambda_1\lambda_4;\quad N_9 = 4\lambda_2\lambda_4;\quad N_{10} = 4\lambda_3\lambda_4 \tag{2.36}$$

等参变换为

$$x = \sum_{i=1}^{10} N_i x_i;\quad y = \sum_{i=1}^{10} N_i y_i;\quad z = \sum_{i=1}^{10} N_i z_i \qquad (\lambda_1, \lambda_2, \lambda_3, \lambda_4) \in [0,1]^3 \tag{2.37}$$

从中可知

$$\frac{\partial x}{\partial \lambda_j}=\sum_{i=1}^{10}\frac{\partial N_i}{\partial \lambda_j}x_i;\quad \frac{\partial y}{\partial \lambda_j}=\sum_{i=1}^{10}\frac{\partial N_i}{\partial \lambda_j}y_i;\quad \frac{\partial z}{\partial \lambda_j}=\sum_{i=1}^{10}\frac{\partial N_i}{\partial \lambda_j}z_i\quad (j=1,2,3,4)\tag{2.38}$$

因而

$$\begin{aligned}\boldsymbol{J}&=\frac{\partial(x,y,z)}{\partial(\xi,\eta,\zeta)}=\frac{\partial(x,y,z)}{\partial(\lambda_1,\lambda_2,\lambda_3)}\\&=\begin{bmatrix}\frac{\partial N_1}{\partial\lambda_1}-\frac{\partial N_1}{\partial\lambda_4} & \frac{\partial N_2}{\partial\lambda_1}-\frac{\partial N_2}{\partial\lambda_4} & \cdots & \frac{\partial N_{10}}{\partial\lambda_1}-\frac{\partial N_{10}}{\partial\lambda_4}\\ \frac{\partial N_1}{\partial\lambda_2}-\frac{\partial N_1}{\partial\lambda_4} & \frac{\partial N_2}{\partial\lambda_2}-\frac{\partial N_2}{\partial\lambda_4} & \cdots & \frac{\partial N_{10}}{\partial\lambda_2}-\frac{\partial N_{10}}{\partial\lambda_4}\\ \frac{\partial N_1}{\partial\lambda_3}-\frac{\partial N_1}{\partial\lambda_4} & \frac{\partial N_2}{\partial\lambda_3}-\frac{\partial N_2}{\partial\lambda_4} & \cdots & \frac{\partial N_{10}}{\partial\lambda_3}-\frac{\partial N_{10}}{\partial\lambda_4}\end{bmatrix}\begin{bmatrix}x_1 & y_1 & z_1\\ x_2 & y_2 & z_2\\ \vdots & \vdots & \vdots\\ x_{10} & y_{10} & z_{10}\end{bmatrix}\end{aligned}\tag{2.39}$$

对三角形线性等参单元(3 结点)，其形函数为

$$N_1=\lambda_1;\quad N_2=\lambda_2;\quad N_3=\lambda_3\tag{2.40}$$

等参变换为

$$x=\sum_{i=1}^{3}N_ix_i;\quad y=\sum_{i=1}^{3}N_iy_i\quad (\lambda_1,\lambda_2,\lambda_3)\in[0,1]^3\tag{2.41}$$

从中可知

$$\frac{\partial x}{\partial \lambda_j}=\sum_{i=1}^{3}\frac{\partial N_i}{\partial \lambda_j}x_i;\quad \frac{\partial y}{\partial \lambda_j}=\sum_{i=1}^{3}\frac{\partial N_i}{\partial \lambda_j}y_i\quad (j=1,2,3)\tag{2.42}$$

因而

$$\boldsymbol{J}=\frac{\partial(x,y)}{\partial(\xi,\eta)}=\frac{\partial(x,y)}{\partial(\lambda_1,\lambda_2)}=\begin{bmatrix}x_1-x_3 & y_1-y_3\\ x_2-x_3 & y_2-y_3\end{bmatrix}=\begin{bmatrix}x_{13} & y_{13}\\ x_{23} & y_{23}\end{bmatrix}\tag{2.43}$$

对三角形二次等参单元(6 结点)，其形函数为

$$\begin{aligned}N_1&=\lambda_1(2\lambda_1-1);\quad N_4=4\lambda_1\lambda_2\\ N_2&=\lambda_2(2\lambda_2-1);\quad N_5=4\lambda_2\lambda_3\\ N_3&=\lambda_3(2\lambda_3-1);\quad N_6=4\lambda_3\lambda_1\end{aligned}\tag{2.44}$$

等参变换为

$$x=\sum_{i=1}^{6}N_ix_i;\quad y=\sum_{i=1}^{6}N_iy_i\quad (\lambda_1,\lambda_2,\lambda_3)\in[0,1]^3\tag{2.45}$$

从中可知

$$\frac{\partial x}{\partial \lambda_j}=\sum_{i=1}^{6}\frac{\partial N_i}{\partial \lambda_j}x_i;\quad \frac{\partial y}{\partial \lambda_j}=\sum_{i=1}^{6}\frac{\partial N_i}{\partial \lambda_j}y_i\quad (j=1,2,3)\tag{2.46}$$

因而

$$\boldsymbol{J}=\frac{\partial(x,y)}{\partial(\xi,\eta)}=\frac{\partial(x,y)}{\partial(\lambda_1,\lambda_2)}$$

$$
=\begin{bmatrix} 4\lambda_1-1 & 0 & -4\lambda_3+1 & 4\lambda_2 & -4\lambda_2 & 4(\lambda_3-\lambda_1) \\ 0 & 4\lambda_2-1 & -4\lambda_3+1 & 4\lambda_1 & 4(\lambda_3-\lambda_2) & -4\lambda_1 \end{bmatrix}\begin{bmatrix} x_1 & y_1 \\ x_2 & y_2 \\ \vdots & \vdots \\ x_6 & y_6 \end{bmatrix} \tag{2.47}
$$

2.5 网格划分与分段插值估计

针对一般几何形状的连续空域，有限元分析的第一步就是将其划分成彼此相连的、没有裂隙的单元，这一步称为网格划分。如果网格划分的结果在空域内部出现了裂隙，则网格划分后的空域将不再与原有的连续空域拓扑等价，因而无论怎样提高分网密度都难以保证收敛到真实解。因此，没有裂隙是有效分网的必要条件。

在等参单元中，由于每个单元都采用了相同的形函数，因而单元的边界形状将完全取决于边界结点的位置坐标。这就是说，只要相邻单元采用了相同的边界结点，它们就将拥有共同的边界，从而保证网格划分后的空域将仍然是彼此连通没有裂隙的。

一般地，根据前面的讨论，如果等参单元由 m 个结点构成，由所有结点的场值构成的向量 $\boldsymbol{t}^{(e)}=[T_1\ T_2\ \cdots\ T_m]^{\mathrm{T}}$ 称为单元的结点向量，而 $\boldsymbol{N}=[N_1\ N_2\ \cdots\ N_m]$ 代表与各结点相应的形函数，则单元内部任一点的场值可估计为

$$
T^{(e)}=\boldsymbol{N}^{\mathrm{T}}\boldsymbol{t}^{(e)} \tag{2.48}
$$

此外，从场函数的角度看，由于每个单元都采用了相同的形函数，并且相邻单元拥有共同的边界，因而从全局来看，分段插值的结果是 C_0 连续的。如图 2-7 所示，位于 xy 平面内的区域上，有一个连续的温度分布曲面，用粗虚线表示；这个平面区域的一个网格划分用细实线表示；而基于这个网格划分，针对结点场值的一个温度插值估计，则是用细虚线表示的空间三角剖分，而这个估计是一个 C_0 连续的分段线性插值。

从图 2-7 可以看出，网格划分的结果虽然在相邻的单元之间是没有裂隙的，但网格划分的边界与问题域的边界一般不能完全重合，这是有限元法的第一个误差来源(具体引入方式参见 3.3 节末尾)。这也是为什么在对具有曲线或曲面边界的区域进行分网时最好采用含有中间节点的高次单元的原因。有限元法的第二个误差来源就是单元内场值的插值估计，这也是为什么高次单元精度会更高的原因。很显然，只要待求的物理场是连续的，这两项误差都可以通过增加网格密度得以减小。当然，有限元法的误差还有其他来源，这些会在后续章节中陆续提及。

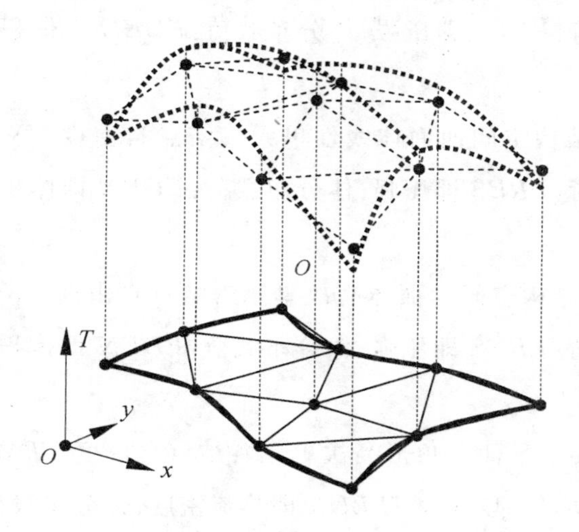

图 2-7　网格划分与 C_0 插值估计

2.6　ANSYS 中的单元及其自由度

ANSYS14.0 中的单元种类很多,从功能或用途的角度划分,有结构单元、传热单元和流场单元等。其中的常用单元有以下几种。

LINK180(2 结点结构分析杆单元):结点自由度 *UX*,*UY*,*UZ*;结点载荷:*FX*,*FY*,*FZ*;面分布载荷:无;体分布载荷:*TEMP* 即温度,用以引入热应力。

BEAM188(2 结点结构分析梁单元):结点自由度 *UX*,*UY*,*UZ*,*ROTX*,*ROTY*,*ROTZ*;结点载荷:*FX*,*FY*,*FZ*,*MX*,*MY*,*MZ*;面分布载荷:*PRES* 即压强;体分布载荷:*TEMP* 即温度,用以引入热应力。

PLANE182(4 结点结构平面四边形线性单元):结点自由度 *UX*,*UY*;结点载荷:*FX*,*FY*;面分布载荷:*PRES* 即压强;体分布载荷:*FDEN* 即体积力密度,*TEMP* 即温度,用以引入热应力。

PLANE183(8 结点结构平面四边形高次单元):结点自由度 *UX*,*UY*;结点载荷:*FX*,*FY*;面分布载荷:*PRES* 即压强;体分布载荷:*FDEN* 即体积力密度,*TEMP* 即温度,用以引入热应力。

SOLID185(8 结点结构空间六面体线性单元):结点自由度 *UX*,*UY*,*UZ*;结点载荷:*FX*,*FY*,*FZ*;面分布载荷:*PRES* 即压强;体分布载荷:*FDEN* 即体积力密度,*TEMP* 即温度,用以引入热应力。

SOLID186(20 结点结构空间六面体高次单元):结点自由度 *UX*,*UY*,*UZ*;结点载荷:

FX,FY,FZ;面分布载荷:$PRES$ 即压强;体分布载荷:$FDEN$ 即体积力密度,$TEMP$ 即温度,用以引入热应力。

SOLID285(4 结点结构空间四面体线性单元):结点自由度 UX,UY,UZ;结点载荷:FX,FY,FZ;面分布载荷:$PRES$ 即压强;体分布载荷:$FDEN$ 即体积力密度,$TEMP$ 即温度,用以引入热应力。

SOLID187(10 结点结构空间四面体高次单元):结点自由度 UX,UY,UZ;结点载荷:FX,FY,FZ;面分布载荷:$PRES$ 即压强;体分布载荷:$FDEN$ 即体积力密度,$TEMP$ 即温度,用以引入热应力。

PLANE35(6 结点传热平面三角形高次单元):结点自由度 $TEMP$;结点载荷:$HEAT$ 即热流;面分布载荷:$CONV$ 即对流,$HFLUX$ 即热流密度;体分布载荷:HG 即热生成功率密度。

PLANE55(4 结点传热平面四边形线性单元):结点自由度 $TEMP$;结点载荷:$HEAT$ 即热流;面分布载荷:$CONV$ 即对流,$HFLUX$ 即热流密度;体分布载荷:HG 即热生成功率密度。

PLAND77(8 结点传热平面四边形高次单元):结点自由度 $TEMP$;结点载荷:$HEAT$ 即热流;面分布载荷:$CONV$ 即对流,$HFLUX$ 即热流密度;体分布载荷:HG 即热生成功率密度。

SOLID87(10 结点传热空间四面体高次单元):结点自由度 $TEMP$;结点载荷:$HEAT$ 即热流;面分布载荷:$CONV$ 即对流,$HFLUX$ 即热流密度;体分布载荷:HG 即热生成功率密度。

SOLID278(8 结点传热空间六面体线性单元):结点自由度 $TEMP$;结点载荷:$HEAT$ 即热流;面分布载荷:$CONV$ 即对流,$HFLUX$ 即热流密度;体分布载荷:HG 即热生成功率密度。

SOLID279(20 结点传热空间六面体高次单元):结点自由度 $TEMP$;结点载荷:$HEAT$ 即热流;面分布载荷:$CONV$ 即对流,$HFLUX$ 即热流密度;体分布载荷:HG 即热生成功率密度。

FLUID141(4 结点流场平面四边形线性单元):结点自由度 VX,VY,$PRES$,$TEMP$;结点载荷:$HEAT$ 即热流;面分布载荷:$HFLUX$ 即热流密度;体分布载荷:$FDEN$ 即体积力密度。

FLUID142(8 结点流场空间六面体线性单元):结点自由度 VX,VY,VZ,$PRES$,$TEMP$;结点载荷:$HEAT$ 即热流;面分布载荷:$HFLUX$ 即热流密度;体分布载荷:$FDEN$ 即体积力密度。

从主控单元的几何形状与结点配置来看，这些常见的单元均已在图 2-5 或图 2-6 中列出。

2.7　镜像对称与轴对称

如果问题本身是对称的，即结构与载荷都是对称的，就一定要应用对称来简化问题。有两种最常见的对称，镜像对称与轴对称。镜像对称很容易理解，即关于一个平面两侧对称。由于两侧对称，在建立模型时只需要建立一半并在对称面上施加镜像对称约束。如果存在第二个镜像对称面，则可将模型再减去一半。在有些问题中，还可能存在多个镜像对称面，这时只要对原模型的若干分之一进行分析即可，从而大大减小问题的规模。如果采用了镜像对称建模，就要在对称面上引入对称约束边界条件。对结构分析而言，它指的是垂直于镜面的线位移和转轴在平面内的转角位移均为零；对传热分析而言，它指的是沿对称面的法向热流密度为零，即式(1.40)中的 $q_2=0$；对流场分析而言，它指的是各物理量在此面法向的导数均为零，即相当于式(1.54)，只是压力未知而已。

轴对称是指结构与载荷都是关于一个轴对称的，即都是回转体的形式。由于在这种情形下，每个轴截面内的情形都相同，所以可以采用轴对称单元，将三维问题简化为二维问题，从而显著降低问题的复杂性。所谓轴对称单元，从表面上看是轴截面内的一个平面单元，但实际上对应的是这个平面单元绕对称轴回转一周所得的三维的回转体。关于单元的各种积分计算，各种单元矩阵与载荷列阵的计算，都是对这个三维的回转体进行的。只不过由于是回转体，所以这些三重积分的计算都可退化成二重积分的计算。当然，在这种情形下，相关的各种物理方程，都要改写到柱坐标系中，因而会发生形式上的变化，参见本书附录 B。在 ANSYS 中利用轴对称单元时要注意，对称轴必须是 y 轴，且轴截面必须在 x 大于零的正半平面内，同时要特别注意在这种模型上施加“集中载荷”时，其含义是沿一周的总载荷。

2.8　思考题

1. 在有限元分析中，直角坐标与重心坐标的量纲分别是什么？

2. 在有限元分析中，什么是结点、单元和形函数？

3. 主控单元各结点的坐标数值决定了形函数的具体形式，而这些坐标数值取值并不是唯一的。以四结点平面实体单元为例，若其主控单元是左下结点位于参数空间直角坐标系 $(\xi,\ \eta)$原点的边长为 1 的正方形，即其 4 个结点的坐标$(\xi_i,\ \eta_i)$ $(i=1\sim4)$分别为 1(0,0)，2(1, 0)，3(1, 1)和 4(0, 1)，试写出其 4 个相应的形函数，并推导出与之相应的雅可比矩阵$\boldsymbol{J}$。

4. 推证式(2.43)。

5. 等参单元有效的条件是什么?

6. 列出本章中提到的两项有限元分析的误差来源。

7. 什么是镜像对称与轴对称? 试各举一个工程实例,并列出问题的自由度及其与对称相关的约束方程。

第3章 弹性结构分析的有限元格式

本章将具有线性几何约束的拉格朗日方程引入完成网格划分的弹性结构体，导出弹性结构分析的有限元格式。

3.1 单元内各点的位移、速度、加速度与应变

如图1-5所示，假设一块弹性材料在时变约束与时变外力的共同作用下，形成了一个动态的位移场$\boldsymbol{u}(t)$、应变场$\boldsymbol{\varepsilon}(t)$和应力场$\boldsymbol{\sigma}(t)$。再假设这块弹性材料已经被划分成有限个单元，而每个单元拥有m个结点。现在，取其中的一个单元进行研究。

首先，根据式(2.12)、(2.33)或(2.37)，这个由m个结点构成的单元所占的空域，可以用一个从主控单元到实际单元的映射，即等参变换表示

$$\left.\begin{aligned} x &= x(\xi,\eta,\zeta) = \sum_{i=1}^{m} N_i(\xi,\eta,\zeta)x_i \\ y &= y(\xi,\eta,\zeta) = \sum_{i=1}^{m} N_i(\xi,\eta,\zeta)y_i \\ z &= z(\xi,\eta,\zeta) = \sum_{i=1}^{m} N_i(\xi,\eta,\zeta)z_i \end{aligned}\right\} \tag{3.1}$$

其中$N_1 \sim N_m$为单元结点对应的形函数。

其次，将此单元所有结点的位移分量排成一列，表示为$\boldsymbol{q}^{(e)}(t) = [u_1(t)\ v_1(t)\ w_1(t)\ u_2(t)\ v_2(t)\ w_2(t)\ \cdots\ u_m(t)\ v_m(t)\ w_m(t)]^{\mathrm{T}}$，则根据(2.48)，单元内部的位移场可以近似估计为

$$\boldsymbol{u}^{(e)}(t) = \boldsymbol{u}^{(e)}(\xi,\eta,\zeta,t) = \begin{bmatrix} u(t) \\ v(t) \\ w(t) \end{bmatrix} = \begin{bmatrix} N_1u_1 + N_2u_2 + \cdots + N_mu_m \\ N_1v_1 + N_2v_2 + \cdots + N_mv_m \\ N_1w_1 + N_2w_2 + \cdots + N_mw_m \end{bmatrix} = \boldsymbol{N}\boldsymbol{q}^{(e)}(t) \tag{3.2}$$

式中

$$\boldsymbol{N}(\xi,\eta,\zeta) = \begin{bmatrix} N_1 & 0 & 0 & \cdots & N_m & 0 & 0 \\ 0 & N_1 & 0 & \cdots & 0 & N_m & 0 \\ 0 & 0 & N_1 & \cdots & 0 & 0 & N_m \end{bmatrix} \tag{3.3}$$

从(3.2)易知，单元内的速度场与加速度场可表示为

$$\left.\begin{aligned}\dot{\boldsymbol{u}}^{(e)}(t)&=\boldsymbol{N}\dot{\boldsymbol{q}}^{(e)}(t)\\ \ddot{\boldsymbol{u}}^{(e)}(t)&=\boldsymbol{N}\ddot{\boldsymbol{q}}^{(e)}(t)\end{aligned}\right\}\tag{3.4}$$

根据式(1.25)，在小变形条件下，单元内部应变场各分量均可通过位移分量对空间坐标的偏导数计算。观察(3.1)可知，在等参变换有效的条件下，空间坐标(x,y,z)与自然坐标(ξ,η,ζ)之间存在一一对应的关系。结合(3.2)可知，位移分量(u,v,w)必然是空间坐标(x,y,z)的函数。因此，根据复合函数的求导法则，有

$$\begin{bmatrix}\partial u/\partial\xi & \partial v/\partial\xi & \partial w/\partial\xi\\ \partial u/\partial\eta & \partial v/\partial\eta & \partial w/\partial\eta\\ \partial u/\partial\zeta & \partial v/\partial\zeta & \partial w/\partial\zeta\end{bmatrix}=\begin{bmatrix}\partial x/\partial\xi & \partial y/\partial\xi & \partial z/\partial\xi\\ \partial x/\partial\eta & \partial y/\partial\eta & \partial z/\partial\eta\\ \partial x/\partial\zeta & \partial y/\partial\zeta & \partial z/\partial\zeta\end{bmatrix}\begin{bmatrix}\partial u/\partial x & \partial v/\partial x & \partial w/\partial x\\ \partial u/\partial y & \partial v/\partial y & \partial w/\partial y\\ \partial u/\partial z & \partial v/\partial z & \partial w/\partial z\end{bmatrix}\tag{3.5}$$

其中等式右边的第二个矩阵中的元素正是计算应变场各分量所需要的。为了计算这些元素，我们首先计算另外两个矩阵。等式左边的矩阵可以通过(3.2)直接获得

$$\begin{bmatrix}\partial u/\partial\xi & \partial v/\partial\xi & \partial w/\partial\xi\\ \partial u/\partial\eta & \partial v/\partial\eta & \partial w/\partial\eta\\ \partial u/\partial\zeta & \partial v/\partial\zeta & \partial w/\partial\zeta\end{bmatrix}=\begin{bmatrix}\partial N_1/\partial\xi & \partial N_2/\partial\xi & \cdots & \partial N_m/\partial\xi\\ \partial N_1/\partial\eta & \partial N_2/\partial\eta & \cdots & \partial N_m/\partial\eta\\ \partial N_1/\partial\zeta & \partial N_2/\partial\zeta & \cdots & \partial N_m/\partial\zeta\end{bmatrix}\begin{bmatrix}u_1 & u_2 & \cdots & u_m\\ v_1 & v_2 & \cdots & v_m\\ w_1 & w_2 & \cdots & w_m\end{bmatrix}^{\mathrm{T}}\tag{3.6}$$

等式右边的第一个矩阵正是等参变换(3.1)的雅可比矩阵 $\boldsymbol{J}^{(e)}$，它可以通过对(3.1)直接求导获得，结果如(2.17)、(2.35)或(2.39)所示。因此，等式右边的第二个矩阵可表示为

$$\begin{aligned}\begin{bmatrix}\partial u/\partial x & \partial v/\partial x & \partial w/\partial x\\ \partial u/\partial y & \partial v/\partial y & \partial w/\partial y\\ \partial u/\partial z & \partial v/\partial z & \partial w/\partial z\end{bmatrix}&=\boldsymbol{J}^{-1(e)}\begin{bmatrix}\partial u/\partial\xi & \partial v/\partial\xi & \partial w/\partial\xi\\ \partial u/\partial\eta & \partial v/\partial\eta & \partial w/\partial\eta\\ \partial u/\partial\zeta & \partial v/\partial\zeta & \partial w/\partial\zeta\end{bmatrix}\\ &=\begin{bmatrix}b_{11} & b_{12} & \cdots & b_{1m}\\ b_{21} & b_{22} & \cdots & b_{2m}\\ b_{31} & b_{32} & \cdots & b_{3m}\end{bmatrix}\begin{bmatrix}u_1 & u_2 & \cdots & u_m\\ v_1 & v_2 & \cdots & v_m\\ w_1 & w_2 & \cdots & w_m\end{bmatrix}^{\mathrm{T}}\end{aligned}\tag{3.7}$$

元素 $b_{ij}(\xi,\eta,\zeta)$ 的具体形式由雅可比矩阵 $\boldsymbol{J}^{(e)}$ 的逆矩阵和式(3.6)等号右侧的第一个矩阵相乘而来，此处无法具体列出，但可知这些元素 $b_{ij}(\xi,\eta,\zeta)$ 取决于单元形函数的具体形式和结点坐标。在后续具体单元的讨论中，将给出几个简单情形下的具体表达式。将式(3.7)改写，有

$$
\begin{bmatrix} \partial u/\partial x \\ \partial u/\partial y \\ \partial u/\partial z \\ \partial v/\partial x \\ \partial v/\partial y \\ \partial v/\partial z \\ \partial w/\partial x \\ \partial w/\partial y \\ \partial w/\partial z \end{bmatrix} = \begin{bmatrix} b_{11} & 0 & 0 & b_{12} & 0 & \cdots & b_{1m} & 0 & 0 \\ b_{21} & 0 & 0 & b_{22} & 0 & \cdots & b_{2m} & 0 & 0 \\ b_{31} & 0 & 0 & b_{32} & 0 & \cdots & b_{3m} & 0 & 0 \\ 0 & b_{11} & 0 & 0 & b_{12} & \cdots & 0 & b_{1m} & 0 \\ 0 & b_{21} & 0 & 0 & b_{22} & \cdots & 0 & b_{2m} & 0 \\ 0 & b_{31} & 0 & 0 & b_{32} & \cdots & 0 & b_{3m} & 0 \\ 0 & 0 & b_{11} & 0 & 0 & \cdots & 0 & 0 & b_{1m} \\ 0 & 0 & b_{21} & 0 & 0 & \cdots & 0 & 0 & b_{2m} \\ 0 & 0 & b_{31} & 0 & 0 & \cdots & 0 & 0 & b_{3m} \end{bmatrix} \boldsymbol{q}^{(e)}(t) \tag{3.8}
$$

根据式(1.25)，此单元内的应变场各分量为

$$
\boldsymbol{\varepsilon}^{(e)}(t) = \begin{bmatrix} \partial u/\partial x \\ \partial v/\partial y \\ \partial w/\partial z \\ \partial v/\partial z + \partial w/\partial y \\ \partial w/\partial x + \partial u/\partial z \\ \partial u/\partial y + \partial v/\partial x \end{bmatrix} = \begin{bmatrix} 1 & 0 & 0 & 0 & 0 & 0 & 0 & 0 & 0 \\ 0 & 0 & 0 & 0 & 1 & 0 & 0 & 0 & 0 \\ 0 & 0 & 0 & 0 & 0 & 0 & 0 & 0 & 1 \\ 0 & 0 & 0 & 0 & 0 & 1 & 0 & 1 & 0 \\ 0 & 0 & 1 & 0 & 0 & 0 & 1 & 0 & 0 \\ 0 & 1 & 0 & 1 & 0 & 0 & 0 & 0 & 0 \end{bmatrix} \begin{bmatrix} \partial u/\partial x \\ \vdots \\ \partial v/\partial x \\ \vdots \\ \partial w/\partial x \\ \vdots \end{bmatrix} = \boldsymbol{B}^{(e)} \boldsymbol{q}^{(e)}(t) \tag{3.9}
$$

其中

$$
\boldsymbol{B}^{(e)} = \begin{bmatrix} b_{11} & 0 & 0 & b_{12} & \cdots & b_{1m} & 0 & 0 \\ 0 & b_{21} & 0 & 0 & \cdots & 0 & b_{2m} & 0 \\ 0 & 0 & b_{31} & 0 & \cdots & 0 & 0 & b_{3m} \\ 0 & b_{31} & b_{21} & 0 & \cdots & 0 & b_{3m} & b_{2m} \\ b_{31} & 0 & b_{11} & b_{32} & \cdots & b_{3m} & 0 & b_{1m} \\ b_{21} & b_{11} & 0 & b_{22} & \cdots & b_{2m} & b_{1m} & 0 \end{bmatrix} \tag{3.10}
$$

3.2　单元体的动能、弹性势能与保守外力所做的功

根据单元内的速度场，可以积分获得单元体的动能为

$$
\begin{aligned}
T^{(e)} &= \iiint_e \frac{1}{2} \rho \dot{\boldsymbol{u}}^{(e)\mathrm{T}} \dot{\boldsymbol{u}}^{(e)} \mathrm{d}\Omega = \frac{1}{2} \iiint_e \rho (\boldsymbol{N} \dot{\boldsymbol{q}}^{(e)})^{\mathrm{T}} \boldsymbol{N} \dot{\boldsymbol{q}}^{(e)} \mathrm{d}\Omega \\
&= \frac{1}{2} \dot{\boldsymbol{q}}^{(e)\mathrm{T}} (\rho \iiint_e \boldsymbol{N}^{\mathrm{T}} \boldsymbol{N} \mathrm{d}\Omega) \dot{\boldsymbol{q}}^{(e)}
\end{aligned}
$$

$$= \frac{1}{2} \dot{\boldsymbol{q}}^{(e)\mathrm{T}} \boldsymbol{m}^{(e)} \dot{\boldsymbol{q}}^{(e)} \tag{3.11}$$

其中 ρ 是材料密度，而

$$\boldsymbol{m}^{(e)} = \rho \iiint_e \boldsymbol{N}^{\mathrm{T}} \boldsymbol{N} \mathrm{d}\Omega \tag{3.12}$$

称为单元的质量矩阵，其力学含义是将单元质量所产生的作用等效地离散到单元结点上。在给定单元结点坐标与形函数之后，这是一个可以具体计算的常数矩阵，并且是对称矩阵。

根据单元内的应变场，可以积分获得单元体的弹性势能为

$$\begin{aligned} E^{(e)} &= \iiint_e \frac{1}{2} \boldsymbol{\sigma}^{(e)\mathrm{T}} \boldsymbol{\varepsilon}^{(e)} \mathrm{d}\Omega = \frac{1}{2} \iiint_e \boldsymbol{\varepsilon}^{(e)\mathrm{T}} \boldsymbol{D} \boldsymbol{\varepsilon}^{(e)} \mathrm{d}\Omega = \frac{1}{2} \iiint_e \boldsymbol{q}^{(e)\mathrm{T}} \boldsymbol{B}^{(e)\mathrm{T}} \boldsymbol{D} \boldsymbol{B}^{(e)} \boldsymbol{q}^{(e)} \mathrm{d}\Omega \\ &= \frac{1}{2} \boldsymbol{q}^{(e)\mathrm{T}} \left(\iiint_e \boldsymbol{B}^{(e)\mathrm{T}} \boldsymbol{D} \boldsymbol{B}^{(e)} \mathrm{d}\Omega \right) \boldsymbol{q}^{(e)} \\ &= \frac{1}{2} \boldsymbol{q}^{(e)\mathrm{T}} \boldsymbol{k}^{(e)} \boldsymbol{q}^{(e)} \end{aligned} \tag{3.13}$$

其中

$$\boldsymbol{k}^{(e)} = \iiint_e \boldsymbol{B}^{(e)\mathrm{T}} \boldsymbol{D} \boldsymbol{B}^{(e)} \mathrm{d}\Omega \tag{3.14}$$

称为单元的刚度矩阵，其力学含义是将单元弹性产生的作用等效地离散到单元结点上。在给定单元结点坐标、形函数与材料矩阵之后，这也是一个可以具体计算的常数矩阵，并且是对称矩阵。

而保守外力对此单元所做的功可以表示为(集中力与反力的作用点已均选为结点)

$$\begin{aligned} W^{(e)} &= \iiint_e \boldsymbol{u}^{(e)\mathrm{T}} \boldsymbol{V} \mathrm{d}\Omega + \iint_{Ae} \boldsymbol{u}^{(e)\mathrm{T}} \boldsymbol{S} \mathrm{d}\Sigma + \boldsymbol{q}^{(e)\mathrm{T}} \boldsymbol{P}_i + \boldsymbol{q}^{(e)\mathrm{T}} \boldsymbol{R}_j \\ &= \iiint_e \boldsymbol{q}^{(e)\mathrm{T}} \boldsymbol{N}^{\mathrm{T}} \boldsymbol{V} \mathrm{d}\Omega + \iint_{Ae} \boldsymbol{q}^{(e)\mathrm{T}} \boldsymbol{N}^{\mathrm{T}} \boldsymbol{S} \mathrm{d}\Sigma + \boldsymbol{q}^{(e)\mathrm{T}} (\boldsymbol{P}_i + \boldsymbol{R}_j) \\ &= \boldsymbol{q}^{(e)\mathrm{T}} \left(\iiint_e \boldsymbol{N}^{\mathrm{T}} \boldsymbol{V} \mathrm{d}\Omega \right) + \boldsymbol{q}^{(e)\mathrm{T}} \left(\iint_{Ae} \boldsymbol{N}^{\mathrm{T}} \boldsymbol{S} \mathrm{d}\Sigma \right) + \boldsymbol{q}^{(e)\mathrm{T}} (\boldsymbol{P}_i + \boldsymbol{R}_j) \\ &= \boldsymbol{q}^{(e)\mathrm{T}} \boldsymbol{V}^{(e)} + \boldsymbol{q}^{(e)\mathrm{T}} \boldsymbol{S}^{(e)} + \boldsymbol{q}^{(e)\mathrm{T}} (\boldsymbol{P}_i + \boldsymbol{R}_j) \\ &= \boldsymbol{q}^{(e)\mathrm{T}} (\boldsymbol{V}^{(e)} + \boldsymbol{S}^{(e)} + \boldsymbol{P}_i + \boldsymbol{R}_j) \\ &= \boldsymbol{q}^{(e)\mathrm{T}} \boldsymbol{f}^{(e)} \end{aligned} \tag{3.15}$$

其中 A_e 表示有面积载荷 $\boldsymbol{S}$ 作用的单元表面，而

$$\boldsymbol{V}^{(e)} = \iiint_e \boldsymbol{N}^{\mathrm{T}} \boldsymbol{V} \mathrm{d}\Omega; \qquad \boldsymbol{S}^{(e)} = \iint_{Ae} \boldsymbol{N}^{\mathrm{T}} \boldsymbol{S} \mathrm{d}\Sigma; \qquad \boldsymbol{f}^{(e)} = \boldsymbol{V}^{(e)} + \boldsymbol{S}^{(e)} + \boldsymbol{P}_i + \boldsymbol{R}_j \tag{3.16}$$

分别称为单元等效体积载荷列阵、单元等效面积载荷列阵与单元等效载荷列阵，单元等效载荷列阵的力学含义是将单元所受外力产生的作用等效地离散到单元结点上。在给定单元结

点坐标、形函数和受力情况之后，$\boldsymbol{f}^{(e)}$ 也是一个可以具体计算的常数列阵。需要说明的是，这些用定积分定义在单元上的各种矩阵，在具体计算时，为了计算效率，通常采用某种数值积分的方法。这将成为有限元法的第三个误差来源(前两个来源参见 2.5 节末尾)。同时，根据数值积分的特点，只要被积函数是连续的，则随着被积区域尺度的逐渐减小，即单元网格密度的增加，此项误差也将逐渐减小。

3.3　弹性结构的总动能、总弹性势能与保守外力所做的总功

在弹性结构有限元分析中，单元结点位移是待求的未知量。在列出弹性体的总动能、总弹性势能与保守外力所做的总功的表达式时，为了将所有结点的位移提出来以便对已获得的各种单元矩阵的元素进行累加，需要完成的工作称为装配。描述如下。

首先，将所有单元结点的全部位移分量，即所有 $\boldsymbol{q}^{(e)}$ 的各分量无遗漏且不重复地列成一个 $M\times 1$ 维的列阵 $\boldsymbol{Q}$，称为全局自由度列阵，其中 M 称为网格划分后弹性结构的自由度。按照与 $\boldsymbol{Q}$ 一致的顺序，将所有的 $\boldsymbol{f}^{(e)}$ 重排并扩展(加 0 元素) 成为 $M\times 1$ 维的相应列阵 $\boldsymbol{F}^{(e)}$。按照相同的方法将所有的 $\boldsymbol{m}^{(e)}$ 和 $\boldsymbol{k}^{(e)}$ 重排并扩展(加 0 元素构成的行与列) 成为 $M\times M$ 维的相应矩阵 $\boldsymbol{M}^{(e)}$ 与 $\boldsymbol{K}^{(e)}$。然后，对各单元累加，得到

$$
\begin{aligned}
T(t) &= \sum\nolimits_e T^{(e)} = \sum\nolimits_e \frac{1}{2}\dot{\boldsymbol{q}}^{(e)T}\boldsymbol{m}^{(e)}\dot{\boldsymbol{q}}^{(e)} = \frac{1}{2}\sum\nolimits_e \dot{\boldsymbol{Q}}^{\mathrm{T}}_{1\times M}\boldsymbol{M}^{(e)}_{M\times M}\dot{\boldsymbol{Q}}_{M\times 1} \\
&= \frac{1}{2}\dot{\boldsymbol{Q}}^{\mathrm{T}}_{1\times M}\Big(\sum\nolimits_e \boldsymbol{M}^{(e)}_{M\times M}\Big)\dot{\boldsymbol{Q}}_{M\times 1} \\
&= \frac{1}{2}\dot{\boldsymbol{Q}}^{\mathrm{T}}_{1\times M}\boldsymbol{M}_{M\times M}\dot{\boldsymbol{Q}}_{M\times 1}
\end{aligned}
\tag{3.17}
$$

$$
\begin{aligned}
E(t) &= \sum\nolimits_e E^{(e)} = \sum\nolimits_e \frac{1}{2}\boldsymbol{q}^{(e)T}\boldsymbol{k}^{(e)}\boldsymbol{q}^{(e)} = \frac{1}{2}\boldsymbol{Q}^{\mathrm{T}}_{1\times M}\Big(\sum\nolimits_e \boldsymbol{K}^{(e)}_{M\times M}\Big)\boldsymbol{Q}_{M\times 1} \\
&= \frac{1}{2}\boldsymbol{Q}^{\mathrm{T}}_{1\times M}\boldsymbol{K}_{M\times M}\boldsymbol{Q}_{M\times 1}
\end{aligned}
\tag{3.18}
$$

$$
\begin{aligned}
W(t) &= \sum\nolimits_e W^{(e)} = \sum\nolimits_e \boldsymbol{q}^{(e)T}\boldsymbol{f}^{(e)} = \sum\nolimits_e \boldsymbol{Q}^{\mathrm{T}}_{1\times M}\boldsymbol{F}^{(e)}_{M\times 1} = \boldsymbol{Q}^{\mathrm{T}}_{1\times M}\Big(\sum\nolimits_e \boldsymbol{F}^{(e)}_{M\times 1}\Big) \\
&= \boldsymbol{Q}^{\mathrm{T}}_{1\times M}\boldsymbol{F}_{M\times 1}
\end{aligned}
\tag{3.19}
$$

其中累加而成的 $\boldsymbol{M}$、$\boldsymbol{K}$ 与 $\boldsymbol{F}$ 分别称为全局质量矩阵、全局刚度矩阵与全局载荷列阵。在获得每个单元的质量矩阵、刚度矩阵与等效载荷列阵之后，这些全局的矩阵中的各元素都可以通过累加获得，并且 $\boldsymbol{M}$ 与 $\boldsymbol{K}$ 都是对称矩阵。需要指出的是，这里由于采用了单元量直接累加计算问题域总量的方法，就出现了在 2.5 节末尾讨论的有限元法的第一个误差来源：由于网格划分的边界与问题域的实际边界不重合而引起的误差。

3.4 结构分析有限元格式的导出

现在,我们注意到以下事实

1) 图 1-5 所示的连续的弹性结构体可以视为一个质点系,每个质点就是一个微元体。

2) 弹性体内的位移场 $\boldsymbol{u}(t)$,正是对质点系位置坐标的描述。

3) 对划分好网格的弹性结构,其内任意一点的位移,都可以由式(3.2) 估计,从而由全局自由度 $\boldsymbol{Q}$ 来决定。因此,若将全局自由度视为广义坐标,则式(3.2) 正是此质点系所受的线性几何约束。

4) 虽然这个质点系的动能、弹性势能与保守外力所做的功难以准确计算,但它们可以通过对各微元体的累加进行计算,即由式(3.17)、(3.18) 和(3.19) 进行估计。

有鉴于此,可以将拉格朗日方程(1.23) 应用于划分好网格的弹性结构体。考虑到

$$\frac{\mathrm{d}}{\mathrm{d}t}\left(\frac{\partial T}{\partial \dot{\boldsymbol{Q}}}\right) = \frac{\mathrm{d}}{\mathrm{d}t}\frac{\partial}{\partial \dot{\boldsymbol{Q}}}\left(\frac{1}{2}\dot{\boldsymbol{Q}}^{\mathrm{T}}\boldsymbol{M}\dot{\boldsymbol{Q}}\right) = \frac{\mathrm{d}}{\mathrm{d}t}(\boldsymbol{M}\dot{\boldsymbol{Q}}) = \boldsymbol{M}\ddot{\boldsymbol{Q}} \tag{3.20}$$

$$\frac{\partial E}{\partial \boldsymbol{Q}} = \frac{\partial}{\partial \boldsymbol{Q}}\left(\frac{1}{2}\boldsymbol{Q}^{\mathrm{T}}\boldsymbol{K}\boldsymbol{Q}\right) = \boldsymbol{K}\boldsymbol{Q} \tag{3.21}$$

$$\frac{\partial W}{\partial \boldsymbol{Q}} = \frac{\partial}{\partial \boldsymbol{Q}}(\boldsymbol{Q}^{\mathrm{T}}\boldsymbol{F}) = \boldsymbol{F} \tag{3.22}$$

因此,方程(1.23) 变成

$$\boldsymbol{M}\ddot{\boldsymbol{Q}} + \boldsymbol{C}\dot{\boldsymbol{Q}} + \boldsymbol{K}\boldsymbol{Q} = \boldsymbol{F} \tag{3.23}$$

这就是用于弹性结构分析的有限元格式。

需要指出的是,方程(3.23) 是一个近似方程。正如 2.5 节末尾、3.2 节末尾以及 3.3 节末尾提到的那样,它的误差来自于以下三个环节:1) 有限元网格的边界与问题域的实际边界不重合引入的误差。2) 单元内位移场用形函数与结点位移的线性组合进行估计引入的误差。3) 采用数值积分计算单元上的各种矩阵元素时引入的误差。但很显然,只要问题域的边界及其内的位移场是连续的,则随着网格密度的增加,方程(3.23) 的误差就会减小。而只要误差足够小,就能满足工程问题的实际需要。此外,在采用数值方法求解方程(3.23) 时,还会引入另外的数值误差,这是有限元法的第四个误差来源。

还需指出的是,在一般的情形下,方程(3.23) 是一个二阶常微分方程组,其中的 $\boldsymbol{M}$、$\boldsymbol{C}$ 与 $\boldsymbol{K}$ 都是常数矩阵,而 $\boldsymbol{F}$ 则是时变列阵,这时的问题称为弹性结构的瞬态分析问题;如果 $\boldsymbol{C}$ 与 $\boldsymbol{F}$ 均为零,则得到一个忽略阻尼且没有外载的自由振动方程,这时的问题称为弹性结构的模态分析问题;如果速度项与加速度项均为零,而 $\boldsymbol{F}$ 是常列阵,则得到一个线性方程组,这时的问题称为弹性结构的稳态分析问题。

为使方程(3.23)有唯一的解，需要足够的约束条件。这种条件分两类，一类是边界条件，一类是初始条件。对瞬态分析问题，两类条件通常都需要；对模态分析与稳态分析，则只需要边界条件。所谓初始条件，就是给定零时刻所有结点的位移值与速度值。所谓边界条件，指的是某些结点的位移已经给定为具体的数值(通常为零)。对一个三维的稳态结构分析问题来说，至少需要约束 6 个自由度，才能实现完全约束；对一个二维的稳态结构分析问题来说，则至少需约束 3 个自由度。

3.5　关于阻尼矩阵的讨论

回到方程(1.22)，线性阻尼矩阵的元素为

$$C_{ij} = \sum_{k=1}^{3n} C_k h_{ki} h_{kj} \quad (i,j = 1,2,3\cdots,M) \tag{3.24}$$

对式(3.2)所指的单元而言，$M = 3m$；其中的系数 h_{ki} 与 h_{kj} 来自于线性几何约束(1.19)，即

$$x_k = \sum_{j=1}^{M} h_{kj} Q_j \qquad (k = 1,2,\cdots,3n)$$

而对单元内的任意一个质点(即微元体)而言，上述方程的具体形式为式(3.2)，即

$$\boldsymbol{u}^{(e)}(t) = \boldsymbol{N}\boldsymbol{q}^{(e)}(t)$$

现在，假设单元体内各质点(即微元体)所受速度阻尼的系数与该质点(即微元体)的质量成正比，称为弹性体介质阻尼假设，即

$$\lambda_k = \alpha\rho\,\mathrm{d}\Omega \tag{3.25}$$

其中 α 称为介质阻尼系数。则对此单元体而言，由式(3.24)各元素组成的矩阵成为

$$\boldsymbol{c}^{(e)} = \alpha\rho \iiint_e \boldsymbol{N}^{\mathrm{T}} \boldsymbol{N}\,\mathrm{d}\Omega \tag{3.26}$$

称为单元介质阻尼矩阵。对照(3.12)可知

$$\boldsymbol{c}^{(e)} = \alpha \boldsymbol{m}^{(e)} \tag{3.27}$$

考虑弹性体的全部质点，即全局介质阻尼矩阵(通过装配获得)，必有

$$\boldsymbol{C} = \alpha \boldsymbol{M} \tag{3.28}$$

除此而外，在弹性结构分析中，有时会考虑由于材料内摩擦引起的结构阻尼，它通常可简化为与刚度矩阵成正比，即

$$\boldsymbol{C} = \beta \boldsymbol{K} \tag{3.29}$$

其中 β 称为结构阻尼系数。当两种阻尼一起考虑时，称为比例阻尼或振型阻尼，这时有

$$\boldsymbol{C} = \alpha \boldsymbol{M} + \beta \boldsymbol{K} \tag{3.30}$$

应该指出：振型阻尼只是一种简化实际阻尼的方法，这种简化的模型在采用振型叠加法进行瞬态分析时将会显著降低问题的复杂性，但同时也必将引入相应的误差，称为模型误差，即有限元法的第五种误差(前四种参见方程(3.23)之后的说明)。不过，稳态分析与模态分析因不涉及阻尼，因而没有此类误差。

3.6 边界条件的引入

一般来说，在给定位移的结点上会产生约束反力，所以不会施加主动力。但当单元受到分布载荷作用时，等效载荷将以主动力的形式施加到单元结点上，而不论这些结点是否被约束。

为了在方程(3.23)中引入边界条件，可以将结点位移列阵 $\boldsymbol{Q}$ 重新排序，将未加约束的结点位移 $\boldsymbol{Q}_u$ 排在约束的结点位移 $\boldsymbol{Q}_c$ 之前，并将结点速度与加速度也用相应的分块矩阵表示，即

$$\boldsymbol{Q}=\begin{bmatrix}\boldsymbol{Q}_u\\ \boldsymbol{Q}_c\end{bmatrix};\quad \dot{\boldsymbol{Q}}=\begin{bmatrix}\dot{\boldsymbol{Q}}_u\\ \dot{\boldsymbol{Q}}_c\end{bmatrix};\quad \ddot{\boldsymbol{Q}}=\begin{bmatrix}\ddot{\boldsymbol{Q}}_u\\ \ddot{\boldsymbol{Q}}_c\end{bmatrix} \tag{3.31}$$

相应地，$\boldsymbol{M}$、$\boldsymbol{C}$、$\boldsymbol{K}$、$\boldsymbol{F}$ 等各个矩阵也分块表示，有

$$\boldsymbol{M}=\begin{bmatrix}\boldsymbol{M}_u & \boldsymbol{M}_m\\ \boldsymbol{M}_m^{\mathrm{T}} & \boldsymbol{M}_c\end{bmatrix};\quad \boldsymbol{C}=\begin{bmatrix}\boldsymbol{C}_u & \boldsymbol{C}_m\\ \boldsymbol{C}_m^{\mathrm{T}} & \boldsymbol{C}_c\end{bmatrix};\quad \boldsymbol{K}=\begin{bmatrix}\boldsymbol{K}_u & \boldsymbol{K}_m\\ \boldsymbol{K}_m^{\mathrm{T}} & \boldsymbol{K}_c\end{bmatrix};\quad \boldsymbol{F}=\begin{bmatrix}\boldsymbol{F}_u\\ \boldsymbol{F}_c+\boldsymbol{R}_c\end{bmatrix} \tag{3.32}$$

其中 $\boldsymbol{F}_c$ 通常是由分布载荷计算的等效载荷，$\boldsymbol{R}_c$ 为待求的约束反力。

这样，方程(3.23)成为

$$\begin{bmatrix}\boldsymbol{M}_u\ddot{\boldsymbol{Q}}_u+\boldsymbol{M}_m\ddot{\boldsymbol{Q}}_c+\boldsymbol{C}_u\dot{\boldsymbol{Q}}_u+\boldsymbol{C}_m\dot{\boldsymbol{Q}}_c+\boldsymbol{K}_u\boldsymbol{Q}_u+\boldsymbol{K}_m\boldsymbol{Q}_c\\ \boldsymbol{M}_m^{\mathrm{T}}\ddot{\boldsymbol{Q}}_u+\boldsymbol{M}_c\ddot{\boldsymbol{Q}}_c+\boldsymbol{C}_m^{\mathrm{T}}\dot{\boldsymbol{Q}}_u+\boldsymbol{C}_c\dot{\boldsymbol{Q}}_c+\boldsymbol{K}_m^{\mathrm{T}}\boldsymbol{Q}_u+\boldsymbol{K}_c\boldsymbol{Q}_c\end{bmatrix}=\begin{bmatrix}\boldsymbol{F}_u\\ \boldsymbol{F}_c+\boldsymbol{R}_c\end{bmatrix} \tag{3.33}$$

从中可得

$$\boldsymbol{M}_u\ddot{\boldsymbol{Q}}_u+\boldsymbol{M}_m\ddot{\boldsymbol{Q}}_c+\boldsymbol{C}_u\dot{\boldsymbol{Q}}_u+\boldsymbol{C}_m\dot{\boldsymbol{Q}}_c+\boldsymbol{K}_u\boldsymbol{Q}_u+\boldsymbol{K}_m\boldsymbol{Q}_c=\boldsymbol{F}_u \tag{3.34}$$

此即

$$\boldsymbol{M}_u\ddot{\boldsymbol{Q}}_u+\boldsymbol{C}_u\dot{\boldsymbol{Q}}_u+\boldsymbol{K}_u\boldsymbol{Q}_u=\boldsymbol{F}_u-\boldsymbol{M}_m\ddot{\boldsymbol{Q}}_c-\boldsymbol{C}_m\dot{\boldsymbol{Q}}_c-\boldsymbol{K}_m\boldsymbol{Q}_c \tag{3.35}$$

解出未加约束的结点位移、速度与加速度后，从(3.33)中可得

$$\boldsymbol{R}_c=\boldsymbol{M}_m^{\mathrm{T}}\ddot{\boldsymbol{Q}}_u+\boldsymbol{M}_c\ddot{\boldsymbol{Q}}_c+\boldsymbol{C}_m^{\mathrm{T}}\dot{\boldsymbol{Q}}_u+\boldsymbol{C}_c\dot{\boldsymbol{Q}}_c+\boldsymbol{K}_m^{\mathrm{T}}\boldsymbol{Q}_u+\boldsymbol{K}_c\boldsymbol{Q}_c-\boldsymbol{F}_c \tag{3.36}$$

应当指出，采用分块矩阵的方法引入边界条件虽然概念清晰，但在实际编程中并不适用，因为交换矩阵的行列是非常耗时的工作。在有限元软件中，总是采用其他更加有效率的方法，如在例 4.2 中采用的删除行列法就是其中的一种。

3.7　装配示例

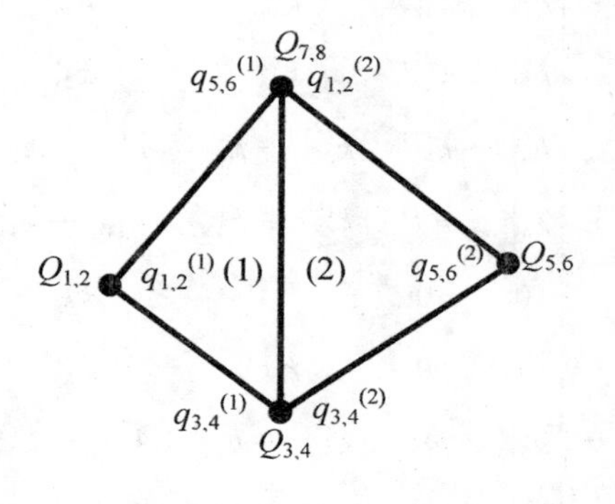

图 3-1　两单元网格

在本章第 3 节中，曾提到了一项从单元矩阵出发构造全局矩阵的工作，称为装配。本节将给出一个从单元刚度矩阵出发构造全局刚度矩阵的装配示例，以便读者加深理解。如图 3-1 所示，在一个仅由 4 结点 2 单元构成的二维有限元模型中，假设每个结点有 2 个位移分量(u,v)，因而一共有 8 个结点位移分量。因此，相应的单元结点向量与全局自由度分别为

$$\boldsymbol{q}^{(1)}=\begin{bmatrix} q_1^{(1)}(=u_1) \\ q_2^{(1)}(=v_1) \\ q_3^{(1)}(=u_2) \\ q_4^{(1)}(=v_2) \\ q_5^{(1)}(=u_4) \\ q_6^{(1)}(=v_4) \end{bmatrix} \quad \boldsymbol{q}^{(2)}=\begin{bmatrix} q_1^{(2)}(=u_4) \\ q_2^{(2)}(=v_4) \\ q_3^{(2)}(=u_2) \\ q_4^{(2)}(=v_2) \\ q_5^{(2)}(=u_3) \\ q_6^{(2)}(=v_3) \end{bmatrix} \quad \boldsymbol{Q}=\begin{bmatrix} Q_1 \\ Q_2 \\ Q_3 \\ Q_4 \\ Q_5 \\ Q_6 \\ Q_7 \\ Q_8 \end{bmatrix}=\begin{bmatrix} q_1^{(1)} \\ q_2^{(1)} \\ q_3^{(1)} \\ q_4^{(1)} \\ q_5^{(2)} \\ q_6^{(2)} \\ q_5^{(1)} \\ q_6^{(1)} \end{bmatrix}=\begin{bmatrix} q_1^{(1)} \\ q_2^{(1)} \\ q_3^{(2)} \\ q_4^{(2)} \\ q_5^{(2)} \\ q_6^{(2)} \\ q_1^{(2)} \\ q_2^{(2)} \end{bmatrix} \tag{1}$$

装配过程与结果为

$$\boldsymbol{K}=\sum_e \boldsymbol{K}_{M\times M}^{(e)}=\boldsymbol{K}_{8\times 8}^{(1)}+\boldsymbol{K}_{8\times 8}^{(2)}$$

$$=\begin{bmatrix} k_{11}^{(1)} & k_{12}^{(1)} & k_{13}^{(1)} & k_{14}^{(1)} & 0 & 0 & k_{15}^{(1)} & k_{16}^{(1)} \\ k_{21}^{(1)} & k_{22}^{(1)} & k_{23}^{(1)} & k_{23}^{(1)} & 0 & 0 & k_{25}^{(1)} & k_{26}^{(1)} \\ k_{31}^{(1)} & k_{32}^{(1)} & k_{33}^{(1)} & k_{34}^{(1)} & 0 & 0 & k_{35}^{(1)} & k_{36}^{(1)} \\ k_{41}^{(1)} & k_{42}^{(1)} & k_{43}^{(1)} & k_{44}^{(1)} & 0 & 0 & k_{45}^{(1)} & k_{46}^{(1)} \\ 0 & 0 & 0 & 0 & 0 & 0 & 0 & 0 \\ 0 & 0 & 0 & 0 & 0 & 0 & 0 & 0 \\ k_{51}^{(1)} & k_{52}^{(1)} & k_{53}^{(1)} & k_{54}^{(1)} & 0 & 0 & k_{55}^{(1)} & k_{56}^{(1)} \\ k_{61}^{(1)} & k_{62}^{(1)} & k_{63}^{(1)} & k_{64}^{(1)} & 0 & 0 & k_{65}^{(1)} & k_{66}^{(1)} \end{bmatrix}+\begin{bmatrix} 0 & 0 & 0 & 0 & 0 & 0 & 0 & 0 \\ 0 & 0 & 0 & 0 & 0 & 0 & 0 & 0 \\ 0 & 0 & k_{33}^{(2)} & k_{34}^{(2)} & k_{35}^{(2)} & k_{36}^{(2)} & k_{31}^{(2)} & k_{32}^{(2)} \\ 0 & 0 & k_{43}^{(2)} & k_{44}^{(2)} & k_{45}^{(2)} & k_{46}^{(2)} & k_{41}^{(2)} & k_{42}^{(2)} \\ 0 & 0 & k_{53}^{(2)} & k_{54}^{(2)} & k_{55}^{(2)} & k_{56}^{(2)} & k_{51}^{(2)} & k_{52}^{(2)} \\ 0 & 0 & k_{63}^{(2)} & k_{64}^{(2)} & k_{65}^{(2)} & k_{66}^{(2)} & k_{61}^{(2)} & k_{62}^{(2)} \\ 0 & 0 & k_{13}^{(2)} & k_{14}^{(2)} & k_{15}^{(2)} & k_{16}^{(2)} & k_{11}^{(2)} & k_{12}^{(2)} \\ 0 & 0 & k_{23}^{(2)} & k_{24}^{(2)} & k_{25}^{(2)} & k_{26}^{(2)} & k_{21}^{(2)} & k_{22}^{(2)} \end{bmatrix}$$

$$
=\begin{bmatrix}
k_{11}^{(1)} & k_{12}^{(1)} & k_{13}^{(1)} & k_{14}^{(1)} & 0 & 0 & k_{15}^{(1)} & k_{16}^{(1)} \\
k_{21}^{(1)} & k_{22}^{(1)} & k_{23}^{(1)} & k_{24}^{(1)} & 0 & 0 & k_{25}^{(1)} & k_{26}^{(1)} \\
k_{31}^{(1)} & k_{32}^{(1)} & k_{33}^{(1)}+k_{33}^{(2)} & k_{34}^{(1)}+k_{34}^{(2)} & k_{35}^{(2)} & k_{36}^{(2)} & k_{35}^{(1)}+k_{31}^{(2)} & k_{36}^{(1)}+k_{32}^{(2)} \\
k_{41}^{(1)} & k_{42}^{(1)} & k_{43}^{(1)}+k_{43}^{(2)} & k_{44}^{(1)}+k_{44}^{(2)} & k_{45}^{(2)} & k_{46}^{(2)} & k_{45}^{(1)}+k_{41}^{(2)} & k_{46}^{(1)}+k_{42}^{(2)} \\
0 & 0 & k_{53}^{(2)} & k_{54}^{(2)} & k_{55}^{(2)} & k_{56}^{(2)} & k_{51}^{(2)} & k_{52}^{(2)} \\
0 & 0 & k_{63}^{(2)} & k_{64}^{(2)} & k_{65}^{(2)} & k_{66}^{(2)} & k_{61}^{(2)} & k_{64}^{(2)} \\
k_{51}^{(1)} & k_{52}^{(1)} & k_{53}^{(1)}+k_{13}^{(2)} & k_{54}^{(1)}+k_{14}^{(2)} & k_{15}^{(2)} & k_{16}^{(2)} & k_{55}^{(1)}+k_{11}^{(2)} & k_{56}^{(1)}+k_{12}^{(2)} \\
k_{61}^{(1)} & k_{62}^{(1)} & k_{63}^{(1)}+k_{23}^{(2)} & k_{64}^{(1)}+k_{24}^{(2)} & k_{25}^{(2)} & k_{26}^{(2)} & k_{65}^{(1)}+k_{21}^{(2)} & k_{66}^{(1)}+k_{22}^{(2)}
\end{bmatrix} \quad [2]
$$

当然,在编程实现的装配过程中,进行所谓的扩展然后再相加的效率是很低的。一般采用查询邻接表进行相加的方法。对于本例而言,邻接表如表 3-1

表 3-1 邻接表

Q	q_1	q_2	q_3	q_4	q_5	q_6
E_1	1	2	3	4	7	8
E_2	7	8	3	4	5	6

根据此表,由于 Q_1、Q_2、Q_5 与 Q_6 都是只出现在一个单元中,所以 $\boldsymbol{K}$ 的第 1、2、5、6 行与列都不需要相加。而其他元素都是要相加的,比如要计算 K_{78},过程如下:先查找在 1 号单元中 Q_7 与 Q_8 对应为 q_5 与 q_6,因而选 k_{56},再查找 2 号单元中 Q_7 与 Q_8 对应为 q_1 与 q_2,因而选 k_{12},最后将两者相加即可。需要指出的是,在实际编程时,由于单元与结点数量通常很大,为了尽快找到与每一个自由度相关的所有单元,还需要建立另外一张邻接表,其中表明与每一个全局自由度相关的单元有哪些。对本例而言,这张表格如表 3-2,其中"/"表示无关。

表 3-2 邻接表

	Q_1	Q_2	Q_3	Q_4	Q_5	Q_6	Q_7	Q_8
E_1	1	1	1	1	/	/	1	1
E_2	/	/	2	2	2	2	2	2

3.8 思考题

3.1 单元质量矩阵的力学含义是什么,如何计算?单元刚度矩阵的力学含义是什么,如何计算？单元等效载荷列阵的力学含义是什么？

3.2　在思考题 2.6 的基础上，列出有限元分析中可能出现的另外三种误差。

3.3　在弹性结构体的有限元分析中，为了采用拉格朗日方程导出有限元格式，需要引入的线性几何约束是什么？以图 3-1 为例，列出这一线性几何约束对(1)号单元重心点的相应系数。

3.4　什么是比例阻尼？引入比例阻尼有什么意义？

3.5　在弹性结构的有限元分析中，装配的力学含义是什么？

第4章

弹性结构稳态分析

弹性结构稳态分析是结构有限元分析中最为成熟的应用领域，指弹性结构在缓慢变化载荷作用下或在外载作用下达到稳定状态之后的应力与应变分析，对应于 ANSYS 分析选项中的 static，是默认的选项。由于弹性结构已经达到了稳定状态，仅需引入边界条件，而不需要引入初始条件，同时，也无需考虑阻尼的影响。

4.1 稳态分析的有限元格式

稳态分析的有限元格式可以在方程(3.23)中令结点速度与加速度均为零而得到

$$\boldsymbol{KQ}=\boldsymbol{F} \tag{4.1}$$

同时，方程(3.35)与(3.36)分别成为

$$\boldsymbol{K}_u\boldsymbol{Q}_u=\boldsymbol{F}_u-\boldsymbol{K}_m\boldsymbol{Q}_c \tag{4.2}$$

与

$$\boldsymbol{R}_c=\boldsymbol{K}_m^{\mathrm{T}}\boldsymbol{Q}_u+\boldsymbol{K}_c\boldsymbol{Q}_c-\boldsymbol{F}_c \tag{4.3}$$

更常见地，当 $\boldsymbol{Q}_c$ 与 $\boldsymbol{F}_c$ 均为零时，有

$$\boldsymbol{K}_u\boldsymbol{Q}_u=\boldsymbol{F}_u \tag{4.4}$$

与

$$\boldsymbol{R}_c=\boldsymbol{K}_m^{\mathrm{T}}\boldsymbol{Q}_u \tag{4.5}$$

4.2 杆单元

当弹性结构的几何形状、受力状况与约束条件均可只用一个变量 x 描述其变化时，弹性结构的变形、应变与应力分布都可表示为 x 的函数，这时问题退化为一维问题，所用的单元退化为一维单元，称为杆单元。有

$$u=u(x);\quad \varepsilon=\varepsilon(x);\quad \sigma=\sigma(x);\quad V=V(x);\quad S=S(x) \tag{4.6}$$

而位移 - 应变关系与应变 - 应力关系成为

$$\varepsilon = \frac{\mathrm{d}u}{\mathrm{d}x};\quad \sigma = E\varepsilon \tag{4.7}$$

假定在笛卡尔坐标系下，由两个结点构成的一维单元的结点位移为

$$\boldsymbol{q}^{(e)} = \begin{bmatrix} q_1 \\ q_2 \end{bmatrix} \tag{4.8}$$

则单元内部的位移场可近似估计为

$$u = \boldsymbol{N}\boldsymbol{q}^{(e)} \tag{4.9}$$

其中

$$\boldsymbol{N} = [N_1 \quad N_2] \tag{4.10}$$

而形函数 N_1 与 N_2 定义如(2.13)所示。类似(3.9)，有

$$\boldsymbol{\varepsilon}^{(e)} = \boldsymbol{B}^{(e)}\boldsymbol{q}^{(e)} \tag{4.11}$$

式中

$$\boldsymbol{B}^{(e)} = \frac{1}{x_2 - x_1}[-1 \quad 1] = \frac{1}{l_e}[-1 \quad 1] \tag{4.12}$$

其中 l_e 代表单元的长度。关于此式的来历，考虑到等参变换(2.14)，有

$$\varepsilon = \frac{\mathrm{d}u}{\mathrm{d}x} = \frac{\mathrm{d}u}{\mathrm{d}\xi}\Big/\frac{\mathrm{d}x}{\mathrm{d}\xi} = \begin{bmatrix} -\frac{1}{2} & \frac{1}{2} \end{bmatrix}\begin{bmatrix} q_1 \\ q_2 \end{bmatrix}\Big/\frac{x_2 - x_1}{2} = \frac{1}{x_2 - x_1}[-1 \quad 1]\begin{bmatrix} q_1 \\ q_2 \end{bmatrix} \tag{4.13}$$

从而有

$$\boldsymbol{k}^{(e)} = \int_e \boldsymbol{B}^{(e)\mathrm{T}}\boldsymbol{D}\boldsymbol{B}^{(e)}\mathrm{d}V = \frac{1}{l_e^2}\int_{x_1}^{x_2}\begin{bmatrix} -1 \\ 1 \end{bmatrix}E_e[-1 \quad 1]A_e\mathrm{d}x = \frac{E_eA_e}{l_e}\begin{bmatrix} 1 & -1 \\ -1 & 1 \end{bmatrix} \tag{4.14}$$

$$\boldsymbol{V}^{(e)} = \int_e \boldsymbol{N}^{\mathrm{T}}\boldsymbol{V}\mathrm{d}V = \int_{x_1}^{x_2}\begin{bmatrix} N_1 \\ N_2 \end{bmatrix}V_eA_e\mathrm{d}x = \begin{bmatrix} \int_{-1}^{1}(N_1\frac{\mathrm{d}x}{\mathrm{d}\xi})\mathrm{d}\xi \\ \int_{-1}^{1}(N_2\frac{\mathrm{d}x}{\mathrm{d}\xi})\mathrm{d}\xi \end{bmatrix}V_eA_e = \frac{A_el_eV_e}{2}\begin{bmatrix} 1 \\ 1 \end{bmatrix} \tag{4.15}$$

$$\boldsymbol{S}^{(e)} = \int_e \boldsymbol{N}^{\mathrm{T}}\boldsymbol{S}\mathrm{d}A = \int_{x_1}^{x_2}\begin{bmatrix} N_1 \\ N_2 \end{bmatrix}S_e\mathrm{d}x = \begin{bmatrix} \int_{-1}^{1}(N_1\frac{\mathrm{d}x}{\mathrm{d}\xi})\mathrm{d}\xi \\ \int_{-1}^{1}(N_2\frac{\mathrm{d}x}{\mathrm{d}\xi})\mathrm{d}\xi \end{bmatrix}S_e = \frac{l_eS_e}{2}\begin{bmatrix} 1 \\ 1 \end{bmatrix} \tag{4.16}$$

其中 A_e 代表单元的截面积，S_e 代表单元单位长度上分布的面积载荷。

例 4.1：如图 4-1 所示，一个由两段沿铅垂方向的不同截面杆构成的弹性体，其截面积、长度、所受单位长度上铅垂方向的面积载荷分别为 A_1 与 A_2、l_1 与 l_2 和 S_1 与 S_2，所受铅垂方向的体积载荷为 V，弹性模量为 E。已知作用于两段不同截面杆交界面上的均布载荷合力为 P_2，上端面完全固定。试求此弹性体在另外两个截面处的位移。

解：由于从几何、载荷到约束都是可以用铅垂方向的位置 x 来描述，因此这可以视为一

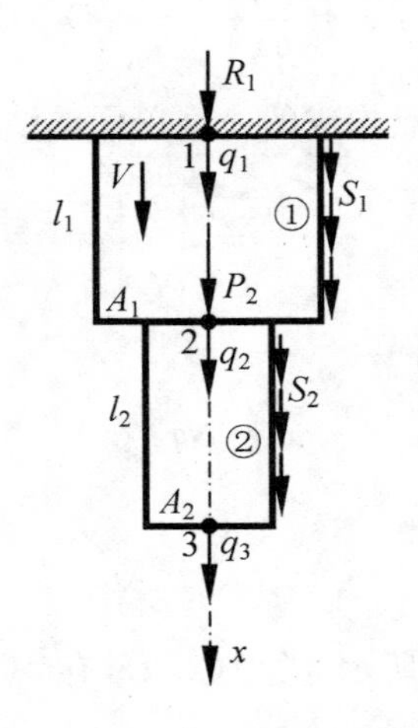

图 4-1　两单元示例

个由两个杆单元组成的结构有限元分析问题。各结点编号与单元编号如图 4-1 所示。

首先，将结点位移用分块矩阵表示为

$$\boldsymbol{Q} = [q_2 \quad q_3 \mid q_1]^{\mathrm{T}} \tag{1}$$

其中 $q_1 = 0$。

然后，计算各单元的刚度矩阵如下

$$\boldsymbol{k}^{(1)} = \frac{EA_1}{l_1}\begin{bmatrix} 1 & -1 \\ -1 & 1 \end{bmatrix} \qquad \boldsymbol{k}^{(2)} = \frac{EA_2}{l_2}\begin{bmatrix} 1 & -1 \\ -1 & 1 \end{bmatrix} \tag{2}$$

再然后，进行装配，有

$$\boldsymbol{K} = \frac{EA_1}{l_1}\left[\begin{array}{cc:c} 1 & 0 & -1 \\ 0 & 0 & 0 \\ \hdashline -1 & 0 & 1 \end{array}\right] + \frac{EA_2}{l_2}\left[\begin{array}{cc:c} 1 & -1 & 0 \\ -1 & 1 & 0 \\ \hdashline 0 & 0 & 0 \end{array}\right] = E\left[\begin{array}{cc:c} A_1/l_1 + A_2/l_2 & -A_2/l_2 & -A_1/l_1 \\ -A_2/l_2 & A_2/l_2 & 0 \\ \hdashline -A_1/l_1 & 0 & A_1/l_1 \end{array}\right] \tag{3}$$

同样的方法，有

$$\boldsymbol{F} = \left[\begin{array}{c} (A_1 l_1 V + l_1 S_1 + A_2 l_2 V + l_2 S_2)/2 + P_2 \\ (A_2 l_2 V + l_2 S_2)/2 \\ \hdashline (A_1 l_1 V + l_1 S_1)/2 + R_1 \end{array}\right] \tag{4}$$

这样，(4.2) 成为

$$E\begin{bmatrix} A_1/l_1 + A_2/l_2 & -A_2/l_2 \\ -A_2/l_2 & A_2/l_2 \end{bmatrix}\begin{bmatrix} q_2 \\ q_3 \end{bmatrix} = \begin{bmatrix} (A_1 l_1 V + l_1 S_1 + A_2 l_2 V + l_2 S_2)/2 + P_2 \\ (A_2 l_2 V + l_2 S_2)/2 \end{bmatrix} \tag{5}$$

从中解出

$$
\begin{aligned}
q_2 &= l_1[(A_1 l_1 V + l_1 S_1)/2 + A_2 l_2 V + l_2 S_2 + P_2]/(EA_1) \\
q_3 &= q_2 + l_2(A_2 l_2 V + l_2 S_2)/(2EA_2)
\end{aligned}
\qquad [6]
$$

代入(4.3)，有

$$
\begin{aligned}
\boldsymbol{R}_c = R_1 &= E[-A_1/l_1 \quad 0]\begin{bmatrix} q_2 \\ q_3 \end{bmatrix} - (A_1 l_1 V + l_1 S_1)/2 \\
&= -(A_1 l_1 V + l_1 S_1 + A_2 l_2 V + l_2 S_2 + P_2)
\end{aligned}
\qquad [7]
$$

4.3 桁架中的杆单元

所谓桁架，是指由一系列弹性直杆在其端点处铰接而成的工程结构，广泛应用于桥梁、起重臂等用于减轻自重并需保持较大刚度的场合。在一个桁架结构中，我们总是假定构成桁架的每一个直杆均只能受拉或受压，在铰接点处也不能传递弯矩，而且所有的载荷都以集中载荷的方式作用于铰接点(当考虑自重时，则将每一个杆的重力分解到其两个结点上)。由此可见，桁架结构是一个已经自动完成网格划分的弹性结构，其中的每一个直杆就是一个杆单元。

为了描述桁架的整体变形，需要一个全局坐标系。在这个全局坐标系中，每个桁架单元由两个结点定义，而每个结点有 3 个自由度，因此一个桁架中的杆单元共有 6 个自由度，在 ANSYS 中称为 LINK 单元，它在结构分析中有着广泛的应用。下面推导桁架结构中杆单元的刚度矩阵。

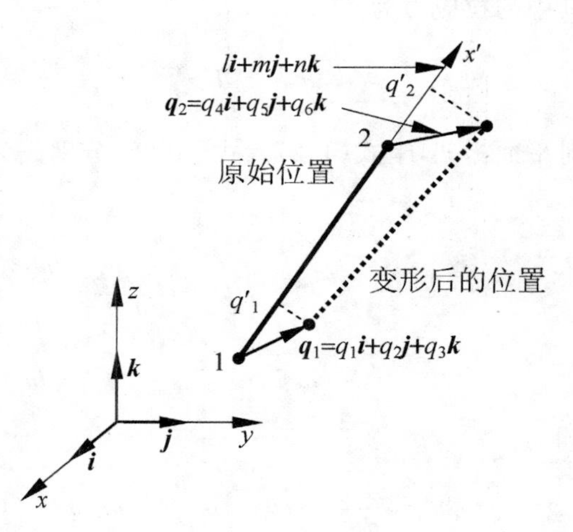

图 4-2 桁架中的杆单元

在图 4-2 中，表示了一个在全局坐标系(x,y,z)下的桁架单元。这个单元共有 2 个结点，从 1 号结点指向 2 号结点的单位矢量为 $l\boldsymbol{i}+m\boldsymbol{j}+n\boldsymbol{k}$，1 号结点的位移为 $q_1\boldsymbol{i}+q_2\boldsymbol{j}+q_3\boldsymbol{k}$，2 号结点的位移为 $q_4\boldsymbol{i}+q_5\boldsymbol{j}+q_6\boldsymbol{k}$。在小变形假设下，两结点沿杆长方向的位移为

$$
\begin{aligned}
q'_1 &= (q_1\boldsymbol{i}+q_2\boldsymbol{j}+q_3\boldsymbol{k})\cdot(l\boldsymbol{i}+m\boldsymbol{j}+n\boldsymbol{k}) = lq_1+mq_2+nq_3 \\
q'_2 &= (q_4\boldsymbol{i}+q_5\boldsymbol{j}+q_6\boldsymbol{k})\cdot(l\boldsymbol{i}+m\boldsymbol{j}+n\boldsymbol{k}) = lq_4+mq_5+nq_6
\end{aligned}
\qquad (4.17)
$$

注意到

$$
\varepsilon^{(e)} = \frac{\Delta l}{l_e} = \frac{q'_2 - q'_1}{l_e} = \frac{1}{l_e}[-l \quad -m \quad -n \quad l \quad m \quad n]\boldsymbol{q}^{(e)} \qquad (4.18)
$$

其中

$$\boldsymbol{q}^{(e)} = [q_1 \quad q_2 \quad q_3 \quad q_4 \quad q_5 \quad q_6]^{\mathrm{T}} \tag{4.19}$$

可知导出矩阵为

$$\boldsymbol{B}^{(e)} = \frac{1}{l_e}[-l \quad -m \quad -n \quad l \quad m \quad n] \tag{4.20}$$

从而

$$\boldsymbol{k}^{(e)} = \iiint_e \boldsymbol{B}^{(e)\mathrm{T}}\boldsymbol{D}\boldsymbol{B}^{(e)}\,\mathrm{d}\Omega = A_e\int_0^{l_e}\boldsymbol{B}^{(e)\mathrm{T}}E_e\boldsymbol{B}^{(e)}\,ds$$

$$= \frac{E_eA_e}{l_e}\begin{bmatrix} l^2 & lm & ln & -l^2 & -lm & -ln \\ lm & m^2 & mn & -lm & -m^2 & -lm \\ ln & mn & n^2 & -ln & -mn & -n^2 \\ -l^2 & -lm & -ln & l^2 & lm & ln \\ -lm & -m^2 & -lm & lm & m^2 & mn \\ -ln & -mn & -n^2 & ln & mn & n^2 \end{bmatrix} \tag{4.21}$$

此即桁架结构中杆单元的刚度矩阵。

其中的拉应力为

$$\sigma^{(e)} = E_e\varepsilon^{(e)} = \frac{E_e}{l_e}[-l \quad -m \quad -n \quad l \quad m \quad n]\boldsymbol{q}^{(e)} \tag{4.22}$$

对平面桁架,上式(4.21)、式(4.22) 分别成为

$$\boldsymbol{k}^{(e)} = \frac{E_eA_e}{l_e}\begin{bmatrix} l^2 & lm & -l^2 & -lm \\ lm & m^2 & -lm & -m^2 \\ -l^2 & -lm & l^2 & lm \\ -lm & -m^2 & lm & m^2 \end{bmatrix} \tag{4.23}$$

和

$$\sigma^{(e)} = \frac{E_e}{l_e}[-l \quad -m \quad l \quad m]\boldsymbol{q}^{(e)} \tag{4.24}$$

例 4.2:如图 4-3 所示为一个由 4 杆构成的平面桁架。已知其弹性模量为 $E = 29.5 \times 10^6$ psi,截面积为 1in^2,各杆长度、受力与约束如图所示。现求各杆的应力与各约束反力。

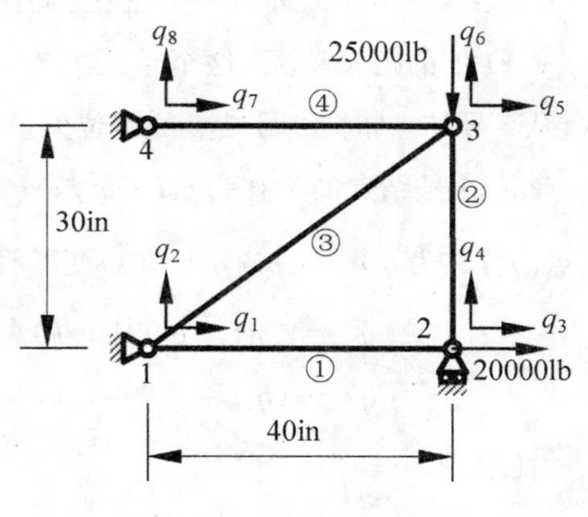

图 4-3 平面桁架结构

解:

1)列出邻接表与各单元的参数表

单元	结点 1	结点 2	l_e	l	m
1	1	2	40	1	0
2	2	3	30	0	1
3	1	3	50	0.8	0.6
4	4	3	40	1	0

2）列出各单元的刚度矩阵

$$\boldsymbol{k}^{(1)}=\frac{29.5\times10^6}{40}\begin{bmatrix}1 & 0 & -1 & 0\\0 & 0 & 0 & 0\\-1 & 0 & 1 & 0\\0 & 0 & 0 & 0\end{bmatrix}\begin{matrix}1\\2\\3\\4\end{matrix}\qquad \boldsymbol{k}^{(2)}=\frac{29.5\times10^6}{30}\begin{bmatrix}0 & 0 & 0 & 0\\0 & 1 & 0 & -1\\0 & 0 & 0 & 0\\0 & -1 & 0 & 1\end{bmatrix}\begin{matrix}3\\4\\5\\6\end{matrix}$$

$$\boldsymbol{k}^{(3)}=\frac{29.5\times10^6}{50}\begin{bmatrix}0.64 & 0.48 & -0.64 & -0.48\\0.48 & 0.36 & -0.48 & -0.36\\-0.64 & -0.48 & 0.64 & 0.48\\-0.48 & -0.36 & 0.48 & 0.36\end{bmatrix}\begin{matrix}1\\2\\5\\6\end{matrix}\qquad \boldsymbol{k}^{(4)}=\frac{29.5\times10^6}{40}\begin{bmatrix}1 & 0 & -1 & 0\\0 & 0 & 0 & 0\\-1 & 0 & 1 & 0\\0 & 0 & 0 & 0\end{bmatrix}\begin{matrix}7\\8\\5\\6\end{matrix}$$

[1]

3）利用邻接表，构造全局刚度矩阵

$$\boldsymbol{K}=\frac{29.5\times10^6}{600}\begin{bmatrix}22.68 & 5.76 & -15.00 & 0 & -7.68 & -5.76 & 0 & 0\\5.76 & 4.32 & 0 & 0 & -5.76 & -4.32 & 0 & 0\\-15.00 & 0 & \mathbf{15.00} & 0 & \mathbf{0} & \mathbf{0} & 0 & 0\\0 & 0 & 0 & 20.00 & 0 & -20.00 & 0 & 0\\-7.68 & -5.76 & \mathbf{0} & 0 & \mathbf{22.68} & \mathbf{5.76} & -15.00 & 0\\-5.76 & -4.32 & \mathbf{0} & -20.00 & \mathbf{5.76} & \mathbf{24.32} & 0 & 0\\0 & 0 & 0 & 0 & -15.00 & 0 & 15.00 & 0\\0 & 0 & 0 & 0 & 0 & 0 & 0 & 0\end{bmatrix}\begin{matrix}1\\2\\3\\4\\5\\6\\7\\8\end{matrix}$$

[2]

4）注意到 q_1、q_2、q_4、q_7 和 q_8 被约束为 0，所以式(4.4)中的刚度矩阵 $\boldsymbol{K}_u$ 可以通过从 $\boldsymbol{K}$ 中删除第 1、2、4、7 和 8 行与列，而只留下其中粗体表示的元素来获得，从而

$$\frac{29.5\times10^6}{600}\begin{bmatrix}15.00 & 0 & 0\\0 & 22.68 & 5.76\\0 & 5.76 & 24.32\end{bmatrix}\begin{bmatrix}q_3\\q_5\\q_6\end{bmatrix}=\begin{bmatrix}20000\\0\\-25000\end{bmatrix}\Rightarrow\begin{bmatrix}q_3\\q_5\\q_6\end{bmatrix}=\begin{bmatrix}27.12\times10^{-3}\\5.76\times10^{-3}\\-22.25\times10^{-3}\end{bmatrix}(\mathrm{in})$$

[3]

5）计算桁架单元的应力

$$\sigma^{(1)} = \frac{29.5\times10^{6}}{40}[-1 \quad 0 \quad 1 \quad 0][0 \quad 0 \quad 27.12\times10^{-3} \quad 0]^{\mathrm{T}} = 20001(\mathrm{psi})$$

$$\sigma^{(2)} = \frac{29.5\times10^{6}}{30}[0 \quad -1 \quad 0 \quad 1][27.12\times10^{-3} \quad 0 \quad 5.65\times10^{-3} \quad -22.25\times10^{-3}]^{\mathrm{T}}$$
$$=-21880(\mathrm{psi})$$

[4]

类似地，有

$$\sigma^{(3)} = 5208(\mathrm{psi}) \qquad \sigma^{(4)} = 4167(\mathrm{psi}) \tag{5}$$

6）通过从 $\boldsymbol{K}$ 中删除第 3、5 和 6 行与列，可获得计算反力所需的矩阵，从而

$$\boldsymbol{R}_c = \frac{29.5\times10^{6}}{600}\begin{bmatrix} -15.00 & -7.68 & -5.76 \\ 0 & -5.76 & -4.32 \\ 0 & 0 & -20.00 \\ 0 & -15.00 & 0 \\ 0 & 0 & 0 \end{bmatrix}\begin{bmatrix} 27.12\times10^{-3} \\ 5.76\times10^{-3} \\ -22.25\times10^{-3} \end{bmatrix} = \begin{bmatrix} -15833 \\ 3126 \\ 21879 \\ -4167 \\ 0 \end{bmatrix}(\mathrm{lb})$$

[6]

4.4 二维单元

当弹性结构的几何形状、受力状况与约束条件均可只用两个变量 x 与 y 来描述其变化时，弹性结构的变形、应变与应力分布都成为 x 与 y 的函数，所用的单元退化为二维单元。这时，有

$$\boldsymbol{u} = \begin{bmatrix} u \\ v \end{bmatrix} = \begin{bmatrix} u(x,y) \\ v(x,y) \end{bmatrix}; \quad \boldsymbol{\varepsilon} = \begin{bmatrix} \varepsilon_x \\ \varepsilon_y \\ \gamma_{xy} \end{bmatrix} = \begin{bmatrix} \varepsilon_x(x,y) \\ \varepsilon_y(x,y) \\ \gamma_{xy}(x,y) \end{bmatrix}; \quad \boldsymbol{\sigma} = \begin{bmatrix} \sigma_x \\ \sigma_y \\ \tau_{xy} \end{bmatrix} = \begin{bmatrix} \sigma_x(x,y) \\ \sigma_y(x,y) \\ \tau_{xy}(x,y) \end{bmatrix} \tag{4.25}$$

而位移 — 应变关系成为

$$\boldsymbol{\varepsilon} = \begin{bmatrix} \frac{\partial u}{\partial x} & \frac{\partial v}{\partial y} & \frac{\partial u}{\partial y}+\frac{\partial v}{\partial x} \end{bmatrix}^{\mathrm{T}} \tag{4.26}$$

假定在笛卡尔坐标系下，由 m 个结点构成的二维单元的结点位移为

$$\boldsymbol{q}^{(e)} = [q_1 \quad q_2 \quad \cdots \quad q_{2m-1} \quad q_{2m}]^{\mathrm{T}} = [u_1 \quad v_1 \quad \cdots\cdots \quad u_m \quad v_m]^{\mathrm{T}} \tag{4.27}$$

则单元内部的位移场可近似估计为

$$\boldsymbol{u} = \boldsymbol{N}\boldsymbol{q}^{(e)} \tag{4.28}$$

其中

$$\boldsymbol{N} = \begin{bmatrix} N_1 & 0 & N_2 & 0 & \cdots & \cdots & N_m & 0 \\ 0 & N_1 & 0 & N_2 & \cdots & \cdots & 0 & N_m \end{bmatrix} \tag{4.29}$$

形函数 $N_i(i=1\sim3、4、8$ 或 $6)$ 的定义如(2.4)、(2.40)、(2.8)或(2.44)所示。类似(3.9)，有

$$\boldsymbol{\varepsilon}^{(e)} = \boldsymbol{B}^{(e)}\boldsymbol{q}^{(e)} \tag{4.30}$$

式中

$$\boldsymbol{B}^{(e)} = \begin{bmatrix} b_{11} & 0 & b_{12} & 0 & \cdots & \cdots & b_{1m} & 0 \\ 0 & b_{21} & 0 & b_{22} & \cdots & \cdots & 0 & b_{2m} \\ b_{21} & b_{11} & b_{22} & b_{12} & \cdots & \cdots & b_{2m} & b_{1m} \end{bmatrix} \tag{4.31}$$

其中的各元素 b_{ij}，与(3.7)类似，可从下式中获得

$$\begin{bmatrix} b_{11} & b_{12} & \cdots & b_{1m} \\ b_{21} & b_{22} & \cdots & b_{2m} \end{bmatrix} = \boldsymbol{J}^{-1(e)} \begin{bmatrix} \partial N_1/\partial\xi & \partial N_2/\partial\xi & \cdots & \partial N_m/\partial\xi \\ \partial N_1/\partial\eta & \partial N_2/\partial\eta & \cdots & \partial N_m/\partial\eta \end{bmatrix} \tag{4.32}$$

其中 $\boldsymbol{J}^{(e)}$ 为单元的雅可比矩阵，如(2.18)或(2.43)或(2.47)所示。

以三角形线性单元为例，(4.31)成为

$$\boldsymbol{B}^{(e)} = \frac{1}{2A_e}\begin{bmatrix} y_{23} & 0 & y_{31} & 0 & y_{12} & 0 \\ 0 & x_{32} & 0 & x_{13} & 0 & x_{21} \\ x_{32} & y_{23} & x_{13} & y_{31} & x_{21} & y_{12} \end{bmatrix} \tag{4.33}$$

其中 A_e 为单元的面积，而各非零元素的下标表示两个相应下标的量作差，如 $x_{23} = x_2 - x_3$。

例 4.3：一个二维结构分析问题如图 4-4 所示。已知矩形板长 × 宽 × 厚 = 3in × 2in × 0.05in，弹性模量 $E = 30 \times 10^6$ psi，泊松比 $\nu = 0.25$。为了简单起见，只将其划分成两个线性三角形单元，共 4 结点，各结点上施加的约束与载荷如图所示。试分析各自由结点的位移、各单元的应力与各约束结点的反力。

解：

1) 列出邻接表。

单元	结点 1	结点 2	结点 3
1	1	2	4
2	3	4	2

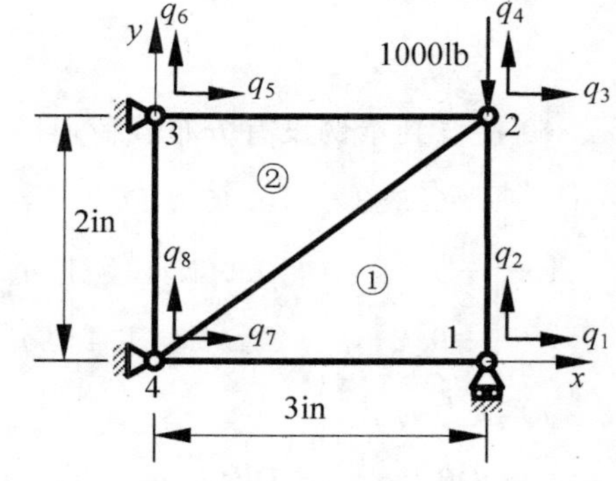

图 4-4　二维结构分析实例

2) 计算材料矩阵。作为一个平面应力问题，其材料矩阵按(1.31)计算，为

$$\boldsymbol{D}=\frac{E}{1-\nu^2}\begin{bmatrix}1 & \nu & 0\\ \nu & 1 & 0\\ 0 & 0 & (1-\nu)/2\end{bmatrix}=\begin{bmatrix}3.2\times10^7 & 0.8\times10^7 & 0\\ 0.8\times10^7 & 3.2\times10^7 & 0\\ 0 & 0 & 1.2\times10^7\end{bmatrix} \quad [1]$$

3) 计算各单元的有向面积

$$A_3^{(1)}=3;\quad A_e^{(2)}=3 \quad [2]$$

4) 根据(4.33),计算导出矩阵

$$\boldsymbol{B}^{(1)}=\frac{1}{6}\begin{bmatrix}2 & 0 & 0 & 0 & -2 & 0\\ 0 & -3 & 0 & 3 & 0 & 0\\ -3 & 2 & 3 & 0 & 0 & -3\end{bmatrix}\qquad \boldsymbol{B}^{(2)}=\frac{1}{6}\begin{bmatrix}-2 & 0 & 0 & 0 & 2 & 0\\ 0 & 3 & 0 & -3 & 0 & 0\\ 3 & -2 & -3 & 0 & 0 & 3\end{bmatrix} \quad [3]$$

5) 根据(3.14),计算各单元的刚度矩阵,结果为

$$\boldsymbol{k}^{(1)}=10^7\begin{bmatrix}0.983 & -0.5 & -0.45 & 0.2 & -0.533 & 0.3\\ & 1.4 & 0.3 & -1.2 & 0.2 & -0.2\\ & & 0.45 & 0 & 0 & -0.3\\ & & & 1.2 & -0.2 & 0\\ & & & & 0.533 & 0\\ & & & & & 0.2\end{bmatrix}\begin{matrix}1\\2\\3\\4\\7\\8\end{matrix}$$

$$\boldsymbol{k}^{(2)}=10^7\begin{bmatrix}0.983 & -0.5 & -0.45 & 0.2 & -0.533 & 0.3\\ & 1.4 & 0.3 & -1.2 & 0.2 & -0.2\\ & & 0.45 & 0 & 0 & -0.3\\ & & & 1.2 & -0.2 & 0\\ & & & & 0.533 & 0\\ & & & & & 0.2\end{bmatrix}\begin{matrix}5\\6\\7\\8\\3\\4\end{matrix} \quad [4]$$

6) 注意到本例没有分布载荷,且 q_2、q_5、q_6、q_7 和 q_8 均为零,(4.4) 成为

$$10^7\begin{bmatrix}0.983 & -0.45 & 0.2\\ -0.45 & 0.983 & 0\\ 0.2 & 0 & 1.4\end{bmatrix}\begin{bmatrix}q_1\\ q_3\\ q_4\end{bmatrix}=\begin{bmatrix}0\\ 0\\ -1000\end{bmatrix}\Rightarrow\begin{bmatrix}q_1\\ q_3\\ q_4\end{bmatrix}=\begin{bmatrix}1.908\\ 0.873\\ -7.415\end{bmatrix}\times10^{-5}\,(\text{in}) \quad [5]$$

7) 应力为

$$\boldsymbol{\sigma}^{(1)}=\boldsymbol{DB}^{(1)}\boldsymbol{q}^{(1)}=\boldsymbol{DB}^{(1)}[q_1\ q_2\ q_3\ q_4\ q_7\ q_8]^{\mathrm{T}}=[-93.1\quad -1135.6\quad -62.1]^{\mathrm{T}}(\text{psi})$$

$$\boldsymbol{\sigma}^{(2)}=\boldsymbol{DB}^{(2)}\boldsymbol{q}^{(2)}=\boldsymbol{DB}^{(2)}[q_5\ q_6\ q_7\ q_8\ q_3\ q_4]^{\mathrm{T}}=[93.1\quad 23.3\quad -296.6]^{\mathrm{T}}(\text{psi}) \quad [6]$$

8）反力根据(4.5)计算，有

$$\boldsymbol{R}_c=\boldsymbol{K}_m\boldsymbol{Q}_u=10^7\begin{bmatrix}-0.5 & 0.3 & -1.2\\ 0 & -0.533 & 0.3\\ 0 & 0.2 & -0.2\\ -0.533 & 0 & -0.5\\ 0.3 & -0.5 & 0\end{bmatrix}\begin{bmatrix}1.908\\ 0.873\\ -7.415\end{bmatrix}\times 10^{-5}=\begin{bmatrix}820.65\\ -269.02\\ 165.77\\ 269.02\\ 13.58\end{bmatrix}\text{(lb)}$$

[7]

4.5　正确使用 ANSYS 的若干注意事项

ANSYS 是一个大型的有限元分析软件，它在 1971 年发布了第一个基于 DOS 操作系统的版本。发展到现在，它有两个主要工作系统。一个是经典版 ANSYS，称为 Mechanical APDL(ANSYS)，其底层依然是基于 DOS 操作系统的；另一个是基于 Windows 操作系统开发的集成版 ANSYS，称为 Workbench(ANSYS)。基本上来讲，如果将有限元分析技术与摄影技术相比照的话，经典版 ANSYS 相当于一款专业相机，集成版 ANSYS 则相当于一款傻瓜相机，而集成在 SolidWorks、UG 和 Pro/E 等计算机辅助设计软件中的有限元分析模块则相当于集成在智能手机上的照相机组。在经典版 ANSYS 中完成一个工程问题的有限元分析，一般需要经过如下步骤：

A）在 ANSYS 中建立问题域的几何模型(或从其他 CAD 软件中导入)；

B）选择合适的单元类型(根据需要，对所选单元进行必要的设置)；

C）设置问题域内的材料特性等物理参数；

D）划分网格；

E）施加边界条件与载荷(对动态问题还要设定初始条件)；

F）完成必要的求解设置；

G）启动求解程序；

H）对分析结果进行可视化显示或列表显示，并对分析结果的有效性进行研判。

4.5.1　ANSYS 的启动与界面

ANSYS 14.0 正确安装之后，在 Windows 的开始菜单中就生成了一个名为 ANSYS 14.0 的目录，在其中找到并点击 ANSYS Mechanical APDL Product Launcher 14.0，在弹出的对话框中为“Simulation Environment:”选择 ANSYS，为“License:”选择 ANSYS Multiphysics 或其他所需模块；在 File Management 页面下，设置你自己确定的“Working

Directory:”和“Job Name:”，在 High Performance Computing Setup 页面下，为“Type of High Performance Computing(HPC) Run:”选择 Use Shared-Memory Parallel(SMP)，并在“—Number of Processors”中输入所用电脑的核数，然后单击 run 按钮。如果这不是你第一次使用 ANSYS，也可直接从桌面上的快捷方式来启动，这将采用你最近一次在 Mechanical APDL Launcher 14.0 中的设置。ANSYS 打开之后，其界面如图 4-5 所示。其中的主要区域包括：实用菜单，主要用于实现除与有限元分析直接相关的功能之外的其他辅助功能；标准工具条，包含常用工具的图标；命令输入区(允许输入命令实现各种功能，它一般被嵌套在标准工具条内，但也可以独立出来)；主菜单，用于实现跟有限元分析直接相关的

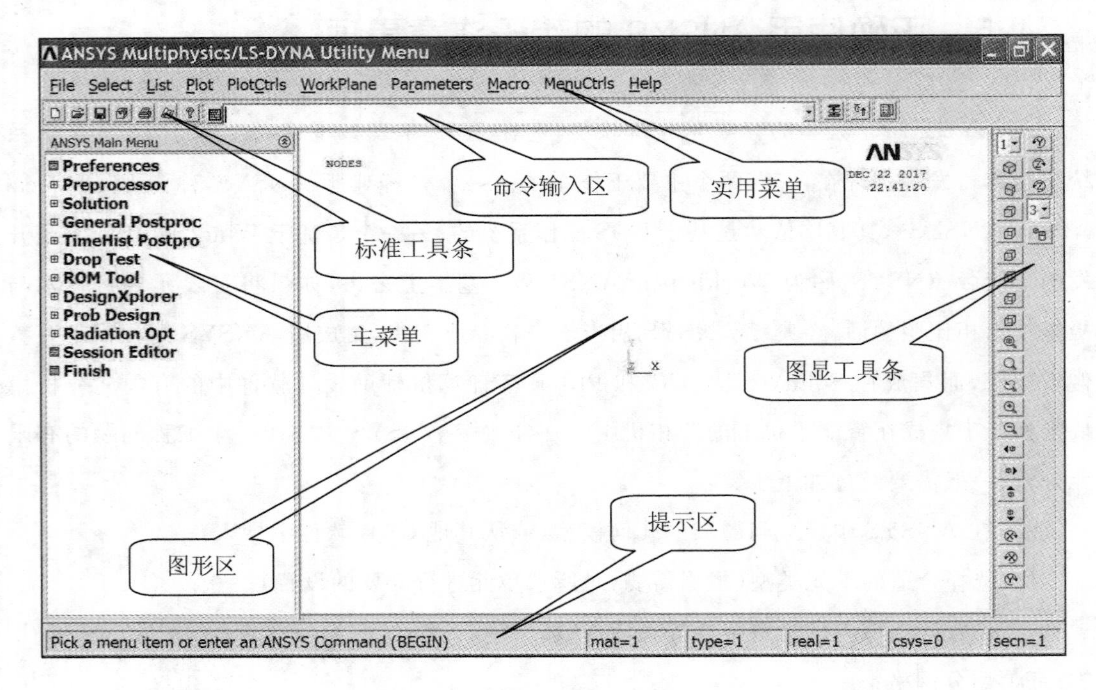

图 4-5 ANSYS 界面

各种功能；图形区，用于图示有限元分析的模型与结果；提示区，用于对正在执行的命令所需的操作进行提示；图显工具条，包含图形显示控制的常用工具的图标；输出窗口，是一个文本窗口，显示执行各种命令的返回结果，它一般隐藏在主窗口背后，但也可以弹到前面来。

4.5.2 单位统一

在经典版 ANSYS 中，输入的各种物理量的数值一般是没有说明单位的，这就要求我们保证输入的各种物理量所用的单位要保持统一。如若不然，分析结果将失去物理意义。举例来说，在结构分析中，一般选取的三个最基本的量纲为时间、长度与力，这时各单位之间换算如表 4-1 所示。

表 4-1　各单位之间换算

物理量	国际单位	ANSYS 单位	s-mm-N 制	转换因子
时间	s	s	s	=1s
长度	m	m	mm	$=10^{-3}$m
力	N	N	N	=1N
速度	$m \cdot s^{-1}$	$m \cdot s^{-1}$	$mm \cdot s^{-1}$	$=10^{-3} m \cdot s^{-1}$
加速度	$m \cdot s^{-2}$	$m \cdot s^{-2}$	$mm \cdot s^{-2}$	$=10^{-3} m \cdot s^{-2}$
质量	kg	$N \cdot s^2 \cdot m^{-1}$	$N \cdot s^2 \cdot mm^{-1}$	$=10^3 kg=1T$
密度	$kg \cdot m^{-3}$	$N \cdot s^2 \cdot m^{-4}$	$N \cdot s^2 \cdot mm^{-4}$	$=10^{12} kg \cdot m^{-3}$
压强、应力、弹性模量	Pa	$N \cdot m^{-2}$	$N \cdot mm^{-2}$	$=10^6 Pa=MPa$
能量	J	$N \cdot m$	$N \cdot mm$	$=10^{-3} J=mJ$
比热	$J \cdot kg^{-1} \cdot ℃^{-1}$	$m^2 \cdot s^{-2} \cdot ℃^{-1}$	$mm^2 \cdot s^{-2} \cdot ℃^{-1}$	$=10^{-6} J \cdot kg^{-1} \cdot ℃^{-1}$
热传导系数	$W \cdot m^{-1} \cdot ℃^{-1}$	$N \cdot s^{-1} \cdot ℃^{-1}$	$N \cdot s^{-1} \cdot ℃^{-1}$	$=1W \cdot m^{-1} \cdot ℃^{-1}$
热交换系数	$W \cdot m^{-2} \cdot ℃^{-1}$	$N \cdot m^{-1} \cdot s^{-1} \cdot ℃^{-1}$	$N \cdot mm^{-1} \cdot s^{-1} \cdot ℃^{-1}$	$=10^3 W \cdot m^{-2} \cdot C^{-1}$
动力粘度	$N \cdot s \cdot m^{-2}$	$N \cdot s \cdot m^{-2}$	$N \cdot s \cdot mm^{-2}$	$=10^6 N \cdot s \cdot m^{-2}$

当然，也可以选三个最基本的量纲为时间、长度与质量，这时各单位之间换算如表 4-2 所示。

表 4-2　各单位之间换算

物理量	国际单位	ANSYS 单位	s-mm-N 制	转换因子
时间	s	s	s	=1s
长度	m	m	mm	$=10^{-3}$m
质量	kg	kg	kg	=1kg
力	N	kg. m. s^{-2}	$kg \cdot mm \cdot s^{-2}$	$=10^{-3} N=mN$
速度	$m \cdot s^{-1}$	$m \cdot s^{-1}$	$mm \cdot s^{-1}$	$=10^{-3} m \cdot s^{-1}$
加速度	$m \cdot s^{-2}$	$m \cdot s^{-2}$	$mm \cdot s^{-2}$	$=10^{-3} m \cdot s^{-2}$
压强、应力、弹性模量	Pa	$kg \cdot m^{-1} \cdot s^{-2}$	$kg \cdot mm^{-1} \cdot s^{-2}$	$=10^3 Pa$ kPa
密度	$kg \cdot m^{-3}$	$kg \cdot m^{-3}$	$kg \cdot mm^{-3}$	$=10^9 kg \cdot m^{-3}$
能量	J	$kg \cdot m^2 \cdot s^{-2}$	$kg \cdot mm^2 \cdot s^{-2}$	$=10^{-6} \mu J$
比热	$J \cdot kg^{-1} \cdot ℃^{-1}$	$m^2 \cdot s^{-2} \cdot ℃^{-1}$	$mm^2 s^{-2} \cdot ℃^{-1}$	$=10^{-6} J \cdot kg^{-1} \cdot ℃^{-1}$
导热系数	$W \cdot m^{-1} \cdot ℃^{-1}$	$kg \cdot m \cdot s^{-3} \cdot ℃^{-1}$	$kg \cdot mm \cdot s^{-3} \cdot ℃^{-1}$	$=10^{-3} W \cdot m^{-1} \cdot ℃^{-1}$
热交换系数	$W \cdot m^{-2} \cdot ℃^{-1}$	$kg \cdot s^{-3} \cdot ℃^{-1}$	$kg \cdot s^{-3} \cdot ℃^{-1}$	$=1W \cdot m^{-2} \cdot ℃^{-1}$
动力粘度	$N \cdot s \cdot m^{-2}$	$kg \cdot m^{-1} \cdot s^{-1}$	$kg \cdot mm^{-1} \cdot s^{-1}$	$=10^3 N \cdot s \cdot m$

一般来说，在进行传热、流体分析或多物理场分析时，常用时间、长度与质量作为基本量纲的单位，这也是国际标准。

4.5.3　实体模型

ANSYS 利用分层结构表示实体模型：体即 Volume(或者在某些 CAD 软件中称为 Body)作为最高层次的对象，是由面即 Area(或者在某些 CAD 软件中称为 Face)围合而成的，而面是由线即 Line（或者在某些 CAD 软件中称为 Edge）围合而成的，而线是由顶点即 Keypoint（或者在某些 CAD 软件中称为 Vertix）界定的。与通常的 CAD 软件中的定义不同，在 ANSYS 中，一个对象可以在其内部拥有下一层次的对象，比如图 4-6 中所示的两个体可以共用同一个面，从而使此面成为实体内部的面；同样，两个面也可以共用同一条线，使此线成为此面内部的线；不仅如此，顶点还可出现在一条线上、一个面内，称为硬点即 Hard Point。之所以如此，是为了在划分网格时带来便利：内部的线与面因为两边共享，所以划分后的网格也是连通的；而硬点与顶点一样，在划分网格时将被自动取作结点。

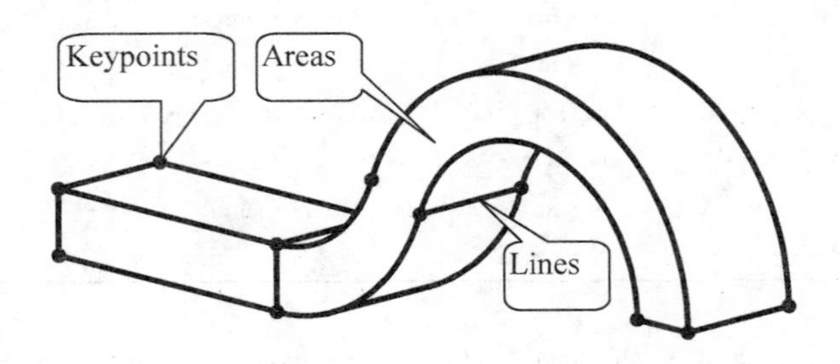

图 4-6 拥有两个 Volume 的实体

4.5.4 实体模型载荷与有限元模型载荷

施加于实体模型上的载荷是与有限元网格划分不相关的，因而可以在改变网格划分或重新划分网格之后继续有效，而施加在有限元模型上的载荷则不然。当向实体模型上施加载荷时，通常比较方便，因为可供选择的点、线、面、体都比较少，但也因此只能施加相对简单的载荷。而在有限元模型上施加载荷时，通常要复杂得多，因为可供选择的结点与单元数量一般都很大，但也因此可以施加非常复杂的载荷。

需要说明的是，施加在实体模型上的载荷在进行求解之前都要由 ANSYS 自动转变到有限元模型上。为了确认转变之后是否正确，我们也可以在启动求解命令之前通过 Solution>Load Step Opts>Write LS File 进行转换，确认无误后再启动求解命令。

4.5.5 网格密度控制

通常，无须进行任何密度控制，ANSYS 也能给出一个可以分析的网格来。但在更多的情况下，网格密度的控制是需要的，因为这将使我们能够在分析精度与计算成本之间做出较好的折中。在 ANSYS 中，提供了三种对边线划分密度的控制方式，分别是均匀划分、一端疏另一端密和中间疏两端密，如能善加利用，可以得到理想的网格。此外，ANSYS 还提供了一种 SMART 方式，即直接指定一个 1～10 之间的疏密指数，对网格密度进行简单控制。

4.6　ANSYS 二维结构分析实例

例 4.4：如图 4-7 所示，考虑一块方形带孔板在对称均布拉力作用下的应力分布，特别是小孔周围产生的应力集中问题。已知弹性模量 $E=30\times10^6$ psi，泊松比 $\nu=0.3$，板厚 $t=1$in，拉力为 1000psi。

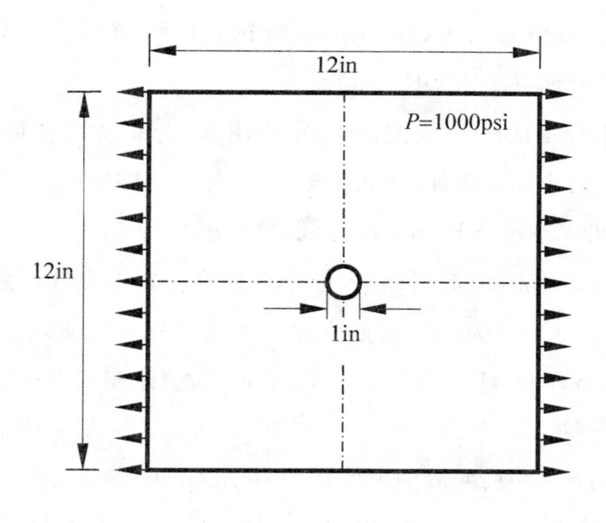

图 4-7　带小孔的方板

用 ANSYS 14.0 求解，步骤如下

1）设置过滤项。打开 Multiphysics 模块，点击 Preferences，在弹出的对话框中勾选 Structural。

2）选择单元 PLANE183。点击 Preprocessor>Element Type>Add/Edit/Delete，打开 Element Types 对话框，点击 Add…打开 Library of Element types 双重选择框，依次选取 Solid 和 Quad 8 node 183。回到 Element Types 对话框，点击 Option，在弹出的对话框中为 Element behavior K3 选择 Plane strs w/thk。

3）设置实常数。点击 Preprocessor>Real Constants>Add/Edit/Delete 打开 Real Constants 对话框，点击 Add…打开 Element Type for Real Constants 对话框，注意到 Type 1 PLANE183 已选，然后单击 OK 打开 Real Constant Set 1，for PLANE183 对话框，在 Thickness THK 中输入 1。

4）设置材料属性。点击 Preprocessor>Material Props>Material Models，打开 Define Material Model behavior 对话框，双击 Structural>Linear>Elastic>Isotropic，打开 Isotropic Linear Properties for Material Number 1 对话框，为 EX 输入 30e6，为 PRXY 输入

0.3。

5）生成1/4块板。考虑到镜像对称，只需建立1/4块板进行分析。点击 Preprocessor>Modeling>Create>Areas>Rectangle>By Dimensions，为X2、Y2分别输入6、6，生成一个正方形面。

6）挖掉小圆孔。点击 Preprocessor > Modeling > Create > Areas > Circle > Solid Circle，然后为 Radius 输入0.5，生成一圆形面。点击 Modeling>Operate>Booleans>Subtract>Areas，打开 Subtract Areas 对话框，点选方形面，单击 OK 后再次打开 Subtract Areas 对话框，点选圆形面并单击 OK。

7）将带孔五边面分割成两个四边面。为了应用 Mapped 方法获得优质网格，需要将此面分成共用同一边的两个面。为此，单击 Preprocessor>Modeling>Create>Keypoints>On Line w/Ratio 打开 Create KP on…对话框，选择图中圆弧线后点击 OK，在 Create KP on Line 对话框中为 Line ratio (0—1)输入0.5，从而在弧线中点处生成一个顶点。然后点击 Create>Lines>Lines>Straight Line，生成一条连接这个顶点与右上角顶点的线。最后，点击 Operate>Booleans>Divide>Area by Line，按提示要求操作完成分割。

8）密度控制与分网。点击 Preprocessor>Meshing>MeshTool，打开 MeshTool 对话框，点击 Lines 组中的 Set 并选两段圆弧线后打开 Element Sized on Picked Lines 对话框，为 NDIV 输入20，然后点击 Apply，选择与两段圆弧相连的3条直线，在弹出的对话框中为 NDIV 输入30，为 SPACE 输入30。如果选择 Polt>Lines，就会看到两条边线的疏密过渡方向并非所愿，为此，点击 Lines 组中的 Flip 进行调整。最后点击 Quad 和 Mapped，然后 Mesh，点击 Pick All 完成分网，如图4-8左上图所示。

9）施加约束和载荷。点击 Preprocessor>Loads>Define Loads>Apply>Structural>Displacements>Symmetry B. C. >On Lines，选择两条对称线完成对称约束。点击 Structural>Pressure>On Lines，选择右边竖线，并在弹出的对话框中为 VALUE Load PRES value 输入−1000，负号代表外拉。

10）求解。点击 Solution>Solve>Current LS 打开 Solve Current Load Step 对话框，单击 OK 求解。

11）后处理。求解结束后，点击 General Postproc>Plot Results>Contour Plot>Nodal Solu 打开 Contour Nodal Solution Data 对话框，选择其中的 Stress>von Mises Stress 可以看到当量应力云图，如图4-8右上图所示。注意到最大应力出现在小孔边缘，约为3056psi，说明产生了大约3倍的应力集中。为了对照起见，图4-8中下面两图还显示了没有网格控制(取 samart 为3时)的分网结果与分析结果，其应力的最大值以及等值线的流畅程度均有明显不同。事实上，等值线流畅与否，可以作为有限元分析结果是否有效的一个

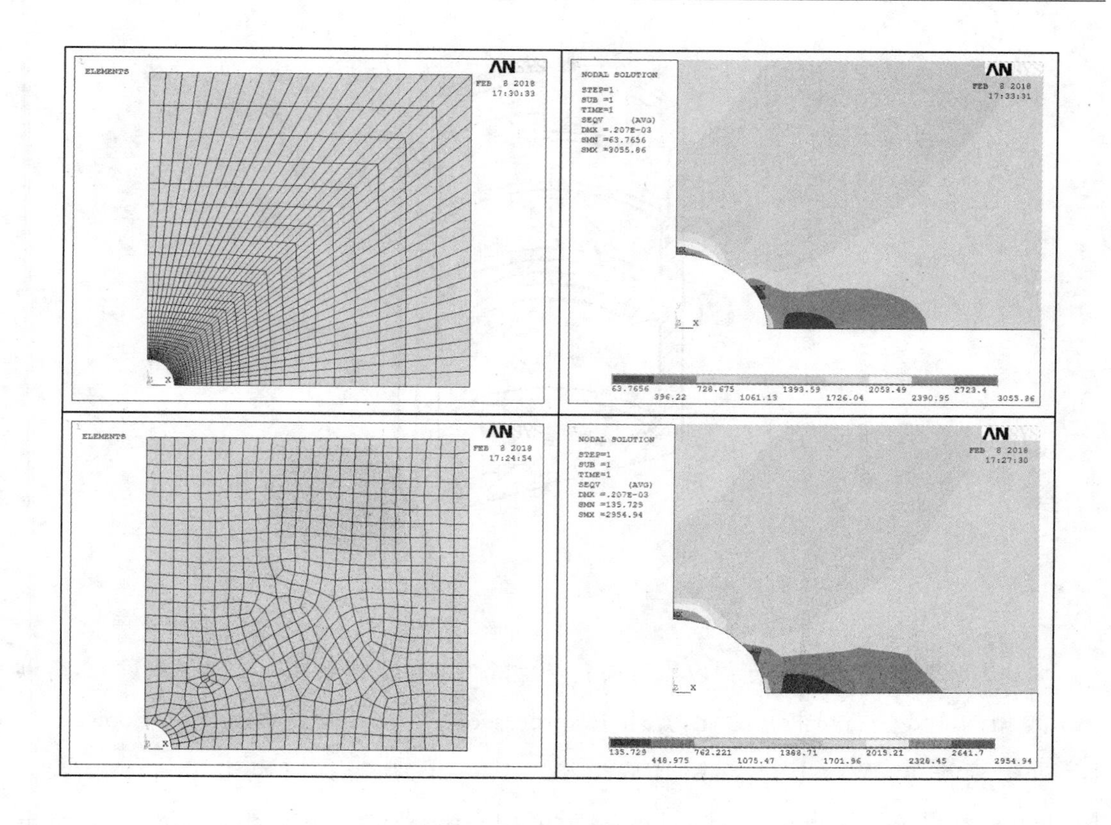

图 4-8　带小孔方板的网格划分与分析结果

重要判据，因为它是结果逼近真解的必然表现。

4.7　ANSYS 三维结构分析实例

例 4.5：一只油管盖如图 4-9 所示（为清楚起见只画了一半），其上有四个对称的缺口，其三维模型已在 SolidWorks 中建好，单位为 mm。弹性模量 $E=5\times10^3$ MPa，泊松比 $\nu=0.3$。已知油管端口半径比此盖内边（如图中所示）大 0.1mm，试用 ANSYS 分析在油管端口插入过程中，油管盖的应力分布情况。

用 ANSYS 14.0 求解，步骤如下

1）在 SolidWorks 中将三维模型另存为 oil-cup. sat 文件。

2）将 oil-cup. sat 导入 ANSYS。打开 Multiphysics 模块，点击 File>Import>SAT…，然后选 Cap. sat；点击 PlotCtrls>Style>Solid Model Facets…，打开 Solid Model Facets 对话框，选择 Normal Faceting 后关闭对话框。最后单击鼠标右键，选择 Replot 用真实感图形显示模型。

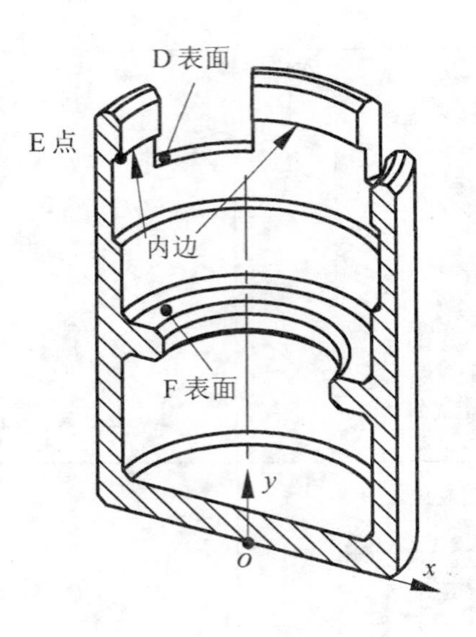

图 4-9 油管盖

3）切出模型的 1/8。由于沿 y 轴方向看，模型、约束与负载都是 1/8 镜像对称的，所以只对模型的 1/8 进行分析。为此，点击 Preprocessor＞Modeling＞Operate＞Booleans＞Divide＞Volu by Wrkplane，然后选取模型将其一分为二；接着点击 Preprocessor＞Modeling＞Delete＞Volume and Below，删除其中一半，所剩一半如图 4-9 所示。再点击 WorkPlane＞Offset WP by Increments …，打开 Offset WP 对话框；拖动滑条到 45 后点击 Y－↓将工作平面绕 Y 轴转过－45 度，然后，再次选择 Divide 和 Delete，最终只保留含有 E 点的 1/8。

4）将 1/8 模型再分成两部分。为了采取 Sweep 方法划分出质量较好的网格，需要将此模型再分成两部分。为此，点击 WorkPlane＞Align WP with＞keypoints＋然后选择 D 表面的三个顶点；再点击 Divide＞Volu by Wrkplane，按要求操作完成分割。最后，点击 WorkPlane＞Align WP with＞Global Cartesian，将工作平面恢复到初始位置。

5）设定过滤项。点击 Preferences，打开 Preferences for GUI Filtering 对话框，勾选 Structural。

6）选择实体单元 SOLID186 和 PLANE183。点击 Preprocessor＞Element Type＞Add/Edit/Delete，打开 Element Types 对话框；点击 Add…，打开 Library of Element types 对话框；依次选择 Solid 和 Brick 20node 186，点击 Apply，再次打开 Library of Element types 对话框；依次选择 Solid 和 Quad 8node 183。

7）设置材料属性。点击 Preprocessor＞Material Props＞Material Models 打开 Define Material Model behavior 对话框；双击 Structural＞Linear＞Elastic＞Isotropic，打开

Isotropic Linear Properties for Material Number 1 对话框；为 EX 输入 5e3，为 PRXY 输入 0.3。

8）划分网格。点击 Preprocessor>Meshing>MeshTool，打开 MeshTool 对话框；单击 Size control 下的 Global 组中的 Set，然后为 SIZE 输入 0.5，单击 OK；再在 MeshTool 对话框的 Mesh:选项下中选择 Areas，再选 Quad，单击 Mesh，选择第一次分割时产生的剖分平面(现已成三个平行 Y 轴的平面)。再在 MeshTool 对话框中的 Mesh:选项下中选择 Volumes，选择 Hex/Wedge 和 Sweep 然后选 Sweep，打开 Volume Sweep…对话框，选取小块的实体完成分网。在 MeshTool 中选定 Pick Src/Trg，但这次选大块实体，并选定扫掠起、止面进行分网。分网完成后，弹出一个警告框，指明有些单元形状不好。若需查看，可依次选择 Preprocessor > Meshing > Check Mesh > Individaul Elm > Plot warning/error elements，打开 Plot warning/error elements 对话框，单击 OK 画出报警单元。在本例中，它们全部位于盖底中心附近。由于此处受力很小，计算误差影响不大，所以可以忽略这条警告信息。然后，在 MeshTool 对话框的 Mesh:选项下再次选择 Areas，单击 Clare，然后选择两个已经生成面单元网格划分的平面。最后点击 Preprocessor>Element Type>Add/Edit/Delete，打开 Element Types 对话框，选择 PLANE183，然后选 Delete。分网结果如图 4-10 所示。

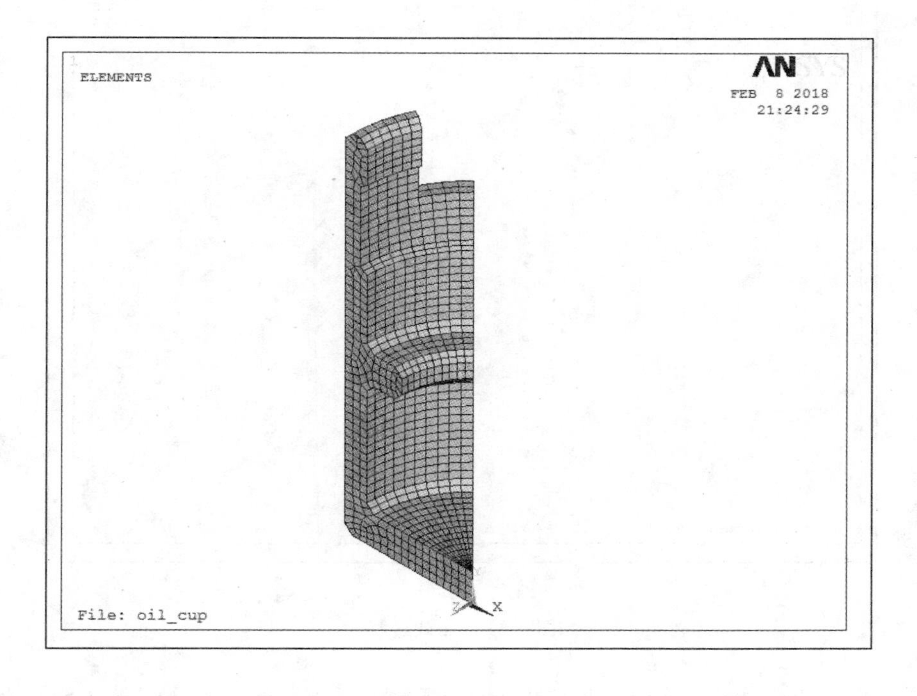

图 4-10　分网结果

9）施加约束。依次选择 Preprocessor>Loads>Define Loads>Apply>Structural>Displacements>Symmetry B. C. >On Areas，打开 Apply SYMM on…对话框；选择三个平行 Y 轴的分割面，然后单击 OK，注意到这三个剖分面上出现了约束符号 S；点击 Preprocessor>Loads>Define Loads>Apply>Structural>Displacements>On Areas，打开 Apply U，ROT…选择框；点击图 4-9 中所示的 F 表面，单击 OK；选择 *UY* 以约束此面上沿 Y 方向的自由度。

10）施加载荷。本例的载荷是半径方向的增大量 0.1mm。为此，先将相应结点的坐标系进行旋转，使其 X 方向均沿相应的半径方向：依次单击 WorkPlane>Change Active CS to >Global Cylindrical Y；再依次单击 Select>Entities…，选中图 4-9 中内边上除 E 点之外的其他结点；然后点击 Preprocessor>Modeling>Move/Modify>Rotate Node CS>To Active CS，在弹出的对话框中选择 Pick All；点击 Preprocessor>Loads>DefineLoads>Apply>Structural>Displacement>On Nodes，打开对话框 Apply U，ROT on Nodes；选择 *UX*，为 Displacement value 输入 0.1。最后，对 E 点在 *UX* 方向施加－0.1，因为其 X 方向默认为全局坐标 X 方向，与半径方向相反，如图 4-11 所示。点击 Select>Everything。

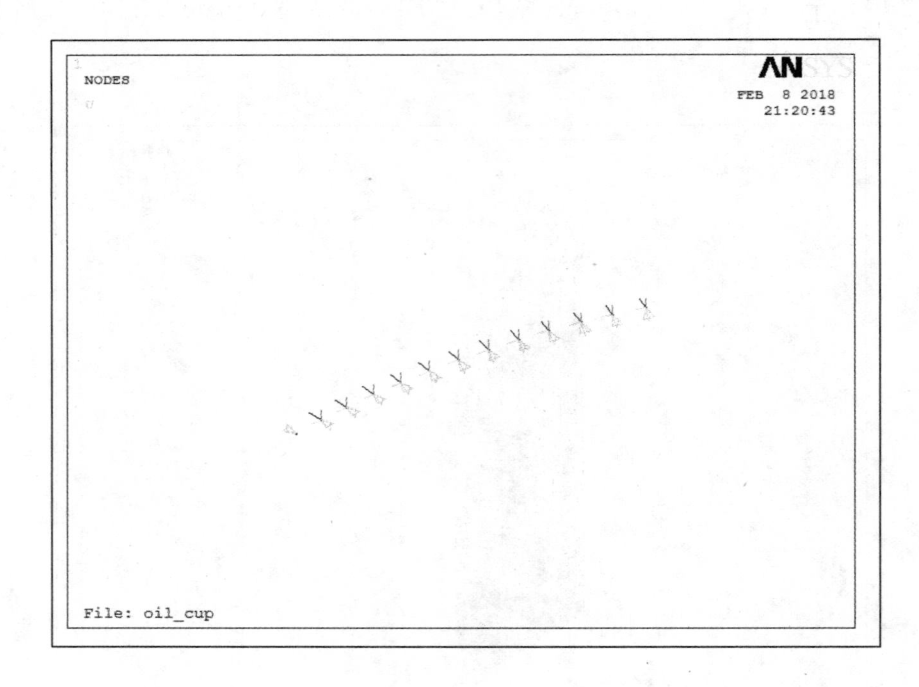

图 4-11 加载过程

11）求解。点击 Solution>Solve>Current LS，打开 Solve Current Load Step 提示框；单击 OK 开始求解。

12）绘制应力变形云图。求解结束后，点击 General Postproc>Plot Results>Contour Plot>Nodal Solu，打开 Contour Nodal Solution Data 对话框，然后选择 Stress>von Mises Stress。

13）显示完整模型。点击 PlotCtrls>Style>Symmetry Expansion>User Specified Expansion…，打开 Expansion by Values 对话框；为 No. of repetitions 输入 8，在 Type of Expansion 中选 Local Polar，在 Repeat Pattern 中选 Alternate Symm，为 DY Increments 输入 45，然后单击 OK。完整模型的分析结果如图 4-12 所示。

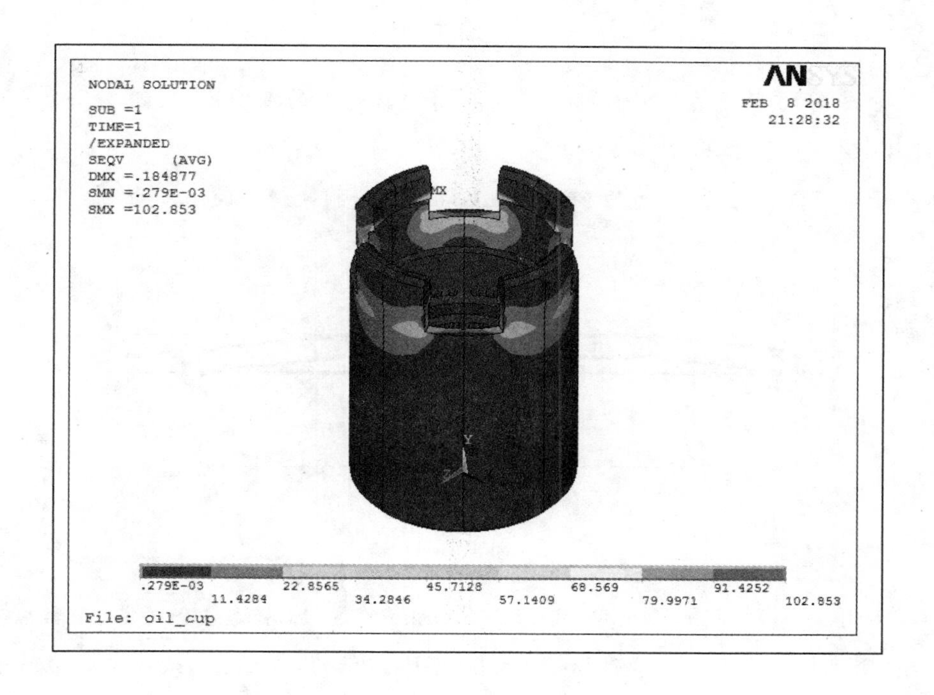

图 4-12　分析结果

4.8　思考题

4.1　如图 4-13 所示为一平面桁架结构。已知各杆杆长均为 3.6m，且截面积均为 $3200mm^2$，材料的弹性模量 $E=210GPa$；下层四个结点上所受的铅垂作用力如图 4.13 所示。试确定此结构的最大变形与应力。

4.2　一压力管道的截面为内圆外正八边形，同心，尺寸如图 4.14 所示。已知内压 0.8MPa，管材弹性模量 $E=210GPa$，泊松比 $\nu=0.28$，试计算管道截面内 Von Mises 应力的最大值。

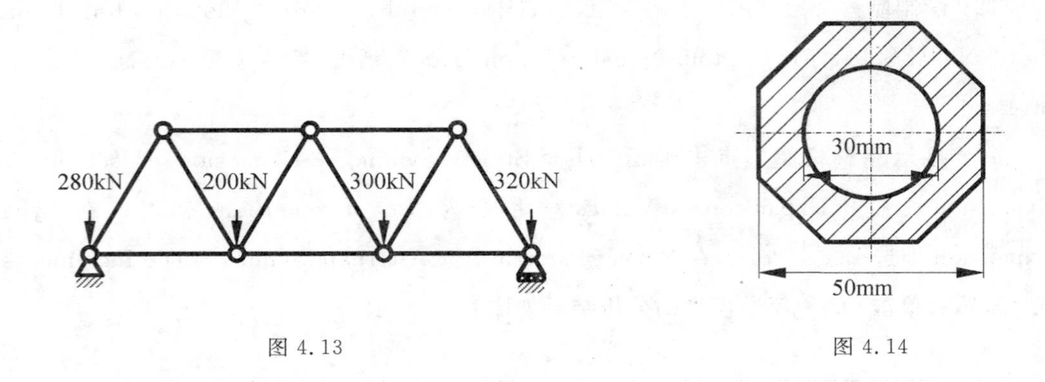

图 4.13　　图 4.14

4.3　如图 4.15 所示为轴对称碟形弹簧在自由状态下的截面图，尺寸单位为 mm。已知材料的弹性模量 $E=206\text{GPa}$，泊松比 $\nu=0.3$，试分十四个子步计算从自由状态到压平状态下，各个子步所需的压力（压力均布在小径上端），并绘制此弹簧的刚度曲线。

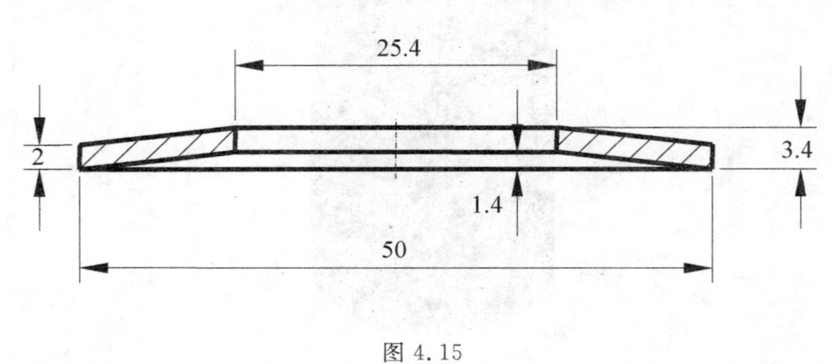

图 4.15

4.4　如图 4.16 所示为 50mm×50mm×200mm 的方梁，左端完全固定，右端四条边绕梁的轴线被刚性转过 1°。已知弹性模量 $E=200\text{GPa}$，泊松比 $\nu=0.3$，试确定此梁所受的最大 Von Mises 应力。

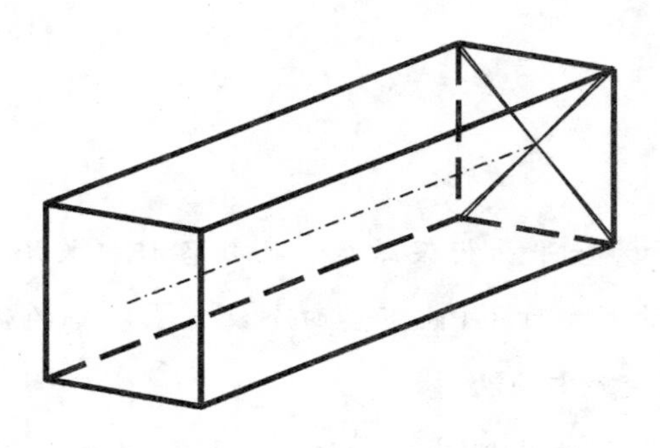

图 4.16

第5章 弹性结构动态分析

弹性结构动态分析，主要指模态分析与瞬态分析。前者对应于 ANSYS 分析选项中的 modal，用于分析弹性结构的固有频率与振型，通常没有外载并忽略系统阻尼，因此，仅需引入边界条件，而不需要引入初始条件。后者对应 ANSYS 分析选项中的 transient，用于分析弹性结构在时变载荷作用下的动态响应，通常系统阻尼不能忽略，不仅需引入边界条件，还需引入初始条件。

5.1 结构单元的质量矩阵

在 4.3 节中，我们给出了稳态分析中用到的桁架结构中杆单元的刚度矩阵(4.21)和(4.23)，在这里，我们将首先导出用于瞬态结构分析的桁架中杆单元的质量矩阵。参照图 4-2，依然假设桁架单元的结点位移矢量为

$$\boldsymbol{q}^{(e)} = [q_1 \quad q_2 \quad q_3 \quad q_4 \quad q_5 \quad q_6]^{\mathrm{T}} \tag{5.1}$$

其结点速度矢量为

$$\dot{\boldsymbol{q}}^{(e)} = [\dot{q}_1 \quad \dot{q}_2 \quad \dot{q}_3 \quad \dot{q}_4 \quad \dot{q}_5 \quad \dot{q}_6]^{\mathrm{T}} \tag{5.2}$$

显然，在整个单元上的位移分布为

$$\boldsymbol{u} = \begin{bmatrix} u \\ v \\ w \end{bmatrix} = \begin{bmatrix} N_1 & 0 & 0 & N_2 & 0 & 0 \\ 0 & N_1 & 0 & 0 & N_2 & 0 \\ 0 & 0 & N_1 & 0 & 0 & N_2 \end{bmatrix} \boldsymbol{q}^{(e)} = \boldsymbol{N}\boldsymbol{q}^{(e)} \tag{5.3}$$

从而

$$\dot{\boldsymbol{u}} = \boldsymbol{N}\dot{\boldsymbol{q}}^{(e)} \tag{5.4}$$

其中的形函数 N_1 与 N_2 定义如(2.13) 所示。

因此，(3.12) 成为

$$\boldsymbol{m}^{(e)} = \rho \iiint_e \boldsymbol{N}^{\mathrm{T}} \boldsymbol{N} \mathrm{d}\Omega = \rho A_e \int_0^{l_e} \boldsymbol{N}^{\mathrm{T}} \boldsymbol{N} \mathrm{d}s$$

$$
=\frac{\rho A_e l_e}{2}\int_{-1}^{1}\begin{bmatrix} N_1^2 & 0 & 0 & N_1N_2 & 0 & 0 \\ 0 & N_1^2 & 0 & 0 & N_1N_2 & 0 \\ 0 & 0 & N_1^2 & 0 & 0 & N_1N_2 \\ N_2N_1 & 0 & 0 & N_2^2 & 0 & 0 \\ 0 & N_2N_1 & 0 & 0 & N_2^2 & 0 \\ 0 & 0 & N_2N_1 & 0 & 0 & N_2^2 \end{bmatrix}\mathrm{d}\xi
$$

$$
=\frac{\rho A_e l_e}{6}\begin{bmatrix} 2 & 0 & 0 & 1 & 0 & 0 \\ 0 & 2 & 0 & 0 & 1 & 0 \\ 0 & 0 & 2 & 0 & 0 & 1 \\ 1 & 0 & 0 & 2 & 0 & 0 \\ 0 & 1 & 0 & 0 & 2 & 0 \\ 0 & 0 & 1 & 0 & 0 & 2 \end{bmatrix} \tag{5.5}
$$

其中 A_e 为单元截面积，l_e 为单元长度。

类似地，二维桁架中杆单元的质量矩阵为

$$
\boldsymbol{m}^{(e)}=\frac{\rho A_e l_e}{6}\begin{bmatrix} 2 & 0 & 1 & 0 \\ 0 & 2 & 0 & 1 \\ 1 & 0 & 2 & 0 \\ 0 & 1 & 0 & 2 \end{bmatrix} \tag{5.6}
$$

同样地，三结点线性三角形单元的质量矩阵为

$$
\boldsymbol{m}^{(e)}=\frac{\rho A_e t_e}{12}\begin{bmatrix} 2 & 0 & 1 & 0 & 1 & 0 \\ 0 & 2 & 0 & 1 & 0 & 1 \\ 1 & 0 & 2 & 0 & 1 & 0 \\ 0 & 1 & 0 & 2 & 0 & 1 \\ 1 & 0 & 1 & 0 & 2 & 0 \\ 0 & 1 & 0 & 1 & 0 & 2 \end{bmatrix} \tag{5.7}
$$

其中 A_e 为单元面积，t_e 为单元厚度。

其他各种结构单元的质量矩阵都可进行类似推导，但为减少计算量可能需要采用数值积分计算，此处从略。

5.2 特征值与特征向量

由于没有外载并忽略系统阻尼，因此(3.23) 成为

$$M\ddot{Q} + KQ = 0 \tag{5.8}$$

此方程的通解为

$$Q = A\sin \omega t \tag{5.9}$$

其中 A 就是与圆频率 ω 相应的振型，即各自由度的振幅，称为特征向量或固有振型。将上式代入(5.8) 并整理，有

$$KA = \omega^2 MA = \lambda MA \Rightarrow (K - \lambda M)A = 0 \tag{5.10}$$

其中 λ 就是特征值，相应的系统固有周期为

$$T = \frac{2\pi}{\omega} = \frac{2\pi}{\sqrt{\lambda}} \tag{5.11}$$

显然，若要 A 有非零解，必然要求

$$|K - \lambda M| = 0 \tag{5.12}$$

即要求特征多项式等于零。这是一个高次代数方程，其根正是系统的特征值。对于每一个指定的特征值，由于(5.10) 中系数矩阵的行列式为零，因而都有无穷多组解，它们彼此之间只差一个比例系数。对于一个指定的特征值而言，为使其相应的特征向量或固有振型具有唯一性，增设标度化要求如下

$$A^{\mathrm{T}}MA = 1 \tag{5.13}$$

满足这种要求的特征向量又称正则振型，无特殊说明固有振型都指正则振型。容易验证，正则振型满足

$$A^{\mathrm{T}}KA = \lambda \tag{5.14}$$

为了求取系统的特征值，需要求解方程(5.12)。考虑到在一般的有限元分析中，系统的自由度很多而所需特征值却往往只有几个。因此，针对大型模型，发展了几种抽取大型矩阵部分特征值解的高效算法，包括 Lanczos 方法、子空间迭代法、减缩自由度法等。读者在使用 ANSYS 进行模态分析时可以自主选择，本书不再展开讨论。

例 5.1：在图 1-4 所示的两自由度系统中，假设 $m_1 = 2\text{kg}, m_2 = 1\text{kg}, k_1 = 4\text{N/m}, k_2 = k_3 = 2\text{N/m}$，不计外力与阻尼，试计算系统的固有频率与振型。

解：将具体数值代入例 1.2 中的式[4]，可得此系统的动力学方程为

$$\begin{bmatrix} 2 & 0 \\ 0 & 1 \end{bmatrix} \begin{bmatrix} \ddot{x}_1 \\ \ddot{x}_2 \end{bmatrix} + \begin{bmatrix} 6 & -2 \\ -2 & 4 \end{bmatrix} \begin{bmatrix} x_1 \\ x_2 \end{bmatrix} = \begin{bmatrix} 0 \\ 0 \end{bmatrix} \tag{1}$$

系统的特征多项式方程为

$$|K - \lambda M| = \left| \begin{bmatrix} 6 & -2 \\ -2 & 4 \end{bmatrix} - \lambda \begin{bmatrix} 2 & 0 \\ 0 & 1 \end{bmatrix} \right| = \begin{vmatrix} 6 - 2\lambda & -2 \\ -2 & 4 - \lambda \end{vmatrix} = 2(\lambda - 2)(\lambda - 5) = 0 \tag{2}$$

因此，其特征值 $\lambda_1 = 2, \lambda_2 = 5$，相应的固有周期 $T_1 \approx 4.4\text{s}, T_2 \approx 2.8\text{s}$。

为了求解相应的振型，需要求解以下方程组

$$\begin{cases} (\boldsymbol{K}-\lambda\boldsymbol{M})\boldsymbol{A}=\begin{bmatrix}6-2\lambda & -2\\ -2 & 4-\lambda\end{bmatrix}\begin{bmatrix}A_1\\ A_2\end{bmatrix}=\begin{bmatrix}0\\ 0\end{bmatrix} \\ \boldsymbol{A}^{\mathrm{T}}\boldsymbol{M}\boldsymbol{A}=[A_1\quad A_2]\begin{bmatrix}2 & 0\\ 0 & 1\end{bmatrix}\begin{bmatrix}A_1\\ A_2\end{bmatrix}=2A_1^2+A_2^2=1\end{cases} \tag{3}$$

将两个特征值分别代入，得到

$$\boldsymbol{A}_1=\begin{bmatrix}\sqrt{3}/3\\ \sqrt{3}/3\end{bmatrix};\qquad \boldsymbol{A}_2=\begin{bmatrix}\sqrt{6}/6\\ -\sqrt{6}/3\end{bmatrix} \tag{4}$$

5.3　模态分析与预应力

通过求解(5.10)和(5.12)，即可获得给定结构的固有频率与振型，完成模态分析。在ANSYS中，可以提取几个模态进行展开，即计算单元内的应变与应力分布，然后用动画显示带有应变或应力云图的振型。但需要说明的是，这里的应变与应力大小并无绝对含义，其云图与振型一样，仅仅表示各点之间的相对大小关系。此外，如果结构中存在预应力，将会改变系统的固有频率与振型。这时，应变与位移之间的关系需要采用更加精确的含有位移偏导数二次项的表达式，而不是(1.25)，因已超出本书范围，故不做深入讨论。在这种情况下，在ANSYS中需要先做一次稳态分析，然后再选模态分析并打开预应力选项即可。

例5.2：一块长100mm、宽10mm、厚1mm的钢板，其密度为$7.8\times10^{-9}\mathrm{N\cdot s^2\cdot mm^{-4}}$，弹性模量为$2\times10^5$MPa，泊松比为0.3。试在长度方向两端固定的条件下，用ANSYS对照分析没有预应力和沿长度方向预拉0.1mm之后的前5级固有频率及其振型。

解：首先进行无预应力的分析，用ANSYS 14.0求解，步骤如下

1）设置优选项。点击Preferences，打开Preferences for GUI Filtering对话框勾选Structural。

2）建立几何模型。打开Multiphysics模块，点击Preprocessor>Modeling>Create>Volumes>Block>By Dimensions，打开Create Block by Dimendsions对话框，输入角点坐标0，0，0和1，10，100，建立几何模型。

3）选择单元类型。点击Preprocessor > Element Type > Add/Edit/Delete，打开Element Type对话框，单击Add…，在弹出的双选框中依次选择Solid和Brick 8 node 185。

4）设置材料属性。点击Preprocessor>Material Props>Material Models，打开Define Material Model Behavior对话框，单击Structural>Linear>Elastic>Isotropic，在弹出的对话框中为EX输入2e5，为PRXY输入0.3，单击Structural>Density，在弹出的对话框中为

DENS 输入 7.8e-9。

5）分网。点击 Preprocessor＞Meshing＞Size Cntrls＞ManualSize＞Global＞Size，打开 Global Element Sizes 对话框，为 SIZE 输入 2；然后点击 Preprocessor＞Meshing＞Mesh＞Volumes＞Mapped＞4 to 6 sided，打开选择框 Mesh Volumes，选择 Pick All。

6）加载。点击 Preprocessor＞Loads＞Define Loads＞Apply＞Structrual＞Displacement＞On Areas，选择长度方向（即与 Z 向垂直）的两个面，在弹出的对话框中选择 All DOF。

7）求解。点击 Solution＞Analysis Type＞New Analysis，在弹出的对话框中选择 Modal；点击 Solution＞Analysis Type＞Analysis Options，在弹出的对话框中为 No. of modes to extract 输入 5，确认 Expand mode shapes 为 yes，并为 No. of modes to expand 输入 5，再确认 Calculate elem results? 为 yes；点击 Solution＞Solve＞Current LS，开始求解。

8）后处理。求解完成后，在随后弹出的 Block Lanczos Method 对话框中单击 OK；点击 General Postproc＞Results Summary，在弹出的窗口中从低到高列出了 5 个固有频率，可以将其复制保存以资对照，见表 5-1。

9）加密重算。因为不知道网格密度是否足够，所以加密重算。为此首先清除原有网格，点击 Preprocessor＞Meshing＞Clear＞Volumes，然后选择唯一的实体。之后，重复步骤 5），但将其中的 SIZE 设为 1。点击 Soluntion＞Solve＞Current LS，开始求解。求解完成后进入步骤 8），与先前的结果做对比，发现变化较大。为此，可以分别将 SIZE 设为 0.5、0.25 进行分析，所列结果见表 5-1。对照表明，SIZE 为 0.25 与 0.5 的计算已结果差别不大，但计算时间却显著增加。为此，在下面有预应力的分析时直接采用 SIZE 为 0.5 的网格密度进行。特别指出，与例 4.4 相比，这里使用了另外一种用以判别分析结果是否有效的判据，即看网格加密重算后有无显著改进。

进行有预应力的分析，用 ANSYS 14.0 求解，步骤如下

1）进行一次稳态分析。完成无预应力分析中的步骤 1）～5），只是 SIZE 设置为 0.5。然后点击 Preprocessor＞Loads＞Define Loads＞Apply＞Structrual＞Displacement＞On Areas，选 Z＝100 的那个面，在弹出的对话框中选择 *UZ* 并为 VALUE 输入 0.1，将 *UX*、*UY* 约束为 0；将 Z＝0 的那个面固定。点击 Solution＞Analysis Type＞New Analysis，在弹出的对话框中选择 Static；点击 Solution＞Solve＞Current LS，开始求解。可以进入通用后处理器中观察应力分布。

2）求解。这与无预应力求解步骤 7）基本相同，只是需要将 Analysis Options 中的 Incl prestress effects 选项勾选为 yes。

3）后处理。这与无预应力求解步骤 8）相同。对照发现，所有频率都有不同程度的提高。

表 5-1 不同网格密度、有无预应力条件下的模态分析结果对照

预应力	单元尺度	单元数	1 阶频率	2 阶频率	3 阶频率	4 阶频率	5 阶频率
无	2.00	250	740.94	2043.7	3312.9	4011.3	4927.8
无	1.00	1000	477.71	1316.7	2583.3	3196.9	4275.9
无	0.50	8000	526.85	1451.3	2843.2	3201.3	4696.7
无	0.25	64000	526.98	1451.3	2843.5	3189.3	4698.2
有	0.50	8000	1021.50	2246.8	3302.1	3805.4	4977.8

5.4 瞬态分析显式解法——中心差分法

当存在时变外载并且系统阻尼不能忽略时，弹性体结构分析的有限元格式即为方程(3.23)，称为瞬态分析。方程(3.23)的求解方法通常有两类，直接积分法与振型叠加法。所谓直接积分，指的是在对方程进行积分之前不进行方程形式的变换，而是直接进行逐步数值积分。直接积分法又分为显式解法与隐式解法。在 ANSYS 中，前者在 ANSYS LS-DYNA 模块中实现，后者在 ANSYS Multiphysics 模块中实现。本节介绍显式解法。

从数学上讲，方程(3.23)是二阶常微分方程组，存在多种有限差分表达式可以用来导出不同的逐步积分公式。本书只讨论比较常用的两种，先讨论根据中心差分法导出的逐步积分公式。

在以下的讨论中，假定求解时域为 $t \in [0,\ T]$，并假定此求解时域被等分成 n 个时间间隔 $\Delta t = T/n$。此外，还需假定 $t = 0$ 时的结点位移、速度与加速度已知，分别为 $\boldsymbol{Q}_0$、$\dot{\boldsymbol{Q}}_0$ 和 $\ddot{\boldsymbol{Q}}_0$，称为初始条件。现在，假定在 t 时刻之前所有等分点的解已经求出，然后来推导 $t + \Delta t$ 时刻的解。

在中心差分法中，加速度与速度可以用位移表示为

$$
\begin{aligned}
\dot{\boldsymbol{Q}}_t &= (\boldsymbol{Q}_{t+\Delta t} - \boldsymbol{Q}_{t-\Delta t})/(2\Delta t) \\
\ddot{\boldsymbol{Q}}_t &= (\dot{\boldsymbol{Q}}_{t+\Delta t/2} - \dot{\boldsymbol{Q}}_{t-\Delta t/2})/(\Delta t) = [(\boldsymbol{Q}_{t+\Delta t} - \boldsymbol{Q}_t)/(\Delta t) - (\boldsymbol{Q}_t - \boldsymbol{Q}_{t-\Delta t})/(\Delta t)]/(\Delta t) \\
&= (\boldsymbol{Q}_{t+\Delta t} - 2\boldsymbol{Q}_t + \boldsymbol{Q}_{t-\Delta t})/(\Delta t)^2
\end{aligned}
\tag{5.15}
$$

由于 t 时刻的结点位移、速度与加速度必须满足

$$
\boldsymbol{M}\ddot{\boldsymbol{Q}}_t + \boldsymbol{C}\dot{\boldsymbol{Q}}_t + \boldsymbol{K}\boldsymbol{Q}_t = \boldsymbol{F}_t \tag{5.16}
$$

因此，可以解出 $t + \Delta t$ 时刻的结点位移满足

$$
\left(\frac{1}{(\Delta t)^2}\boldsymbol{M} + \frac{1}{2\Delta t}\boldsymbol{C}\right)\boldsymbol{Q}_{t+\Delta t} = \boldsymbol{F}_t - \left(\boldsymbol{K} - \frac{2}{(\Delta t)^2}\boldsymbol{M}\right)\boldsymbol{Q}_t - \left(\frac{1}{(\Delta t)^2}\boldsymbol{M} - \frac{1}{2\Delta t}\boldsymbol{C}\right)\boldsymbol{Q}_{t-\Delta t} \tag{5.17}
$$

这是一个线性方程组，从中可以解出 $t + \Delta t$ 时刻的结点位移。但需要指出的是，为了求

得 $t=\Delta t$ 时刻的结点位移，需要知道 $t=-\Delta t$ 时刻的结点位移，所以需要一个专门的起步方法。为此，将(5.15) 应用于 $t=0$ 时刻可以得到

$$\boldsymbol{Q}_{-\Delta t}=\boldsymbol{Q}_0-(\Delta t)\dot{\boldsymbol{Q}}_0+(\Delta t)^2\ddot{\boldsymbol{Q}}_0/2 \tag{5.18}$$

关于这一算法，有四点说明

第一，线性方程组(5.17) 的系数矩阵在每次递推中是不变的，因而可将其逆阵一次求出备用，以显著提高计算效率。也正因此，此法在非线性分析中更具优势(与隐式算法相比)，因为在非线性分析中每个增量步的刚度矩阵 $\boldsymbol{K}$ 都要修正，而方程组(5.17) 的系数矩阵与 $\boldsymbol{K}$ 无关。

第二，作为一种递推算法，它必须是稳定的，即误差不会在递推过程中被不断放大。在数学上可以证明，中心差分法可稳定运行的条件是

$$\Delta t\leqslant T_n/\pi \tag{5.19}$$

其中 T_n 是有限元系统的最小固有振动周期。原则上说，它取决于尺寸最小单元的固有周期，而单元的尺寸越小，T_n 也越小，因此在采用这一方法时要避免出现尺寸过小的单元。

第三，中心差分法比较适用于机械波传播问题的分析，因为两者都需要很小的时间步长。

第四，中心差分法不适用于结构动力学问题的分析，因为这类问题中低频成分通常是主要的，因而允许采用较大的时间步长，这时就宜采用无条件稳定的隐式算法。

例 5.3: 考虑图 1-4 所示的两自由度系统，假设其参数如例 5.1 所示，并且 $G_1=0$，$G_2=10\text{N}$，则其运动方程成为

$$\begin{bmatrix}2 & 0\\0 & 1\end{bmatrix}\begin{bmatrix}\ddot{x}_1\\\ddot{x}_2\end{bmatrix}+\begin{bmatrix}6 & -2\\-2 & 4\end{bmatrix}\begin{bmatrix}x_1\\x_2\end{bmatrix}=\begin{bmatrix}0\\10\end{bmatrix} \qquad [1]$$

设其初始条件为

$$\begin{bmatrix}x_1\\x_2\end{bmatrix}=0,\qquad \begin{bmatrix}\dot{x}_1\\\dot{x}_2\end{bmatrix}=0\quad 当\ t=0\ 时 \qquad [2]$$

试用中心差分法分析系统的响应。

解: 根据例 5.2 的计算结果，系统的最小固有周期 $T_2\approx 2.8\text{s}$，因此可取 $\Delta t=T_2/10=0.28\text{s}$ 进行计算。首先，将初始条件代入运动方程可得

$$\begin{bmatrix}\ddot{x}_1\\\ddot{x}_2\end{bmatrix}=\begin{bmatrix}0\\10\end{bmatrix}\quad 当\ t=0\ 时 \qquad [3]$$

计算结果如下

时间	t	Δt	$3\Delta t$	$4\Delta t$	$5\Delta t$	$6\Delta t$	$7\Delta t$	$8\Delta t$	$9\Delta t$	$10\Delta t$	$11\Delta t$	$12\Delta t$
x_1	0	0.031	0.168	0.487	1.017	1.701	2.397	2.913	3.071	2.771	2.037	1.022
x_2	0.392	1.445	2.834	4.144	5.015	5.257	4.901	4.168	3.368	2.778	2.535	2.601

可见结果是稳定的，读者可将此结果与例 5.6 中的精确解进行对照。

如果取 $\Delta t=T_2=2.8\text{s}$ 进行计算，则有

$$\begin{bmatrix}x_1\\x_2\end{bmatrix}_{\Delta t}=\begin{bmatrix}0\\39.2\end{bmatrix},\quad\begin{bmatrix}x_1\\x_2\end{bmatrix}_{2\Delta t}=\begin{bmatrix}307.328\\-1027.512\end{bmatrix},\quad\begin{bmatrix}x_1\\x_2\end{bmatrix}_{3\Delta t}=\begin{bmatrix}-15022.193\\36347.055\end{bmatrix}\quad\cdots$$

[2]

显然结果是不稳定的，因而必然是错误的。

采用 ANSYS 14.0 进行分析，步骤如下

1）启动 LS-DYNA 模块、设定偏好选项并定义加载曲线。在 Windows 中打开 ANSYS Mechanical APDL Product Launcher 14.0，在 License：中选择 ANSYS Multiphysics/LS-DYNA，在 Add-on Modules 中勾选 LS-DYNA(-DYN)，点击 Run，启动 ANSYS。点击 Preferences，选中 Structual，勾选 LS-DYNA Explicit，过滤掉无关选项；点击 Parameters>Array Parameters>Define/Edit…，定义名为 TIME 与 FORCE 的 2 个长度为 2 的数组，其元素分别为 0、3.36 与 10、10，分别代表加载时间(s)与力(N)。

2）选择单元类型、设定材质属性与实常数。点击 Preprocessor>Element Type>Add/Edit/Delete，选择 LS-DYNA Explicit 和 Spring-Dampr 165，即 COMBI165 单元，点击 Apply，选择 LS-DYNA Explicit 和 3D Mass 166，即 MASS166 单元；点击 Preprocessor>Material Props>Material Models，选择 LS-DYNA>Discrete Element Properties>Spring>Linear Elastic，为 Spring Constant 输入 4；点击 Edit>Copy…，将材料 1 复制为材料 2；点击 Material Model Number 2>Lin Elas Spring，将 Spring Constant 改为 2；点击 Preprocessor>Real Constants，为 MASS166 建立两个实常数，1 号的 MASS 设为 2，2 号设为 1；点击 Preprocessor>Real Constants，为 COMBI165 建立 3 号实常数，取默认值。

3）直接建立有限元模型。点击 Preprocessor>Modeling>Create>Nodes>In Active CS，依次建立 4 个结点 N1，0，0，0；N2，10，0，0；N3，20，0，0 和 N4，30，0，0；点击 Preprocessor>Modeling>Create>Elements>Elem Attributes，在弹出的对话框中，确认 Element type number 为 1 COMBI165，Material number 为 1，Real constant set number 为 3；点击 Preprocessor>Modeling>Create>Elements>Auto Numbered>Thru Nodes，输入 1，2，单击 OK；点击 Preprocessor>Modeling>Create>Elements>Elem Attributes，在弹出的对话框中，改选 Material number 为 2；点击 Preprocessor>Modeling>Create>

Elements > Auto Numbered > Thru Nodes，输入 2，3，点击 Apply，输入 3，4；点击 Preprocessor>Modeling>Create>Elements>Elem Attributes，在弹出的对话框中，确认 Element type number 为 2 MASS166，Real Constant set number 为 1；点击 Preprocessor> Modeling>Create>Elements>Auto Numbered>Thru Nodes，输入 2，单击 OK；点击 Preprocessor>Modeling>Create>Elements>Elem Attributes，在弹出的对话框中，改选 Real Constant set number 为 2；点击 Preprocessor>Modeling>Create>Elements>Auto Numbered>Thru Nodes，输入 3，单击 OK。

4）施加约束与载荷。点击 LS-DYNA Options>Constraints>Apply>On Nodes，点选 1、4 结点，让其所有自由度约束为零，点击 Apply，点选中间两个结点，将其 UY 与 UZ 约束为零。点击 Select>Entity，在弹出的对话框中从上到下依次选 Nodes、By Num/Pick、From Full，单击 OK，在弹出的选择框中输入 3，单击 OK；单击 Select>Comp/Assembly>Create Component…，输入 N3；点击 Select>Everything；点击 LS-DYNA Options>Loading Options>Specify Loads，在弹出的对话框中为 Load Labels 选 FX，为 Component name or PART number 选 N3，为 Parmeter name for time values：选 TIME，为 Parameter name for data values：选 FORCE。

5）求解。点击 Solution>Time Controls>Solution Time，为 Terminate at Time：输入 3.36；点击 Solution>Time Controls>Time Step Ctrls，为 Mass scaling time step size 输入 0.0001；点击 Solution>Output Controls>File Output Freq>Number of Steps，为 Specify Results File Output Interval：输入 12，为 Sprcify Time-History Output Interval 输入 12；点击 Solution>Solve，完成求解过程。

6)在通用后处理器中查看 12 个时间集。点击 General Postproc>Results Summary。

7）时间历程后处理。点击 TimeHist Postpro，在弹出的对话框中点击左上角图标 Add Data，在弹出的对话框中选择 Nodal Solution > DOF Solution > X-Component of displacement，单击 OK，在弹出的对话框中输入 2，点击 Apply，确认仍选中 Nodal Solution >DOF Solution>X-Component of displacement，单击 OK，在弹出的对话框中输入 3，单击 OK；回到 Time History Variables 对话框，选中 UX_2 与 UX_3 后，点击左起第 4 个图标 List Data，列出文件如下

TIME	2 UX	3 UX
	UX_2	UX_3
0.0000	0.00000	0.00000
0.28000	0.251466E-02	0.382009
0.55990	0.380478E-01	1.41138

0.84000	0.175609	2.78120
1.1199	0.485913	4.09333
1.3999	0.996191	4.99607
1.6799	1.65678	5.29044
1.9599	2.33802	4.98571
2.2400	2.86082	4.27637
2.5200	3.05164	3.45720
2.8000	2.80558	2.80599
3.0799	2.13068	2.48424
3.3599	1.15735	2.48863
3.3600	1.15698	2.48868

由于在计算中将积分步长取得很小(0.0001秒),所以计算结果与例5.6中的精确解很接近。

5.5 瞬态分析隐式解法——纽马克方法

纽马克(Newmark)方法实质上是线性加速度法的一种推广。它采用的假设是

$$\dot{\boldsymbol{Q}}_{t+\Delta t}=\dot{\boldsymbol{Q}}_t+[(1-\delta)\ddot{\boldsymbol{Q}}_t+\delta\ddot{\boldsymbol{Q}}_{t+\Delta t}]\Delta t \tag{5.20}$$

$$\begin{aligned}\boldsymbol{Q}_{t+\Delta t}&=\boldsymbol{Q}_t+\dot{\boldsymbol{Q}}_t\Delta t+[(1-\beta)\ddot{\boldsymbol{Q}}_t+\beta\ddot{\boldsymbol{Q}}_{t+\Delta t}](\Delta t)^2/2\\&=\boldsymbol{Q}_t+\dot{\boldsymbol{Q}}_t\Delta t+[(\frac{1}{2}-\alpha)\ddot{\boldsymbol{Q}}_t+\alpha\ddot{\boldsymbol{Q}}_{t+\Delta t}](\Delta t)^2 \quad\Rightarrow\\ \ddot{\boldsymbol{Q}}_{t+\Delta t}&=\frac{1}{\alpha(\Delta t)^2}(\boldsymbol{Q}_{t+\Delta t}-\boldsymbol{Q}_t)-\frac{1}{\alpha\Delta t}\dot{\boldsymbol{Q}}_t-(\frac{1}{2\alpha}-1)\ddot{\boldsymbol{Q}}_t\end{aligned} \tag{5.21}$$

其中δ与α是按积分精度与稳定性要求而决定的常数。容易验证,当$\delta=1/2$且$\alpha=1/4$时,上式成为线性加速度假设。由于$t+\Delta t$时刻的结点位移、速度与加速度必须满足

$$\boldsymbol{M}\ddot{\boldsymbol{Q}}_{t+\Delta t}+\boldsymbol{C}\dot{\boldsymbol{Q}}_{t+\Delta t}+\boldsymbol{K}\boldsymbol{Q}_{t+\Delta t}=\boldsymbol{F}_{t+\Delta t} \tag{5.22}$$

因此,将(5.20)代入,可得

$$\begin{aligned}&\left(\boldsymbol{K}+\frac{1}{\alpha(\Delta t)^2}\boldsymbol{M}+\frac{\delta}{\alpha\Delta t}\boldsymbol{C}\right)\boldsymbol{Q}_{t+\Delta t}\\&=\boldsymbol{F}_{t+\Delta t}+\boldsymbol{M}[\frac{1}{\alpha(\Delta t)^2}\boldsymbol{Q}_t+\frac{1}{\alpha\Delta t}\dot{\boldsymbol{Q}}_t+(\frac{1}{2\alpha}-1)\ddot{\boldsymbol{Q}}_t]+\boldsymbol{C}[\frac{\delta}{\alpha\Delta t}\boldsymbol{Q}_t+(\frac{\delta}{\alpha}-1)\dot{\boldsymbol{Q}}_t+(\frac{\delta}{2\alpha}-1)\Delta t\ddot{\boldsymbol{Q}}_t]\end{aligned} \tag{5.23}$$

这是一个线性方程组,从中可以解出$t+\Delta t$时刻的结点位移,因而正是该方法的递推

公式。

关于这一算法，有两点说明

第一，在线性分析中，线性方程组(5.23)的系数矩阵在每次递推中是不变的，因而可将其逆矩阵一次求出备用，以显著提高计算效率。但在非线性分析中，因为每次递推中的刚度矩阵 $\boldsymbol{K}$ 都要修正，因而其求逆过程每次都要进行，这与显式法相比成为劣势。

第二，在数学上可以证明，当常数 δ 与 α 满足下式时，纽马克方法是无条件稳定的

$$\delta \geqslant \frac{1}{2};\quad \alpha \geqslant \frac{1}{4}\left(\frac{1}{2}+\delta\right)^2 \tag{5.24}$$

因此可以取比 T_n 大得多的 Δt 进行积分，而且这将过滤掉高阶不精确的特征解对系统响应的影响，从而适用于结构动力学问题的分析，因为这类问题中低频成分通常是主要的。虽然如此，在采用隐式法求解时，Δt 的选取仍然要尽量地小，否则不易收敛。

例 5.4：考虑图 1-4 所示的两自由度系统，假设其参数如例 5.1 所示，并且 $G_1=0, G_2=10\text{N}$，则其运动方程是

$$\begin{bmatrix}2 & 0\\0 & 1\end{bmatrix}\begin{bmatrix}\ddot{x}_1\\ \ddot{x}_2\end{bmatrix}+\begin{bmatrix}6 & -2\\-2 & 4\end{bmatrix}\begin{bmatrix}x_1\\x_2\end{bmatrix}=\begin{bmatrix}0\\10\end{bmatrix} \tag{1}$$

设其初始条件为

$$\begin{bmatrix}x_1\\x_2\end{bmatrix}=0,\qquad \begin{bmatrix}\dot{x}_1\\ \dot{x}_2\end{bmatrix}=0 \quad \text{当 } t=0 \text{ 时} \tag{2}$$

试用纽马克方法分析系统的响应。

解：根据例 5.2 的计算结果，系统的最小固有周期 $T_2 \approx 2.8\text{s}$，因此可取 $\Delta t = T_2/10 = 0.28\text{s}$ 进行计算。首先，将初始条件代入运动方程可得

$$\begin{bmatrix}\ddot{x}_1\\ \ddot{x}_2\end{bmatrix}=\begin{bmatrix}0\\10\end{bmatrix} \quad \text{当 } t=0 \text{ 时} \tag{3}$$

计算结果如下

时间	Δt	$2\Delta t$	$3\Delta t$	$4\Delta t$	$5\Delta t$	$6\Delta t$	$7\Delta t$	$8\Delta t$	$9\Delta t$	$10\Delta t$	$11\Delta t$	$12\Delta t$
x_1	0.007	0.050	0.189	0.485	0.961	1.581	2.233	2.761	3.004	2.850	2.284	1.397
x_2	0.364	1.351	2.683	3.995	4.950	5.337	5.130	4.478	3.642	2.897	2.435	2.313

可见结果是稳定的，读者可将此结果与例 5.6 中的精确解进行对照。

如果取 $\Delta t = T_2 = 2.8\text{s}$ 进行计算，则有计算结果如下

时间	Δt	$2\Delta t$	$3\Delta t$	$4\Delta t$	$5\Delta t$	$6\Delta t$	$7\Delta t$	$8\Delta t$	$9\Delta t$	$10\Delta t$	$11\Delta t$	$12\Delta t$
x_1	1.446	1.711	−0.387	1.852	1.607	−0.867	2.858	0.551	−0.394	3.326	−0.660	0.901
x_2	5.076	3.055	1.052	5.422	1.609	2.818	4.110	2.086	3.113	3.336	3.076	2.061

对照第1列数据与上表中的第10列数据可知，虽然计算精度已没有什么价值，但递推过程却仍然是稳定的。

采用ANSYS 14.0进行分析，步骤如下

1）设定偏好选项并定义加载曲线。打开Multiphysics模块，点击Preferences，选中Structual，过滤掉无关选项；点击Parameters>Array Parameters>Define/Edit…，定义长度为2的名为FORCE的Table，Row Variable索引为TIME，其值为0、3.36，FORCE的值为10、10，分别代表加载时间(s)与力(N)。具体方法参考例6.2第1)步。

2）选择单元类型并定义实常数。点击Preprocessor>Element Type>Add/Edit/Delete，选择Combination和Spring-dampr 14，即COMBIN14单元，点击Apply，选择Structural Mass和3D Mass 21，即MASS21单元；选中Type 1 COMBIN14，点击Options…，确认K1为Linera Solution，K2为Longitude UX DOF；选中Type 2 MASS21，点击Options…，将K3设置为3-D w/o rot iner；点击Preprocessor>Real Constants，为COMBIN14建立两个实常数集，1号Spring constant K为4，2号为2；为MASS21建立两个实常数，3号的MASS为2，4号为1。

3）直接建立有限元模型。点击Preprocessor>Modeling>Create>Nodes>In Active CS，依次建立4个结点N1，0，0，0、N2，10，0，0、N3，20，0，0和N4，30，0，0；点击Preprocessor>Modeling>Create>Elements>Elem Attributes，在弹出的对话框中，确认Element type number为1 COMBIN14，确认Real Constant set number为1；点击Preprocessor>Modeling>Create>Elements>Auto Numbered>Thru Nodes，输入1，2，单击OK；单击Preprocessor>Modeling>Create>Elements>Elem Attributes，在弹出的对话框中，确认Element type number为1 COMBIN14，确认Real Constant set number为2；点击Preprocessor>Modeling>Create>Elements>Auto Numbered>Thru Nodes，输入2，3，点击Apply，输入3，4；点击Preprocessor>Modeling>Create>Elements>Elem Attributes，在弹出的对话框中，确认Element type number为2 MASS21，Real Constant set number为3；点击Preprocessor>Modeling>Create>Elements>Auto Numbered>Thru Nodes，输入2，单击OK；点击Preprocessor>Modeling>Create>Elements>Elem Attributes，在弹出的对话框中，确认Element type number为2 MASS21，Real Constant set number为4；点击Preprocessor>Modeling>Create>Elements>Auto Numbered>Thru

Nodes，输入 3，单击 OK。

4）施加约束与载荷。点击 Preprocessor>Loads>Define Loads>Apply>Structural>Displacement>On Nodes，点选 1、4 结点，将其所有自由度约束为零，点击 Apply，点选中间两个结点，将其 *UY* 与 *UZ* 约束为零。点击 Preprocessor>Loads>Define Loads>Apply>Structural>Force/Moment>On Nodes，选中 3 号结点，在弹出的对话框中为 Derection of force/mom 选 FX，为 Apply as 选择 Existing table，单击 OK，选中 FORCE。

5）求解。点击 Solution>Aanalysis Type>New Analysis，选中 Transient；在弹出的对话框中单击 OK；点击 Solution>Aanalysis Type>Sol'n Controls，在 Basic 页面中为 Time at ent of load step 输入 3.36；为 Automatic time stepping 选中 Off，为 Time increment 输入 0.01，为 Frequency 选中 Write N number of substeps，为 Where N=输入 12；在 Transient 页面，为 Full Transient Options 勾选 Transient effects；点击 Solution>Solve，完成求解过程。

6）时间历程后处理。点击 TimeHist Postpro，在弹出的对话框中点击左上角图标 Add Data，在弹出的对话框中选择 Nodal Solution > DOF Solution > X-Component of displacement，单击 OK，在弹出的对话框中输入 2，点击 Apply，确认仍选中 Nodal Solution>DOF Solution>X-Component of displacement，单击 OK，在弹出的对话框中输入 3，单击 OK；回到 Time History Variables 对话框，选中 UX_2 与 UX_3 后，点击左起第 4 个图标 List Data，列出文件如下

TIME	2 UX UX_2	3 UX UX_3
0.28000	0.235486E-02	0.368907
0.56000	0.368346E-01	1.38926
0.84000	0.171908	2.75577
1.1200	0.478850	4.07260
1.4000	0.985748	4.98477
1.6800	1.64448	5.29049
1.9600	2.32666	4.99532
2.2400	2.85355	4.29129
2.5200	3.05148	3.47167
2.8000	2.81366	2.81561
3.0800	2.14560	2.48724
3.3600	1.17615	2.48650

虽然计算中将积分步长取为 0.01 秒，但计算结果与例 5.6 中的精确解相比还是比较接近的。

例 5.5：图 5-1 所示的铅垂弹性摆，其厚度为 1mm，摆杆杆长 150mm，宽 1mm，上端固定，下端插入摆盘深 15mm，摆盘半径 25mm；铝合金摆杆的弹性模量为 7.2×10^4 MPa、泊松比为 0.33、密度为 $2.8\times10^{-9}\text{N}\cdot\text{s}^2\cdot\text{mm}^{-4}$；重合金摆盘的弹性模量为 2.1×10^4 MPa、泊松比为 0.28、密度为 $12.8\times10^{-9}\text{N}\cdot\text{s}^2\cdot\text{mm}^{-4}$；重力加速度为 $9810\text{mm}\cdot\text{s}^{-2}$；假设弹性摆所受阻尼为比例阻尼，其介质阻尼系数 α 与结构阻尼系数 β 均为 0.05，其定义参见(3.30)；已知 5N 的水平力 FX 持续作用于摆盘中心 0.01s 之后立刻释放，试分析从 FX 开始作用之后 1 秒内弹性摆的运动情况。

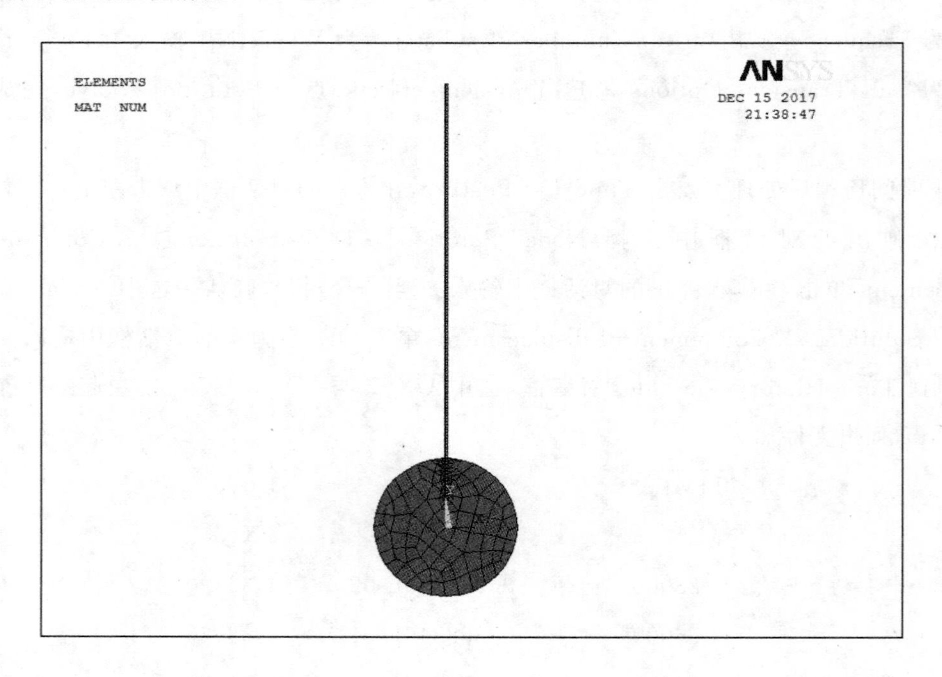

图 5-1 弹性摆

采用 ANSYS 14.0 进行分析，步骤如下

1）启动 Multiphysics 模块并设定偏好选项。在 Windows 中打开 ANSYS Mechanical APDL Product Launcher，在 License：中选 ANSYS Multiphysics，不要勾选 Add-on Modules 中的 LS-DYNA（-DYN），点击 Run，启动 ANSYS。点击 Preferences，选中 Structual，过滤掉无关选项。

2）选择单元类型、定义实常数并输入材料参数。点击 Preprocessor>Element Type>Add/Edit/Delete，选择 Solid 和 Quad 4 node 182，即 PLANE182 单元，点击 Options…，将 K3 设置为 Plane strs w/thk；点击 Preprocessor>Real Constants>Add/Edit/Delete，为

PLANE182 添加 1 号实常数组，为 THK 输入 1；点击 Preprocessor>Material Props>Material Models，将 1 号材料设置为摆杆材质，将 2 号材料设置为摆盘材质，分别输入给定的相应参数。

3）建模。点击 Preprocessor>Modeling>Create>Areas>Circle>Solid Circle，在坐标原点创建半径为 25mm 的摆盘；点击 Preprocessor>Modeling>Create>Areas>Rectangle>By Dimensions，建立角点分别为(－0.5，10)与(0.5，160)的长方形摆杆；点击 Preprocessor>Modeling>Operate>Booleans>Subtract>With Options>Areas，先点击摆盘，单击 OK，再点击摆杆，单击 OK，之后为 Substracted areas will be 选择 Kept，单击 OK；点击 Preprocessor>Modeling>Operate>Booleans>Glue>Areas，点击 Pick All；点击 Preprocessor>Modeling>Creat>Keypoints>Hard PT on area>Hard PT by coordinates，在原点创建一个硬点，以便在网格划分时能够将此点取为结点，方便后续加载。

4）分网。点击 Preprocessor>Meshing>Mesh Attributese>Picked Areas，将摆杆材质指定为 1 号，将摆盘材质指定为 2 号；点击 Preprocessor>Meshing>Size Cntrls>ManualSize>Lines>Picked Lines，将摆杆外侧两竖线分网长度设定为 1；点击 Preprocessor>Meshing>Size Cntrls>ManualSize>Areas>Picked Areas，将摆杆面的分网尺寸设置为 0.5；将摆盘面的分网尺寸设置为 5；然后分网。

5）设置求解类型。点击 Solution>Analysis Type>New Analysis，选择 Transient，在弹出的对话框中确认 Solution method 为 Full。

6）设置第 1 个载荷步。点击 Solution>Analysis Type>Sol'n Controls，在 Basic 页面，为 Analysis Options 选择 Large Displacement Transient，为 Time at end of loadstep 输入 0.01，为 Automatic time stepping 选择 Off，勾选 Number of substeps，并为其输入 200，在 Frequency：中选择 Write N number of substeps，为 where N＝输入 5；在 Transient 页面，为 Full Transient Options 选择 Transient effects，并勾选 Stepped loading，为 Daming Coefficients 中的 Mass matrix multiplier 输入 0.05，为 Stiffness matrix multiplier 输入 0.05，确认 Algroithm：为 Newmark algorithm，勾选 Integration parameters 并确认 ALPHA 为 0.25250625，DELTA 为 0.505；点击 Solution>Define Loads>Apply>Structural>Displacement>On Nodes，选择摆杆上端的三个结点，将其自由度全部约束为零；点击 Solution>Define Loads>Apply>Structural>Inertia>Gravity>Global，在弹出的对话框中为 Global Cartesian Y-comp 输入 9810；点击 Solution>Define Loads>Apply>Structural>Force/Moment>On Nodes，选择位于原点的结点，并为其施加 FX＝5 的载荷；点击 Solution>Load Step Opts>Write LS File，在弹出的对话框中输入 1。

7）设置另外 5 个载荷步。方法同前步。具体不同为：第 2 步 Time at end of loadstep

为 0.02，Number of substeps 为 500，Write N number of substeps 为 5，并将摆盘中心的结点载荷 FX 设为 0，为 Write LS File 输入 2；第 3 步 Time at end of loadstep 为 0.03，Number of substeps 为 300，Write N number of substeps 为 5，为 Write LS File 输入 3；第 4 步 Time at end of loadstep 为 0.05，Number of substeps 为 500，Write N number of substeps 为 10，为 Write LS File 输入 4；第 5 步 Time at end of loadstep 为 0.1，Number of substeps 为 200，Write N number of substeps 为 10，为 Write LS File 输入 5；第 6 步 Time at end of loadstep 为 1，Number of substeps 为 3600，Write N number of substeps 为 90，为 Write LS File 输入 6。

8）求解。点击 Solution＞Solve＞From LS Files，在弹出的对话框中，为 Starting LS file number 输入 1，为 Ending LS file number 输入 6，单击 OK，开始求解。

9）历时后处理。求解结束后，点击 TimeHist Postpro，在弹出对话框中点击工具栏上的第一个按钮 Add Data，在弹出的对话框中选 Nodal Solution＞DOF Solution＞X-component of displacement，单击 OK，选择摆盘中心的结点，单击 OK，再单击工具栏上的第三个按钮，得到摆盘中心点在水平方向的位移曲线，如图 5-2 所示。

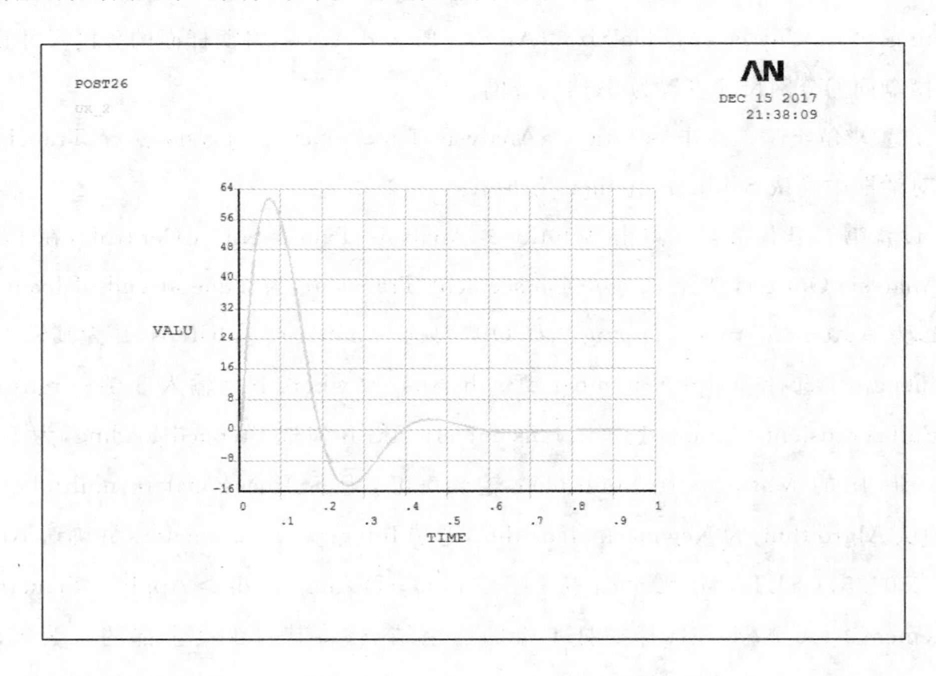

图 5-2　弹性摆摆盘中心水平位移曲线

5.6 方程解耦与振型叠加法

当时间历程较长时，直接积分法因为需要相对来说很小的时间步长 Δt，因而计算开销很大。在特定的条件下，在积分运动方程之前，可以将其转换成若干个互不耦合的方程，这时每个方程可以单独求解，从而显著减少时间开销，称为振型叠加法。

当系统阻尼可以忽略不计时，式(3.23)成为

$$\boldsymbol{M}\ddot{\boldsymbol{Q}} + \boldsymbol{K}\boldsymbol{Q} = \boldsymbol{F} \tag{5.25}$$

若将固有振型依次按列排成一个方阵 $\boldsymbol{U}$ 并将所有相应的特征值排成一个对角阵 $\boldsymbol{\Lambda}$，根据(5.13) 和(5.14)，并结合以下可用数学归纳法证明的正交性

$$\boldsymbol{U}_i^{\mathrm{T}}\boldsymbol{M}\boldsymbol{U}_j = 0 \qquad \boldsymbol{U}_i^{\mathrm{T}}\boldsymbol{K}\boldsymbol{U}_j = 0 \qquad \text{for} \quad \lambda_i \neq \lambda_j \tag{5.26}$$

易知

$$\boldsymbol{U}^{\mathrm{T}}\boldsymbol{M}\boldsymbol{U} = \boldsymbol{I} \qquad\qquad \boldsymbol{U}^{\mathrm{T}}\boldsymbol{K}\boldsymbol{U} = \boldsymbol{\Lambda} \tag{5.27}$$

现在，假设(5.25) 的解可以表示成各种固有振型的线性叠加，即

$$\boldsymbol{Q} = \boldsymbol{U}\boldsymbol{\Theta}(t) \tag{5.28}$$

则

$$\boldsymbol{\Theta}(t) = \boldsymbol{U}^{-1}\boldsymbol{Q} \tag{5.29}$$

若将(5.25) 的两端同时左乘 $\boldsymbol{U}^{\mathrm{T}}$，则

$$\boldsymbol{U}^{\mathrm{T}}\boldsymbol{M}\ddot{\boldsymbol{Q}} + \boldsymbol{U}^{\mathrm{T}}\boldsymbol{K}\boldsymbol{Q} = \boldsymbol{U}^{\mathrm{T}}\boldsymbol{F}$$

$$\boldsymbol{U}^{\mathrm{T}}\boldsymbol{M}\boldsymbol{U}\ddot{\boldsymbol{\Theta}}(t) + \boldsymbol{U}^{\mathrm{T}}\boldsymbol{K}\boldsymbol{U}\boldsymbol{\Theta}(t) = \boldsymbol{U}^{\mathrm{T}}\boldsymbol{F} = \boldsymbol{G}(t)$$

$$\ddot{\boldsymbol{\Theta}}(t) + \boldsymbol{\Lambda}\boldsymbol{\Theta}(t) = \boldsymbol{G}(t) \tag{5.30}$$

而这代表了 M 个解耦的方程

$$\ddot{\Theta}_i(t) + \lambda_i\Theta_i(t) = G_i(t) \qquad\qquad i = 1 \sim M \tag{5.31}$$

当其解获得之后，回代到(5.28) 即可获得系统的瞬态响应。

当系统中的阻尼不能忽略但可近似成振型阻尼(3.30) 时，(3.23) 成为

$$\boldsymbol{M}\ddot{\boldsymbol{Q}} + (\alpha\boldsymbol{M} + \beta\boldsymbol{K})\dot{\boldsymbol{Q}} + \boldsymbol{K}\boldsymbol{Q} = \boldsymbol{F} \tag{5.32}$$

重复刚才的过程可以得到 M 个解耦的方程

$$\ddot{\Theta}_i(t) + (\alpha + \beta\lambda_i)\,\dot{\Theta}_i(t) + \lambda_i\Theta_i(t) = G_i(t) \qquad\qquad i = 1 \sim M \tag{5.33}$$

当其解获得之后，回代到(5.28) 即可获得系统的瞬态响应。

需要指出的是，在实际应用中，通常只要得到若干个低阶固有振型的叠加，就能较好地近似估计系统的实际响应。这是由于高阶固有振型对系统的实际贡献本来就小，而有限元法对高阶固有振型的解精度又差，再有就是实际载荷的低频成分也往往远大于高频成分。

还有一点需要说明的是，这种方法对非线性系统无效。因为对非线性系统而言，刚度矩阵 $\boldsymbol{K}$ 不是常数矩阵，因而固有振型也是不定常的。

例 5.6：依旧考虑例 5.4 的问题，但这次用振型叠加法求解。

解：根据例 5.1 的结果，系统的特征值 $\lambda_1 = 2, \lambda_2 = 5$，相应的固有振型为

$$\boldsymbol{A}_1 = \begin{bmatrix} \sqrt{3}/3 \\ \sqrt{3}/3 \end{bmatrix}; \quad \boldsymbol{A}_2 = \begin{bmatrix} \sqrt{6}/6 \\ -\sqrt{6}/3 \end{bmatrix} \tag{1}$$

因此

$$\boldsymbol{\Lambda} = \begin{bmatrix} 2 & 0 \\ 0 & 5 \end{bmatrix}; \quad \boldsymbol{U}^{\mathrm{T}} = \begin{bmatrix} \sqrt{3}/3 & \sqrt{3}/3 \\ \sqrt{6}/6 & -\sqrt{6}/3 \end{bmatrix}; \quad \boldsymbol{G} = \boldsymbol{U}^{\mathrm{T}}\boldsymbol{F} = \begin{bmatrix} 10\sqrt{3}/3 \\ -10\sqrt{6}/3 \end{bmatrix} \tag{2}$$

从而(5.31) 成为

$$\begin{cases} \ddot{\Theta}_1(t) + 2\Theta_1(t) = 10\sqrt{3}/3 \\ \ddot{\Theta}_2(t) + 5\Theta_2(t) = -10\sqrt{6}/3 \end{cases} \tag{3}$$

系统的初始条件可按(5.29) 进行转换得到

$$\begin{cases} \dot{\Theta}_1(0) = 0, \quad \Theta_1(0) = 0 \\ \dot{\Theta}_2(0) = 0, \quad \Theta_2(0) = 0 \end{cases} \tag{4}$$

于是，有精确解

$$\begin{cases} \Theta_1(t) = 5\sqrt{3}(1 - \cos\sqrt{2}t)/3 \\ \Theta_2(t) = 2\sqrt{6}(-1 + \cos\sqrt{5}t)/3 \end{cases} \tag{5}$$

按(5.28) 回代，有

$$\boldsymbol{Q} = \begin{bmatrix} \sqrt{3}/3 & \sqrt{6}/6 \\ \sqrt{3}/3 & -\sqrt{6}/3 \end{bmatrix} \begin{bmatrix} 5\sqrt{3}(1 - \cos\sqrt{2}t)/3 \\ 2\sqrt{6}(-1 + \cos\sqrt{5}t)/3 \end{bmatrix} = \begin{bmatrix} 1 - (5/3)\cos\sqrt{2}t + (2/3)\cos\sqrt{5}t \\ 3 - (5/3)\cos\sqrt{2}t - (4/3)\cos\sqrt{5}t \end{bmatrix} \tag{6}$$

取 $\Delta t = 0.28\mathrm{s}$ 进行计算，精确解结果如下

时间	Δt	Δt	$3\Delta t$	$4\Delta t$	$5\Delta t$	$6\Delta t$	$7\Delta t$	$8\Delta t$	$9\Delta t$	$10\Delta t$	$11\Delta t$	$12\Delta t$
x_1	0.003	0.038	0.176	0.486	0.996	1.657	2.338	2.861	3.052	2.806	2.131	1.157
x_2	0.382	1.412	2.781	4.094	4.996	5.291	4.986	4.277	3.457	2.806	2.484	2.489

5.7 思考题

5.1 试推导三结点线性三角形单元的质量矩阵。

5.2　什么是固有频率与固有振型？什么是模态分析？

5.3　三根相同弹簧($k=10$)和三个相同质点($m=2$)构成等边三角形弹性结构，试对其进行模态分析。

5.4　一红绿灯架的结构如图 5.3 所示，长度单位为 mm。已知立杆与横臂均为钢制锥管，壁厚为 8mm，弹性模量为 200GPa，泊松比为 0.3，比重为 7.8g/cm^3。试求此灯架的前 5 阶固有频率与振型。

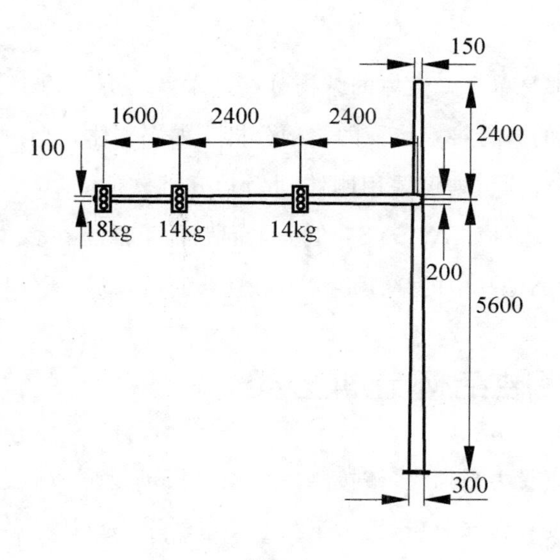

图 5.3

5.5　瞬态分析的显式解法有何特点？适用于什么场合？隐式解法呢？

5.6　瞬态分析的振型叠加法有何特点？适用于什么场合？

第6章 多体接触结构分析

前面三章讨论的都是单个弹性体的结构分析。本章将介绍由多个弹性体或刚体(至少有一个是弹性体)构成的具有接触特征的结构分析。如果多体完全由刚体构成,或者其中的弹性体具有非常简单的形状,则可采用刚体动力学分析软件如 ADAMS 进行动力学分析,而不必求助有限元分析软件如 ANSYS。但如果问题的重点是在多体接触过程中各弹性体的变形与应力应变,特别是其中的弹性形状相对复杂的话,就需要使用有限元分析软件了。

6.1 多体接触结构分析分类

按照结构是否达成受力平衡,多体接触的结构分析可以分为稳态分析与瞬态分析。多体接触结构分析一般没有模态分析,因为当相互接触的多个单体按各自的固有振型振动时,其接触表面上的阻尼表现一般不能忽略,因而从理论上讲研究多体接触系统的固有振型意义不大。当确实需要时,目前只能采用弹簧替代接触的方法近似模拟,本书不作讨论。

按照单体之间相对运动的性质,多体接触的结构分析可以分为约束为主型与碰撞为主型两种。前者的典型代表是曲柄滑块机构的模拟分析,适用于隐式算法,可用 ANSYS 中的 Mechanical APDL 模块解决,主要用于稳态分析;后者的典型代表是手机的跌落模拟分析,适合于显式算法,可用 ANSYS 中的 LS-DYNA 模块解决,主要用于瞬态分析。

按照接触区域的描述形式,可以分为自由度耦合、线性方程约束、运动副单元与面—面接触等不同的形式。

6.2 自由度耦合

如果几个自由度的具体数值虽然未知待求,但它们总是保持相同,就可以为这些自由度建立一个耦合集。一个耦合集中的自由度只有一个会保留在待求的方程组中,其余的都会被删除。被保留在待求方程组中的自由度称为主自由度,其他自由度的值会在方程组求解完成之后,用主自由度的值直接赋值获得。根据具体问题的需要,在一个分析中可以有多个耦合集,但不同的耦合集不能包含相同的自由度。在多体接触分析中,自由度耦合的典型应用包括:第一,模拟由两个结点构成的回转副和球副,这两个结点分属构成运动副的两个构件,但在空间上始终重合;第二,将一个弹性体(或部分)刚化为刚体。此外,在单体分析中,自由度耦合还可以用来描述模型不同部分之间的对称约束。

例 6.1:如图 6-1 所示为对心曲柄滑块机构 ABC,在图示位置,曲柄 AB 与连杆 BC 刚好相互垂直。已知曲柄长度为 80mm,连杆长度为 150mm,曲柄与连杆的断面均为 5mm×15mm 的矩形,弹性模量均为 2×10^5 MPa,泊松比为 0.3;又知需要克服的阻力 Q 为 1000N。试求在不计摩擦的情况下,垂直作用于曲柄中点的驱动力 F 需要多大?曲柄与连杆所受的最大弯曲应力是多大?

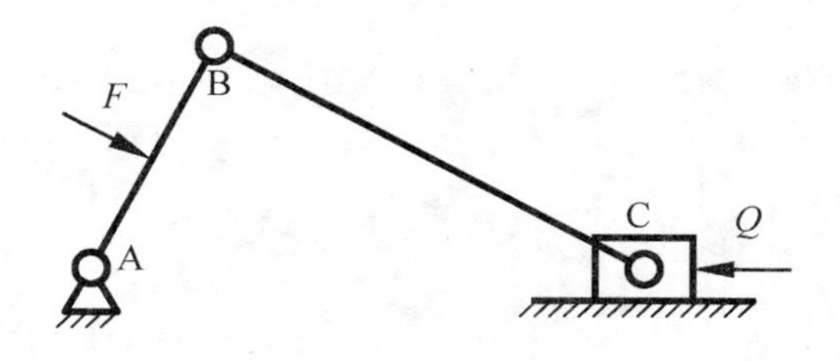

图 6-1　曲柄滑块机构

采用 ANSYS 14.0 进行分析,步骤如下

1) 建立有限元模型。打开 Multiphysics 模块,选择梁单元 BEAM188;按所给条件设置材料属性;点击 Preprocessor>Sections>Beam>Common Sections,设置截面尺寸为 B=15,H=5,点击 PlotCtrls>Style>Size and Shape…,打开 Display of element shapes based on real constant descriptions,可以查看截面尺寸设置是否正确;创建一条从点 A 到点 B 长为 80 的直线代表曲柄并将其划分成 8 个等长梁单元,位于点 A 与点 B 的结点分别为 1 号与 2 号,曲柄中心的结点编号为 6 号;在点 C 与点 B 处分别创建两个结点 10 号与 11 号,将其相连创建一个梁单元。

2) 施加约束与载荷。选择全部结点,将其 UZ,$ROTX$,$ROTY$ 全部约束为 0,因为这是一个平面连杆机构;将 1 号结点的 UX,UY 约束为 0;将 10 号结点的 UY 约束为 0;在 10 号结点上施加−1000N 的沿 FX 方向的力;点击 WorkPlane>Align WP with>Nodes+,旋转工作平面 X 轴沿曲柄方向;点击 WorkPlane>Change Active CS to>Working plane,旋转当前坐标系与工作平面对齐;点击 Preprocessor>Modeling>Move/Modify>Rotate Node CS>To Active CS,将 6 号结点坐标系 X 轴旋转成沿曲柄方向后,约束 UY 为 0,再将工作平面与当前坐标系复位。

3) 创建耦合集。点击 Preprocessor>Coupling/Ceqn>Couple DOFs,将结点 2 与 11

的 UX 加入 1 号耦合集，将这两结点的 *UY* 加入 2 号耦合集。

4）求解。点击 Solution>Solve>Current LS 完成。

5）创建并显示单元表。梁单元的导出数据需要通过创建单元表来获取，点击 General Postproc>Element Table>Define Table，点击 Add…按钮，在打开的对话框中为 Results data item 选择 By sequence num 和 SMISC，并输入 33，这将导出梁单元的最大拉应力到单元表 SMIS33；点击 General Postproc>Plot Results>Countour Plot>Elem Table，选择 SMIS33，显示如图 6-2 所示。注意，连杆的弯曲应力实际为 0，因为它不受弯矩。

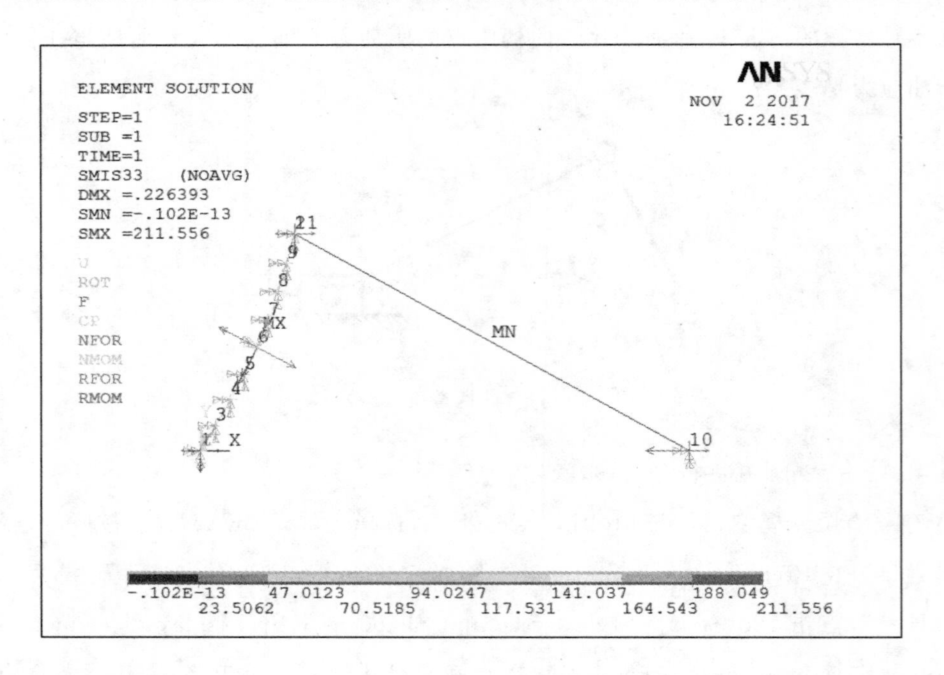

图 6-2 曲柄滑块机构有限元分析结果

6）列出结点受力情况。点击 General Postproc>List Reults>Nodal Loads，在弹出的对话框中选择 All struc forc F，列出的数据如下。注意其中的 6 号结点两分力的合力就是所需的驱动力；2 号结点与 11 号结点所受的力正好是一对作用力与反作用力。而 1 号结点的两个分力以及 10 号结点的 FY 则都是反力。

NODE	FX	FY	FZ
1	1000.0	−533.33	
2	1000.0	−533.33	
6	−2000.0	1066.7	
10	1000.0	−533.33	
11	−1000.0	533.33	

在这例子中，回转副 A 因为是与机架构成的，所以可直接将结点 A 的两个移动自由度约束设置为零来模拟；而回转副 C 以及滑块与机架构成的移动副，在建模时则直接忽略了滑块，而将结点 C 的一个移动自由度约束设置为零来模拟；只有回转副 B，由于构成此回转副的两个构件都在运动，因而采用了自由度耦合的方式来模拟。应该指出的是，采用直接约束与自由度耦合这两种方式的局限性很明显：第一，只能模拟相对简单的几种运动副；第二，不能提供运动副接触面上具体的接触情况，比如实际接触面积，接触压强，等信息；第三，无法模拟在运动副中存在摩擦的情形。

6.3 线性方程约束

如果几个自由度的具体数值虽然未知待求，但它们之间总是满足某个线性方程，就可以为这些自由度建立一个线性方程约束。通常一个线性方程约束中出现的第一个自由度要从待求的方程组中删除。根据问题的实际情况，在一个分析中可以有多个线性方程约束，但要注意不能产生相互矛盾的方程约束。在多体接触分析中，线性方程约束的典型应用是模拟由三个结点构成的移动副，其中两个结点来自称为导轨的运动构件，另一个结点来自称为滑块的构件。同样，这种方式既不能提供运动副接触面上具体的接触情况，比如实际接触面积，接触压强，等信息；也无法模拟在运动副中存在摩擦的情形。此外，在单体分析中，线性方程约束可以用来描述模型不同部分之间的反对称约束。

假定在直角坐标系的 xy 平面上有三个动点 1、2 和 3 始终共线，且点 3 位于点 1 与点 2 之间，则这三个点的坐标之间必然满足

$$\frac{x_3-x_1}{y_3-y_1}=-\frac{x_3-x_2}{y_3-y_2}\Rightarrow(x_3-x_1)(y_3-y_2)+(x_3-x_2)(y_3-y_1)=0 \tag{6.1}$$

两边取微分，有

$$\begin{aligned}&(x_3-x_1)(\mathrm{d}y_3-\mathrm{d}y_2)+(y_3-y_2)(\mathrm{d}x_3-\mathrm{d}x_1)+(x_3-x_2)(\mathrm{d}y_3-\mathrm{d}y_1)\\&\quad+(y_3-y_1)(\mathrm{d}x_3-\mathrm{d}x_2)=0\end{aligned} \tag{6.2}$$

即

$$\begin{aligned}&(y_2-y_3)\mathrm{d}x_1+(x_2-x_3)\mathrm{d}y_1+(y_1-y_3)\mathrm{d}x_2+(x_1-x_3)\mathrm{d}y_2\\&\quad+(2y_3-y_2-y_1)\mathrm{d}x_3+(2x_3-x_2-x_1)\mathrm{d}y_3=0\end{aligned} \tag{6.3}$$

如果将(6.3)中的微分视为三个点的小位移，式(6.3)就成为移动副的线性约束方程。显然，若用此式描述平面移动副产生的约束关系，必须满足小位移假设。

如图 6-3 所示为一平面转动导杆机构。若不计运动副中的摩擦，而只关心在图示位置时曲柄 AB 的弯曲应力，以及曲柄 AB 上未知的驱动力矩与导杆 CD 上给定的阻力矩之间的

关系，则可建立由A、B、C和D四个结点，以及由AB、CD两个BEAM188梁单元构成的有限元模型。需要施加的约束包括：结点A的全部自由度为0；结点C除*ROTZ*之外的全部自由度为0；结点B与结点D的*UZ*、*ROTX*与*ROTY*为0；结点C的*MZ*为给定的阻力矩。最后，为了描述移动副B产生的约束，可引入式(6.3)。将结点C、D和B分别视为其中的动点1、2和3，并考虑到$x_1=X_C=y_1=Y_C=\mathrm{d}x_1=UX_C=\mathrm{d}y_1=UY_C=0$，经整理，线性约束方程为

$$-Y_B \cdot UX_D - X_B \cdot UY_D + (2Y_B - Y_D)UX_B + (2X_B - X_D)UY_B = 0 \tag{6.4}$$

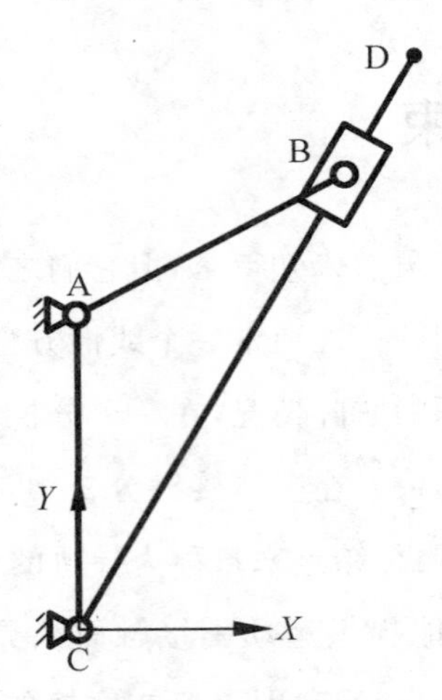

图 6-3　平面转动导杆机构

又如图6-4所示的平面六杆机构，为了描述其中的移动副E产生的约束，根据式(6.3)，将结点B、C和E分别视为其中的动点1、2和3，并考虑到$\mathrm{d}x_3=UX_E=0$，经整理，建立如下线性约束方程

$$(Y_C-Y_E)UX_B+(X_C-X_E)UY_B+(Y_B-Y_E)UX_C+(X_B-X_E)UY_C$$
$$+(2X_E-X_C-X_B)UY_C=0 \tag{6.5}$$

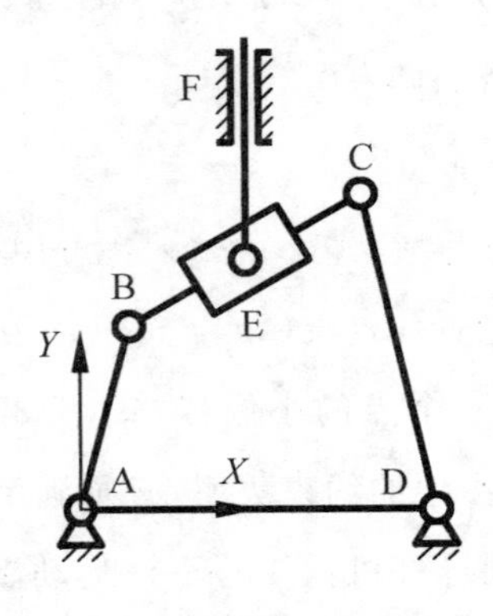

图 6-4　平面六杆机构

6.4　运动副单元

如果不关心接触面上具体的接触情况，比如实际接触面积、接触压强等信息，并且不计摩擦，而只关心机构某些弹性构件的变形与应力，同时机构中存在无法用自由度耦合方式或线性方程约束方式来模拟的运动副，那么，就可以采用 ANSYS 提供的特殊单元 MPC184 来模拟机构中常见运动副所产生的约束。举例来说，如果要进行机构在主动件转过一圈的过程中，相关构件的运动与受力情况的分析，则图 6-3 中的移动副 B 与图 6-4 中的移动副 E 就无法再用线性方程约束来模拟了，因为小变形假设已经失效。这时，就可以采用 MPC184 单元进行模拟，但同时必须打开大变形开关。

6.4.1　卡登角

为了描述两刚体之间的相对转动关系，在 ANSYS 中采用了卡登角。卡登角最初是被用来描述飞机对地姿态的。如图 6-5 所示，在地面上建立直角坐标系 XYZ，XY 平行地面，Z 轴垂直向下，在飞机上建立直角坐标系 xyz，x 沿机身轴线，y 在两翼所在平面内，z 垂直两翼向下，并假定在初始位置时坐标系 xyz 与坐标系 XYZ 各对应轴相互平行。现在，可以用以下方式调整飞机即坐标系 xyz 的姿态到任意位置：先绕 z 轴（也即 Z 轴）转过方向角 ψ（到达 $x'y'z$ 所示位置），再绕 y' 轴转过俯仰角 θ（到达 $xy'z''$ 所示位置），最后再绕 x 轴转过滚动角 φ（到达图中 xyz 所示位置）。

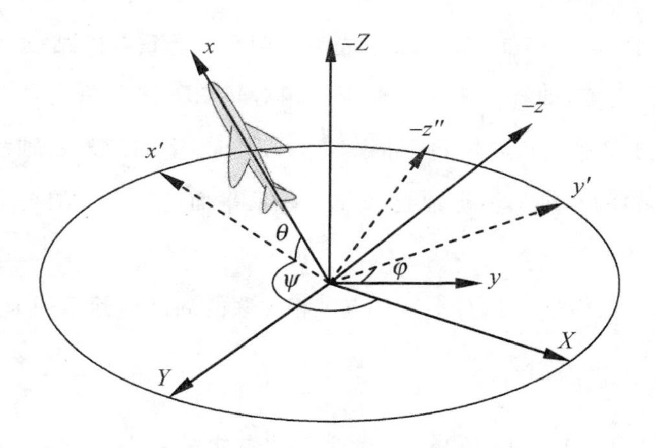

图 6-5　描述空间姿态的卡登角

6.4.2　运动副单元的类型

可用单元 MPC184 来模拟的运动副包括：回转副、万向铰链、移动副、圆柱副、螺旋副和球副等。需要指出的是,运动副单元并不是一般意义上的用于有限元分析的单元,而仅仅是为了方便施加运动约束而设立的单元。就其实质,MPC184 只是建立了其自身结点各自由度之间的约束方程,在用于机构分析时,只要将这些结点取作构成此运动副两构件上的相关结点即可。当用于运动副约束时,MPC184 的每个结点都有 *UX*,*UY*,*UZ*,*ROTX*,*ROTY* 和 *ROTZ* 等 6 个自由度,且每个结点都要关联一个局部坐标系作为参考坐标系,此坐标系的具体位置与指向仅对机构的初始位置有效。在机构的运动过程中,与结点关联的局部坐标系,不仅其原点会跟随结点位置自由度的变化而变化,而且其指向也会随结点旋转自由度的变化而变化。这样,每个结点与其相关联的局部坐标系一起可视为一个刚体,与两结点相关联的局部坐标系之间的相对运动,可简称为两结点之间的相对运动。

下面对几种常见的运动副、其约束方程与相应的卡登角进行逐一介绍。

为简述起见,以下引入 $\boldsymbol{U}=(UX,UY,UZ)$。

当设置 KEYOPT(1)=6 时,MPC184 成为由两个位置重合的结点 i 与 j 构成的回转副,它有一个相对自由度,即两者之间的相对转角。通常设置 KEYOPT(4)=0,这要求与这两个结点相关联的局部坐标系($\boldsymbol{e}_1^i,\boldsymbol{e}_2^i,\boldsymbol{e}_3^i$)和($\boldsymbol{e}_1^j,\boldsymbol{e}_2^j,\boldsymbol{e}_3^j$)的 x 轴相重合。引入的约束方程为

$$\boldsymbol{U}_i=\boldsymbol{U}_j \qquad \begin{cases}\boldsymbol{e}_1^i\cdot\boldsymbol{e}_2^j=0\\ \boldsymbol{e}_1^i\cdot\boldsymbol{e}_3^j=0\end{cases} \tag{6.6}$$

与结点 i 相关联的局部坐标系相对于与结点 j 相关联的局部坐标系的卡登角为

$$(\Psi,\theta,\varphi)=(0,0,-\arctan^{-1}(\frac{\boldsymbol{e}_2^i\cdot\boldsymbol{e}_3^j}{\boldsymbol{e}_3^i\cdot\boldsymbol{e}_3^j})) \tag{6.7}$$

当设置 KEYOPT(1)=7 时,MPC184 成为由两个位置重合的结点 i 与 j 构成的万向铰链,它有两个相对自由度,即绕十字叉两轴线的相对转角。这个单元要求在初始位置时,结点 i 的轴叉正好位于叉平面内,并且坐标系($\boldsymbol{e}_1^i,\boldsymbol{e}_2^i,\boldsymbol{e}_3^i$)的 y 轴沿输入轴线,x 轴在轴叉平面内;坐标系($\boldsymbol{e}_1^j,\boldsymbol{e}_2^j,\boldsymbol{e}_3^j$)的 y 轴沿输出轴线,z 轴在轴叉平面内。引入的约束方程为

$$\boldsymbol{U}_i=\boldsymbol{U}_j \qquad \boldsymbol{e}_1^i\cdot\boldsymbol{e}_3^j=0 \tag{6.8}$$

与结点 i 相关联的局部坐标系相对于与结点 j 相关联的局部坐标系的卡登角为

$$(\Psi,\theta,\varphi)=(-\arctan^{-1}(\frac{\boldsymbol{e}_1^i\cdot\boldsymbol{e}_2^j}{\boldsymbol{e}_1^i\cdot\boldsymbol{e}_1^j}),0,-\arctan^{-1}(\frac{\boldsymbol{e}_2^i\cdot\boldsymbol{e}_3^j}{\boldsymbol{e}_3^i\cdot\boldsymbol{e}_3^j})) \tag{6.9}$$

当设置 KEYOPT(1)=11 时,MPC184 成为由两个结点 i 与 j 构成的圆柱副,它有两个相对自由度,即沿轴线的相对位移与转角。通常设置 KEYOPT(4)=0,这要求坐标系($\boldsymbol{e}_1^i,\boldsymbol{e}_2^i,\boldsymbol{e}_3^i$)和($\boldsymbol{e}_1^j,\boldsymbol{e}_2^j,\boldsymbol{e}_3^j$)的 x 轴相重合。引入的约束方程为

$$\begin{cases}\boldsymbol{e}_2^i\cdot[\boldsymbol{U}_i-\boldsymbol{U}_j]=\boldsymbol{e}_{20}^i\cdot[\boldsymbol{U}_{i0}-\boldsymbol{U}_{j0}]\\ \boldsymbol{e}_3^i\cdot[\boldsymbol{U}_i-\boldsymbol{U}_j]=\boldsymbol{e}_{30}^i\cdot[\boldsymbol{U}_{i0}-\boldsymbol{U}_{j0}]\end{cases} \qquad \begin{cases}\boldsymbol{e}_1^i\cdot\boldsymbol{e}_2^j=\boldsymbol{e}_{10}^i\cdot\boldsymbol{e}_{20}^j\\ \boldsymbol{e}_1^i\cdot\boldsymbol{e}_3^j=\boldsymbol{e}_{10}^i\cdot\boldsymbol{e}_{30}^j\end{cases} \tag{6.10}$$

其中带下标 0 的量为初始位置时的相应量，下同。

结点 i 相对于结点 j 沿圆柱副轴线发生的位移量为

$$l=\boldsymbol{e}_1^i\cdot[\boldsymbol{U}_i-\boldsymbol{U}_j]-\boldsymbol{e}_{10}^i\cdot[\boldsymbol{U}_{i0}-\boldsymbol{U}_{j0}] \tag{6.11}$$

结点 i 的坐标系相对于结点 j 的坐标系的卡登角为

$$(\Psi,\theta,\varphi)=(0,0,-\arctan^{-1}(\frac{\boldsymbol{e}_2^i\cdot\boldsymbol{e}_3^j}{\boldsymbol{e}_3^i\cdot\boldsymbol{e}_3^j})) \tag{6.12}$$

当设置 KEYOPT(1)=17 时，MPC184 成为由两个结点 i 与 j 构成的螺旋副，它只有一个自由度，或轴线的位移，或绕轴线的沿相对转角。这要求坐标系$(\boldsymbol{e}_1^i,\boldsymbol{e}_2^i,\boldsymbol{e}_3^i)$和$(\boldsymbol{e}_1^j,\boldsymbol{e}_2^j,\boldsymbol{e}_3^j)$的 z 轴相重合。引入的约束方程为

$$\begin{cases}\boldsymbol{e}_1^i\cdot[\boldsymbol{U}_i-\boldsymbol{U}_j]=\boldsymbol{e}_{10}^i\cdot[\boldsymbol{U}_{i0}-\boldsymbol{U}_{j0}]\\ \boldsymbol{e}_2^i\cdot[\boldsymbol{U}_i-\boldsymbol{U}_j]=\boldsymbol{e}_{20}^i\cdot[\boldsymbol{U}_{i0}-\boldsymbol{U}_{j0}]\\ \boldsymbol{e}_3^i\cdot[\boldsymbol{U}_i-\boldsymbol{U}_j]-\boldsymbol{e}_{30}^i\cdot[\boldsymbol{U}_{i0}-\boldsymbol{U}_{j0}]=p(\Psi-\Psi_0)\end{cases}\quad\begin{cases}\boldsymbol{e}_2^i\cdot\boldsymbol{e}_3^j=\boldsymbol{e}_{20}^i\cdot\boldsymbol{e}_{30}^j\\ \boldsymbol{e}_1^i\cdot\boldsymbol{e}_3^j=\boldsymbol{e}_{10}^i\cdot\boldsymbol{e}_{30}^j\end{cases} \tag{6.13}$$

其中 p 为导程，Ψ为两者之的相对转角。

结点 i 相对于结点 j 沿螺旋副轴线发生的位移量为

$$l=\boldsymbol{e}_3^i\cdot[\boldsymbol{U}_i-\boldsymbol{U}_j]-\boldsymbol{e}_{30}^i\cdot[\boldsymbol{U}_{i0}-\boldsymbol{U}_{j0}] \tag{6.14}$$

结点 i 的坐标系相对于结点 j 的坐标系的卡登角为

$$(\Psi,\theta,\varphi)=(-\arctan^{-1}(\frac{\boldsymbol{e}_1^i\cdot\boldsymbol{e}_2^j}{\boldsymbol{e}_1^i\cdot\boldsymbol{e}_1^j}),0,0) \tag{6.15}$$

当设置 KEYOPT(1)=10 时，MPC184 成为由两个结点 i 与 j 构成的移动副，它只有一个相对自由度，即两者之间的相对位移。这要求坐标系$(\boldsymbol{e}_1^i,\boldsymbol{e}_2^i,\boldsymbol{e}_3^i)$和$(\boldsymbol{e}_1^j,\boldsymbol{e}_2^j,\boldsymbol{e}_3^j)$的 x 轴相重合。引入的约束方程为

$$\begin{cases}\boldsymbol{e}_2^i\cdot[\boldsymbol{U}_i-\boldsymbol{U}_j]=\boldsymbol{e}_2^i\cdot[\boldsymbol{U}_{i0}-\boldsymbol{U}_{j0}]\\ \boldsymbol{e}_3^i\cdot[\boldsymbol{U}_i-\boldsymbol{U}_j]=\boldsymbol{e}_3^i\cdot[\boldsymbol{U}_{i0}-\boldsymbol{U}_{j0}]\end{cases}\quad\begin{cases}\boldsymbol{e}_1^i\cdot\boldsymbol{e}_2^j=\boldsymbol{e}_{10}^i\cdot\boldsymbol{e}_{20}^j\\ \boldsymbol{e}_2^i\cdot\boldsymbol{e}_3^j=\boldsymbol{e}_{20}^i\cdot\boldsymbol{e}_{30}^j\\ \boldsymbol{e}_1^i\cdot\boldsymbol{e}_3^j=\boldsymbol{e}_{10}^i\cdot\boldsymbol{e}_{30}^j\end{cases} \tag{6.16}$$

结点 i 相对于结点 j 沿移动方向发生的位移量为

$$l=\boldsymbol{e}_1^i\cdot[\boldsymbol{U}_i-\boldsymbol{U}_j]-\boldsymbol{e}_{10}^i\cdot[\boldsymbol{U}_{i0}-\boldsymbol{U}_{j0}] \tag{6.17}$$

结点 i 的坐标系相对于结点 j 的坐标系的卡登角为

$$(\Psi,\theta,\varphi)=(0,0,0) \tag{6.18}$$

需要说明的是，球副由于可以方便地采用自由度耦合，因而一般不用运动副单元。

6.4.3　构件与运动副单元的连接

在应用运动副单元进行多体结构分析时，构成机构的构件常常采用梁单元，当然也可以采用二维和三维的实体单元。下面以梁单元为例来说明运动副单元的应用。

例 6.2:如图 6-6 所示为一个由回转副 a、万向铰链 A 和 B、回转副 b、回转副 D 和 c 以及移动副 E 构成的空间机构的机构运动简图。已知图示为初始位置,万向铰链 A 的输入轴叉正好位于叉平面(即 OAB 也即 *XY* 平面)内,万向铰链 B 的输出轴叉也正好位于叉平面内,而另外两个轴叉则正好垂直于叉平面。已知各杆材料相同,弹性模量为 2×10^5 MPa,泊松比为 0.3;各杆截面均为圆形,半径为 5mm;各点坐标分别为 O(0,0,0)、A(100,0,0)、B(200,100,0)、C(300,100,0)、D(300,150,0),单位为 mm;DE 杆长 150mm,FG 杆长 150mm,E 点在初始位置正好位于 FG 中点,F、G 与 C 三点共线且平行于 Z 轴;在滑块 E 上有沿 FG 方向的外力 10N,而在 O 点有大小未知的驱动力矩 *M* 使输入轴 OA 匀速转动。试分析,在不考虑运动副摩擦力的情况下,在输入轴 OA 转过一圈的过程中,各杆中的弯曲应力情况以及驱动力矩 *M* 的变化情况。

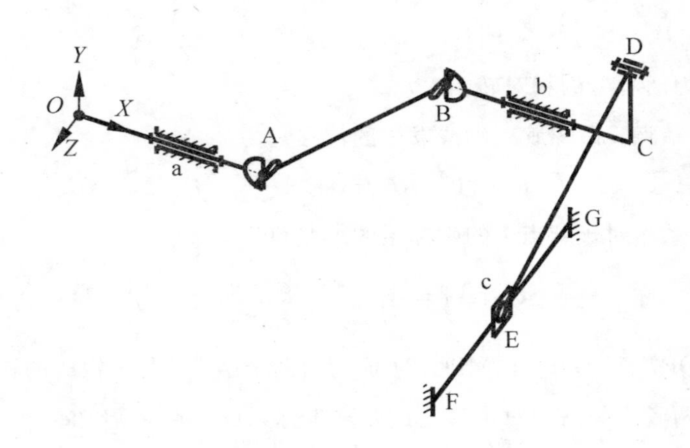

图 6-6 空间机构的运动与受力分析

采用 ANSYS 14.0 进行分析,步骤如下

1) 建立参数。打开 Multiphysics 模块,点击 Parameters>Scalar Parameters…,在弹出的对话框中输入 PI=ACOS(-1),点击 Accept 按钮;再输入 L=SQRT(150 * 150-50 * 50),点击 Accept 按钮。这就定义了两个名为 PI 与 L 的参数,在后续建模时会用到。点击 Parameters>Array Parameters>Define/Edit…,在弹出的对话框中点击 Add…按钮,在弹出的对话框中为 Parameter name 输入 FSTEP,为 Parameter type 选 Table,为 Row Variable 输入 TIME,单击 OK 按钮。再点击 Edit…按钮,将弹出的表格对话框中的各项参数修改成如图 6-7 所示,然后点击 File>Apply/Quit 来接受修改后的数据。这就定义了一个名为 FSTEP 的表格,在后续施加载荷时会用到。

2) 设置单元类型、材料特性与截面特性。点击 Preferences,在弹出的对话框中选择 Structural。点击 Preprocessor>Element Type>Add/Edit/Delete,再点击 Add…按钮,在

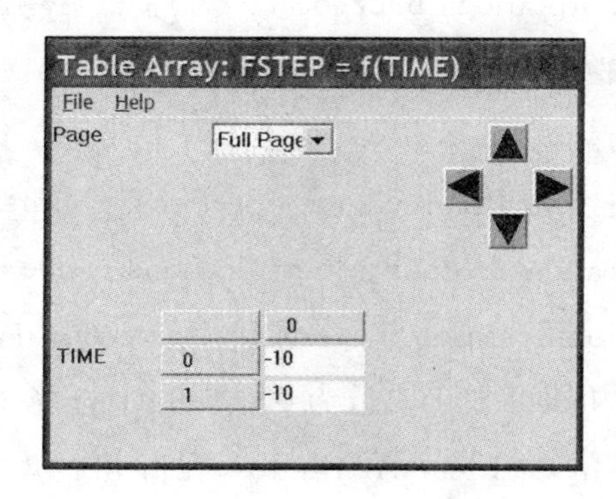

图 6-7　FSTEP 表格参数设置

弹出的双选框中选择 Beam 与 2 node 188，然后点击 Apply；在弹出的双选框中选择 Constraint 与 nonlinear MPC 184，然后点击 Apply 两次，单击 OK 回到 Element Types 对话框，通过点击 Options…按钮，依次将 2、3 和 4 号单元的 K1 设置为 Universal、Revolute 然后 K4 为 X-axis revelute 和 Slider。按所给条件设置材料属性。点击 Preprocessor＞Sections＞Beam＞Common Sections，选择 Sub-Type 为实心圆，设置截面尺寸 R＝5，点击 PlotCtrls＞Style＞Size and Shape…，打开 Display of element shapes based on real constant descriptions 可以查看截面尺寸设置是否正确。

3）创建结点。点击 Preprocessor＞Modeling＞Create＞Nodes＞In Active CS，逐个输入以下 17 个结点：N1，0，0，0、N2，100，0，0、N3，100，0，0、N4，200，100，0、N5，200，100，0、N6，300，100，0、N7，300，110，0、N8，300，120，0、N9，300，130，0、N10，300，140，0、N11，300，150，0、N12，300，150，0、N13，300，100，L、N14，300，100，L－75、N15，300，100，L－74、N16，300，100，L＋74、N17，300，100，L＋75。

4）创建梁单元。点击 Preprocessor＞Modeling＞Create＞Elements＞Auto Numbered＞Thru Nodes，在弹性的选择框中分别输入构成以下 12 个单元的结点编号。这些单元是：EN1，1，2、EN2，3，4、EN3，5，6、EN4，6，7、EN5，7，8、EN6，8，9、EN7，9，10、EN8，10，11、EN9，12，13、EN10，14，15、EN11，15，16、EN12，16，17。

5）创建局部坐标系。点击 WorkPlane＞Local Coordinate Systems＞Create Local CS＞At Specified Loc ＋，然后在弹出的选择对话框中，勾选 Global Cartesian，并在其下的编辑框中输入 0，0，0 后单击 OK，在弹出的对话框中确认 Ref number of new coord sys 是 11，然后为 Rotation about local Z 输入－90；然后单击 Apply，再次输入 0，0，0 后单击 OK，在弹出的对话框中改 Ref number of new coord sys 为 12，然后为 Rotation about local Z 输入－45；然后单击 Apply，再次输入 0，0，0 后单击 OK，在弹出的对话框中改 Ref number of new coord sys 为 13，然后改 Rotation about local Z 为 0；然后单击 Apply，再次输入 0,0,0 后单击 OK，在弹出的对话框中改 Ref number of new coord sys 为 14。这些局部坐标系将在建立运动副单元时会用到。

6）创建万向铰链单元。点击 Preprocessor＞Sections＞Joints＞Add/Edit，在弹出对话框的 General 页面中，为 Create and Modify Joint Sections Name 输入 TEST02，为 ID 输入 2，为 Define Sub Type for Joint Section Type 选择 Universal，在其下的 Local Coordinate System Identifier 中为 At Node I 选择 11，为 At Node J 选择 12。点击 Preprocessor＞Modeling＞Create＞Elements＞Elem Attributes，在弹出的对话框中为 Element type number 选择 2 MPC184，为 Section number 选择 2 TEST02，点击 Elements＞Auto Numbered＞User Numbered＞Thru Nodes，在弹出的对话框中为 Number to assign to element 输入 20，点击 OK，然后输入 2，3。点击 Preprocessor＞Sections＞Joints＞Add/Edit，在弹出对话框的 General 页面中，为 Create and Modify Joint Sections Name 输入 TEST03，为 ID 输入 3，为 Define Sub Type for Joint Section Type 选择 Universal，在其下的 Local Coordinate System Identifier 中为 At Node I 选择 11，为 At Node J 选择 12。点击 Preprocessor＞Modeling＞Create＞Elements＞Elem Attributes，在弹出的对话框中为 Element type number 选择 2 MPC184，为 Section number 选择 3 TEST03，点击 Elements＞Auto Numbered＞User Numbered＞Thru Nodes，在弹出的对话框中为 Number to assign to element 输入 21，单击 OK，然后输入 5，4。

7）创建回转副。点击 Preprocessor＞Sections＞Joints＞Add/Edit，在弹出对话框的 General 页面中，为 Create and Modify Joint Sections Name 输入 TEST04，为 ID 输入 4，为 Define Sub Type for Joint Section Type 选择 Revolute，在其下的 Local Coordinate System Identifier 中为 At Node I 选择 13，为 At Node J 选择 14。点击 Preprocessor＞Modeling＞Create＞Elements＞Elem Attributes，在弹出的对话框中为 Element type number 选择 3 MPC184，为 Section number 选择 4 TEST04，点击 Elements＞Auto Numbered＞User Numbered＞Thru Nodes，在弹出的对话框中为 Number to assign to element 输入 22，单击 OK，然后输入 11，12。

8）创建移动副。点击 Preprocessor＞Modeling＞Create＞Elements＞Elem Attributes，在弹出的对话框中为 Element type number 选择 4 MPC184，为 Section number 选择 No Section，点击 Elements＞Auto Numbered＞User Numbered＞Thru Nodes，在弹出的对话框中为 Number to assign to element 输入 23，单击 OK，然后输入 13，15，16。

9）施加约束与载荷。点击 Solution＞Define Loads＞Apply＞Structural＞Displacement＞On Nodes，在弹出的选择框中输入 1，6，单击 OK，在弹出的选择框中选择除

ROTX 之外的其余五个自由度。单击 Solution>Define Loads>Apply>Structural>Displacement>On Nodes，在弹出的选择框中输入 14，17，单击 OK，在弹出的选择框中选择 ALL DOF。点击 Solution>Define Loads>Apply>Structural>Displacement>On Nodes，在弹出的选择框中输入 1，单击 OK，在弹出的选择框中选择 *ROTX*，并为 Displacement value 输入 2 * pi。点击 Solution>Define Loads>Apply>Structural>Force/Moment>On Nodes，在弹出的选择框中输入 13，单击 OK，在弹出的选择框中选择 *FZ*，并为 Apply As 选择 Existing table，单击 OK，在弹出的选择框中选择 FSTEP。

10）设置求解选项并求解。点击 Solution>Analysis Type>Soln Controls，在弹出对话框的 Basic 页面为 Analysis Options 选择 Large Displacement Static，为 Time at end of loadstep 输入 1，为 Automatic time stepping 选择 Off，为 number of substeps 输入 72，为 Frequency 选择 Write every substep。点击 Solution>Solve>Current LS，完成求解。

11）通用后处理。点击 General Postproc>Read Results>By Pick，在弹出对话框中选中第 9 组，点击 Read。点击 General Postproc>Element Table>Define Table，在弹出对话框中点击 Add…，在弹出的对话框中分别选择 By sequence num 和 SIMSC，并在其后输入 34。点击 General Postproc>Element Table>Plot Elem Table，在弹出对话框中确认 Item to be plotted 是 SMIS34，单击 OK，即可看到各梁单元内的最大弯曲应力分布，如图 6-8 所示。

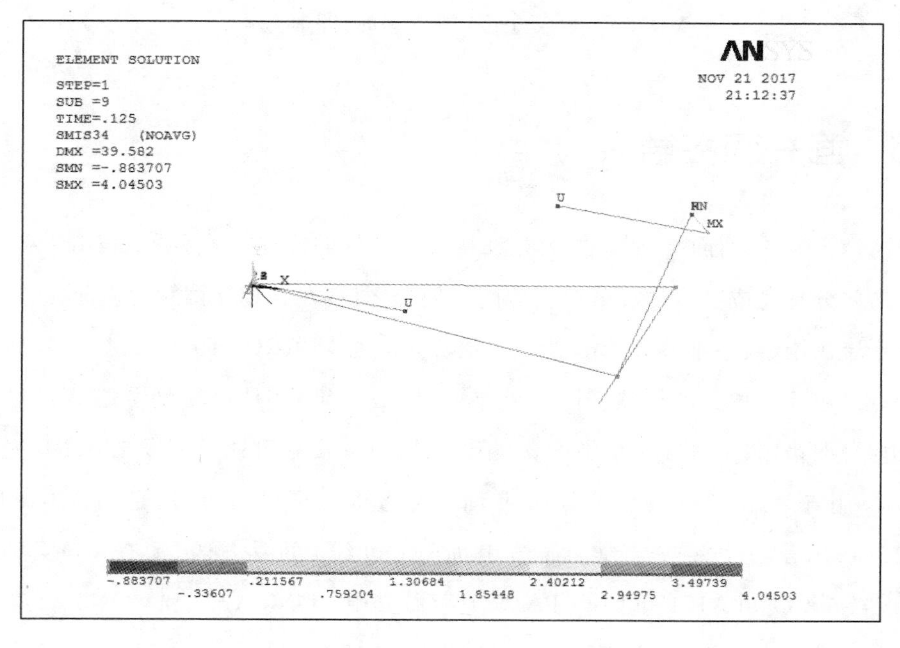

图 6-8　各梁单元内的最大弯曲应力

12）历时后处理。点击 TimeHist Postpro，在弹出对话框中点击工具栏上的第一个按钮，在弹出的对话框中选择 Reaction Forces > Structural Moment > X-component of moment，单击 OK，在弹出的选择框中输入 1，单击 OK，再单击工具栏上的第三个按钮，得到输入力矩 M 随时间也即输入转角的变化曲线，如图 6-9 所示。

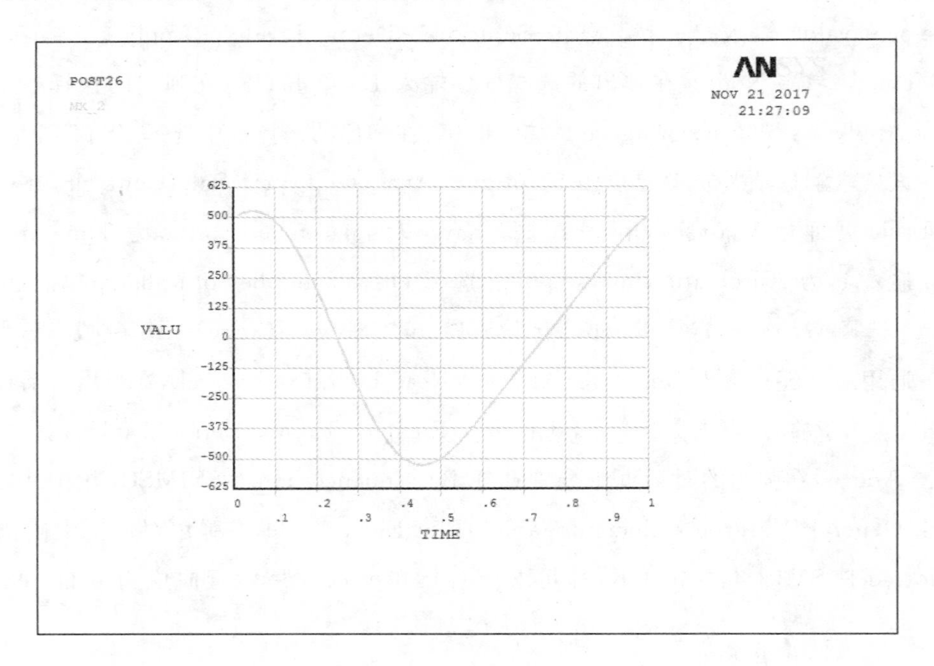

图 6-9 输入力矩 M 随时间的变化曲线

6.5 面—面接触

在 ANSYS 中，所谓面—面接触，就是在构成运动副的构件按其实际的三维（或二维）形状构建出来并分别完成三维（或二维）实体网格划分之后，在其相互接触的表面（或边线）上，分别构建一层二维（或一维）的单元，其中一层称为目标（TARGET）单元，另一层称为接触（CONTACT）单元。单元的形状实际上就是三维（或二维）实体网格划分之后自然形成的表面（或边线）网格，只是被赋予了新的含义和功能，具体实施可通过命令 ESURF 完成。在 ANSYS 中，用于三维（或二维）实体表面（或边线）的目标单元是 TARGE170（或 TARGE169）；用于三维（或二维）实体表面（或边线）的接触单元有 CONTA173 和 CONTA174（或 CONTA171 和 CONTA172）两种；其中 CONTA173 和 CONTA174 分别代表 4 结点和 8 结点表面单元；CONTA171 和 CONTA172 分别代表 2 结点和 3 结点边线单元。一对潜在的可能产生接触的已生成网格的表面（或边线），构成一个接触对，一个接触对通过共享同一个实常数编号来标识。与表面(或边线)上的接触单元相对应,其所依附的第一层实体单元称为下层单元。下层单元沿接触单元垂直方向的平均尺度称为下层单元的深度,其值的 10%,即 FTOLN=0.1,被 ANSYS 默认为进行数值模拟时允许接触单元侵入目标单元的深度容差。FTOLN 是接触单元的若干实常数之一,其值是可以修改的,并且与其他多个 ANSYS 的实常数一样,正数代表相对值,负数代表绝对值。举例来说,如果模型用 mm 作单位建立,则 FTOLN=-0.01 表示允许接触单元侵入目标单元的深度容差为 0.01mm。需要指出的是,这个深度容差并不是指接触单元实际侵入目标单元的深度,它只是在进行数值迭代计算时作为判断收敛的依据之一,而实际上构成接触对的两个表面(或边线)是刚好接触而不能相互侵入的。

如图 6-10 所示,接触单元及其所依附的实体单元从左图中的交叉的曲线轮廓位置,经由变形协调迭代计算,到达左图中带色区域所示的位置后,在接触单元上形成了一个压强分布,如右图所示。接触单元与目标单元正是在将这个压强分布(即接触应力),传递到其所依附的实体单元上,与作用于实体单元上的其他载荷与约束达成平衡后,发生了如左图所示的变形。

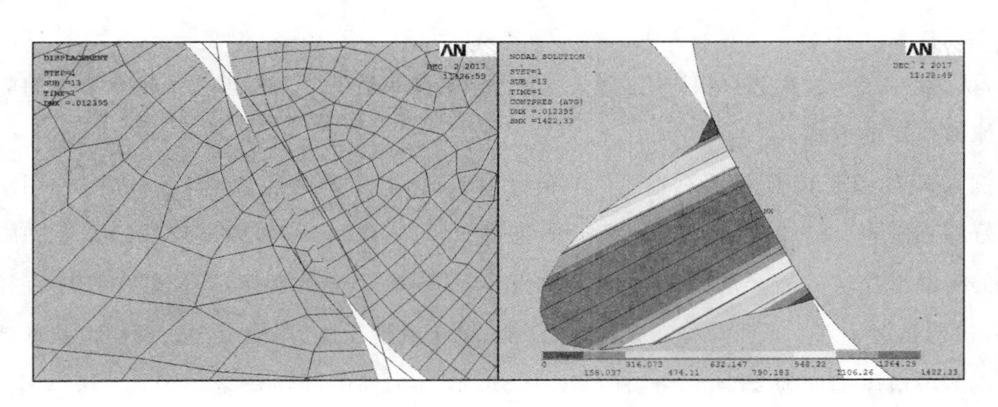

图 6-10　接触对与接触单元

在 ANSYS 中,提供了多种进行变形协调迭代计算的数值方法,默认的方法称为增强拉格朗日方法,它的迭代收敛准则除了力学平衡之外,接触单元侵入目标单元的深度还要小于 FTOLN 所指定的值。

为了减少探索接触区域以及计算接触单元侵入目标单元的深度时所需的数值计算量,在确定接触对时,应参照以下原则区分目标表面(或边线)与接触表面(或边线)

◆ 当一个凸的表面(或边线)与一个平的或凹的表面(或边线)构成接触对时,将后者选为目标表面(或边线)。

◆ 当一个网格相对精细的表面(或边线)与一个网格相对粗糙的表面(或边线)构成接

触对时，将后者选为目标表面(或边线)。

◆ 当一个刚度相对小的表面(或边线)与一个刚度相对大的表面(或边线)构成接触对时，将后者选为目标表面(或边线)。

◆ 当一个下层单元采用高次单元的表面(或边线)与一个下层单元采用低次单元的表面(或边线)构成接触对时，将后者选为目标表面(或边线)。

◆ 当一个明显小的或呈被包围势态的表面(或边线)与一个明显大的或呈包围势态的表面(或边线)构成接触对时，将后者选为目标表面(或边线)。

在相互接触的单元中，除了沿法线方向产生分布压强的相互作用，在切线方向也可能产生摩擦作用。在 ANSYS 中，为了改善收敛性，采用了摩擦系数随相对滑动速度连续变化的模型

$$\mu=\mu_d\left[1+(K-1)\mathrm{e}^{-kV}\right] \tag{6.19}$$

其中 μ_d、K 和 k 分别为动摩擦系数、静动摩擦系数之比和指数衰减系数，在 ANSYS 中分别为实常数 MU、FACT 和 DC。其默认值分别为 0、1 和 0，即不考虑摩擦作用。当只修改 MU 的默认值，其他不改时，式(6.19)成为

$$\mu=\mu_d \tag{6.20}$$

这时，认为摩擦系数与相对滑移速度无关，即动静摩擦系数相等，这是一种最为常用的简化处理摩擦作用的方式。

例 6.3：如图 6-11 所示为对心曲柄滑块机构 ABC，其中的曲柄 AB 与连杆 BC 在图示位置刚好相互垂直。已知曲柄长度为 80mm，连杆长度为 150mm，曲柄与连杆的宽度和阻挡曲柄的半圆形挡块 F 直径均为 15mm，滑块为 30mm×20mm 的矩形，各回转副销轴直径为 8mm，机构相对于 XY 平面对称布置，单侧曲柄、单侧曲柄支座、单侧阻挡曲柄的半圆形挡块以及单侧滑块厚度均为 2.5mm，连杆厚度为 5mm，各构件的弹性模量均为 2×10^5 MPa，泊松比均为 0.3，各接触面之间的摩擦系数均为 0.1；又知滑块 G 的右侧在外力作用下强制向左发生的位移为 0.2mm。试求各构件中的应力分布以及 F 处的接触应力。

采用 ANSYS 14.0 进行分析，步骤如下

1) 选择单元与材质。打开 Multiphysics 模块，点击 Preferences，选择 Structual，过滤掉无关选项。选择 1 号单元为平面实体单元 PLANE183，2 号单元为空间实体单元 SOLID186；按所给条件为 1 号材料设置弹性模量与泊松比。考虑到机构沿 XY 平面对称布置，以下只建位于 Z<0 半空间内的有限元模型。

2) 建立连杆的有限元模型。点击 Preprocessor>Modeling>Create>Keypoints>In Active CS，创建三个结点：K1，0，0，0、K2，640/17，1200/17，0、K3，170，0，0；点击 WorkPlane>Align WP with>Keypoints+，输入 2，3，1，将工作平面的原点移至 B 点，X 轴

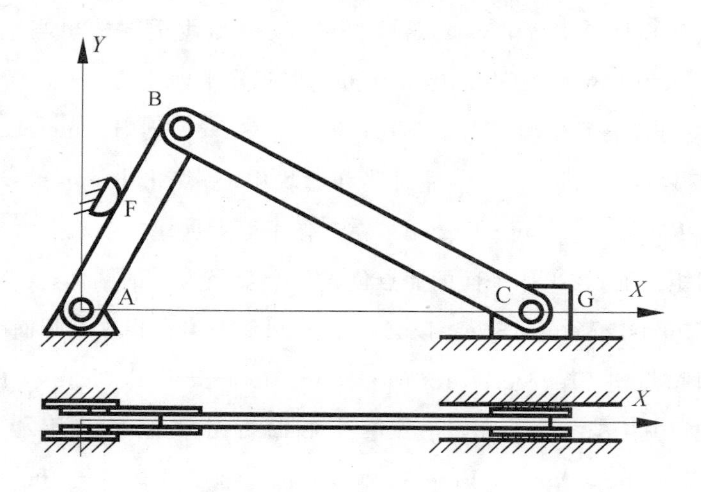

图 6-11　对心曲柄滑块机构的面—面接触分析

沿 BC；点击 Preprocessor>Modeling>Create>Areas>Circle>Solid Circle，在工作平面的原点(0,0)即 B 处创建一个半径为 7.5 的圆形面，在工作平面的坐标(150,0)即 C 处创建一个半径为 7.5 的圆形面；点击 Areas>Rectangle>By 2 Corners，在工作平面上创建一个起点为(0,－7.5)，长、宽各为 150、15 的矩形面；点击 Preprocessor>Modeling>Operate>Booleans>Add>Areas，在弹出的对话框中点击 Pick All，将三个面合并成一个连杆面；在工作平面的 B 点与 C 点分别创建两个半径为 4 的圆面；点击 Preprocessor>Modeling>Operate>Booleans>Subtract>Areas，在弹出选择对话框后选择连杆面，单击 OK 后，再选刚才生成的两圆面，完成带两个销轴孔的连杆面；点击 Select>Entities…，在弹出选择对话框中依次选择 Lines，By Length/Rad 和 By Radius 之后，再输入 4，单击 OK，这将把连杆面内的两个销孔边线作为当前的 Line 选择集；点击 Preprocessor>Meshing>Size Cntrls>ManualSize>Lines>All Lines，在弹出选择对话框中为 No. of elemetn divisions 输入 15，这将把两个销孔边线分别预划分为 60 等分；点击 Select>Entities…，在弹出选择对话框中依次选 Lines，By Num/Pick 和 From Full 之后再点击 Sele All；点击 Preprocessor>Meshing>Size Cntrls>Manual Size>Globd>Size，在弹出的对话框中输入 2.5；点击 Preprocessor>Meshing>Mesh>Areas>Free，在弹出的选择框中选择点击 Pick All，完成连杆面的网格剖分；点击 Preprocessor>Modeling>Operate>Extrude>Elem Ext Opts，在弹出的对话框中为 Element type number 选择 2 SOLID186，为 No. Elem divs 输入 2，勾选 Clear area(s) after ext 为 Yes；点击 Extrude>Areas>By XYZ Offset，点击 Pick All 后，在弹出的对话框中为 Offsets for extrusion 分别输入 0,0,－2.5，完成连杆实体的创建与剖分；最后通过 Select>Entities…，在弹出选择对话框中依次选择 Lines，By Num/Pick 和 From Full 之后再点击 Sele All 与 Invert，选择 Areas 后再点击 Sele All 与 Invert，选择

Volumes 后再点击 Sele All 与 Invert，将连杆的体、面和线全部选出当前的选择集；点击 WorkPlane>Align WP with>Global Cartesian，将工作平面复位。

3）建立滑块的有限元模型。点击 WorkPlane>Offset WP by increments…，为 X，Y，Z Offsets输入 170，0，－2.5，将工作平面移到滑块中心；点击 Preprocessor>Modeling>Create>Areas>Rectangle>By 2 Corners，在工作平面上创建一个起点为(－15，－10)、长、宽各为 30、20 的矩形面；在工作平面的原点创建一个半径为 4 的圆面；点击 Preprocessor>Meshing>Size Cntrls>ManualSize>Lines>Picked Lines，选择这个圆面的 4 条边，将其分别预划分为 15 段；点击 Preprocessor>Modeling>Operate>Booleans>Overlap>Areas，在弹出的对话框中点击 Pick All，将滑块矩形面拆分成两个共用相邻边的面；点击 Preprocessor>Meshing>Areas>Free，在弹出的选择框中选择点击 Pick All，完成滑块面的网格剖分；点击 Extrude>Areas>By XYZ Offset，点击 Pick All 后，在弹出的对话框中为 Offsets for extrusion 分别输入 0，0，－2.5，完成滑块实体的创建与剖分；点击 Extrude>Areas>By XYZ Offset，点选滑块中间的圆平面后，在弹出的对话框中为 Offsets for extrusion 分别输入 0，0，2.5，完成滑块销轴实体的创建与剖分；最后通过 Select>Entities…，将连杆与滑块的体、面和线全部选出当前的选择集并将工作平面复位。

4）建立曲柄的有限元模型。点击 WorkPlane>Align WP with>Keypoints ＋，输入 1，2，3，将工作平面的 X 轴调整成 AB；点击 WorkPlane>Offset WP by increments…，为 X，Y，Z Offsets 输入 0，0，－2.5；在工作平面上创建圆心在 A 点与 B 点、半径为7.5的两圆，再创建一个起点为(0，－7.5)，宽 80 高 15 的矩形，并将其合并为一个曲柄面；在 A 点与 B 点创建两个半径为 4 的圆，将其各边预划分 15 段之后，与曲柄面进行 Overlap 运算形成由三个面拼成的带销曲柄面；完成带销曲柄面的网格剖分；点击 Extrude>Areas>By XYZ Offset，点击 Pick All 后，在弹出的对话框中为 Offsets for extrusion 分别输入 0，0，－2.5，完成曲柄实体的创建与剖分；点击 Extrude>Areas>By XYZ Offset，点选位于工作平面 B 点处的圆平面后，在弹出的对话框中为 Offsets for extrusion 分别输入 0，0，2.5，完成 B 点销轴实体的创建与剖分；点击 Extrude>Areas>By XYZ Offset，点选位于工作平面 A 点处的圆平面背后新生成的圆平面后，在弹出的对话框中为 Offsets for extrusion 分别输入 0，0，－2.5，完成 A 点销轴实体的创建与剖分；最后通过 Select>Entities…，将连杆、滑块与曲柄的体、面和线全部选出当前的选择集并将工作平面复位。

5）建立支座的有限元模型。点击 WorkPlane>Offset WP by increments…，为 X，Y，Z Offsets输入 0，0，－5；在工作平面上创建圆心在原点且半径为 7.5 的圆面；点击 WorkPlane>Offset WP by increments…，为 XY，YZ，ZX Angles 输入 30，0，0；点击 WorkPlane>Change Active CS to>Working Plane；点击 Preprocessor>Modeling>Create

＞Keypoints＞In Active CS，在弹出的对话框中为 Keypoint mumber 输入 100，为 Location in active CS 输入 7.5，0，0，点击 Apply 后，为 Keypoint mumber 输入 101，为 Location in active CS 输入 7.5，－15，0；点击 WorkPlane＞Offset WP by increments…，为 XY，YZ，ZX Angles 输入 120，0，0；点击 WorkPlane＞Change Active CS to＞Working Plane；点击 Preprocessor＞Modeling＞Create＞Keypoints＞In Active CS，在弹出的对话框中为 Keypoint mumber 输入 102，为 Location in active CS 输入 7.5，0，0，点击 Apply 后，为 Keypoint mumber 输入 103，为 Location in active CS 输入 7.5，15，0；点击 Preprocessor＞Modeling＞Create＞Areas＞Arbitrary＞Threough KPs，在弹出的对话框中输入 100，102，103，101，创建梯形面；将此梯形面与之前创建的圆面合并成支座面；在工作平面原点创建半径为 4 的圆面，将其 4 条边预划分成 15 份后，作为减数，从支座面中减去，形成一个带销孔的支座面；完成此面的网格划分后，向 Z 向拉伸－2.5，完成支座实体的创建与剖分；最后通过 Select＞Entities…，将连杆、滑块、曲柄与支座的体、面和线全部选出当前的选择集并将工作平面和活动坐标系复位。

6）建立半圆形挡块的有限元模型。点击 WorkPlane＞Align WP with＞Keypoints ＋，输入 1，2，6，将工作平面的 X 轴调整成 AB；点击 WorkPlane＞Offset WP by increments…，为 X，Y，Z Offsets 输入 0，0，－2.5；点击 Preprocessor＞Modeling＞Create＞Areas＞Circle＞Partial Annulus，在弹出的对话框中从上到下依次输入 40、15、0、180、7.5 和 360，在工作平面上创建一个半圆形面；将此面的网格划分后，向 Z 向拉伸－2.5，完成半圆形挡块实体的创建与剖分；最后通过 Select＞Everything，将所有对象选入当前的选择集并将工作平面复位。

7）建立接触对。ANSYS 提供了一个建立接触对的交互工具，叫 Contact Manager，点击标准工具条最右端图标可以打开它。在本例中，一共需要建立 9 个接触对，它们分别是：支座销孔与曲柄销轴之间的回转副、曲柄销轴与连杆销孔之间的回转副、连杆销孔与滑块销轴之间的回转副、支座正面与曲柄背面的平面副、曲柄正面与连杆背面之间的平面副、连杆背面与滑块正面之间的平面副以及曲柄侧面与挡块半圆面之间的高副。为节省篇幅，此处只列出建立代表高副的接触对的操作过程。点击 PlotCtrls＞Numbering…，在弹出的对话框中勾选 Area numbers；点击 Plot＞Volumes；点击 Select＞Entities…，在弹出的对话框中从上到下依次选择 Volumes、By Num/Pick、From Full，单击 OK，点选支座实体之后，可以看到支座销孔的四个表面分别为 71、72、73 和 74；同法可以看到与之配对的曲柄销轴的四个表面分别为 60、61、62 和 63；点击 Contact Manager，在弹出的对话框中点击左上角的图标 Contact Wizard，在弹出的对话框中确认 Target Surface 为 Areas、Targe Type 为 Flexible 后点击 Pick Target…，在弹出的选择框中勾选 Min，Max，Inc 后，输入 71，74，1，单击 OK，点击 Next>，在弹出的对话框中确认 Contact Surface 为 Areas、Contact Element Type 为 Surface－to－Surface 后点击 Pick Contact…，在弹出的选择框中勾选 Min，Max，Inc 后，输入 60，63，1，单击 OK，点击 Next>，在弹出的对话框中确认 Include initial penetration 已勾选后，为 Coefficient of Friction 输入 0.1；点击 Create>，可以看到已经建立的接触对，检查其法向是否正确（目标单元与接触单元刚好相反）；点击工具栏上最右边的图标 Check Contact Status，检查其是否闭合（即接触单元已有侵入目标单元）；注意，当这个接触对完成时，ANSYS 已经为单元类别增加了两类，分别是 3 号 TARGE170 和 4 号 CONTAC174，读者可以点击 Preprocessor>Element Type>Add/Edit/Delet 去查看，并可在选中 Type 4 CONTA174 后点击 Options…研究其各个 KEYOPTS 的设置情况；同时，还在实常数中增加了第 3 号实常数集，读者可以点击 Preprocessor>Real Constants>Add/Edit/Delet 去查看，并可在选中 Set 3 后点击 Edit…，研究 CONTA174 的各个实常数的设置情况；与此同时，还在材料属性中，增加了一项 Friction Coefficient，读者可以点击 Preprocessor> Material Props > Material Models，并在弹出的对话框中点击 Material Model Number1>Friction Coefficient 后确认 MU 为 0.1。

8）施加约束与载荷。当所有 7 个接触对都建好之后，点击 Preprocessor>Loads>Define Loads>Apply>Structural>Displacement>On Areas，对各构件的有关面进行约束，它们是：支座的底面与背面、半圆形挡块上的两个矩形平面，三个自由度全部约束为 0；滑块的下侧面，UY 约束为 0；连杆正面、连杆平面内的两个销轴圆面、滑块背面（包括与之固定的销轴圆面），UZ 约束为 0；滑块右侧面，$UX=-0.2$。

9）求解。点击 Solution>Solve>Current LS 进行求解。

10）后处理。点击 Select>Entities…，在弹出的对话框中从上到下依次选择 Elements、By Attributes、Elem type num，然后输入 2，确认其下的 From Full 已勾选后，单击 OK；点击 General Postproc>Plot Results>Contour Plot>Nodal Solu，在弹出的对话框中选择 Nodal Solution>Stress>von Mises stress，确认 Scale Factor 中为 True Scale，单击 OK，得到当量应力云图，如图 6-12 左上图所示；点击 Select>Entities…，在弹出的对话框中从上到下依次选择 Volumes、By Num/Pick，确认其下的 From Full 已勾选后，单、单击 OK，点选挡块；单击 Select>Entities…，在弹出的对话框中从上到下依次选择 Elements、Attached to、Volumes，确认其下的 Unselect 已勾选后，单击 OK，获得去掉挡块后的当量应力云图如图 6-12 右上图所示；点击 General Postproc>Plot Results>Contour Plot>Nodal Solu，在弹出的对话框中选择 Nodal Solution>Contact>Contact pressure，确认 Scale Factor 中为 True Scale，单击 OK，获得挡块表面接触应力云图，如图 6-12 下图所示。

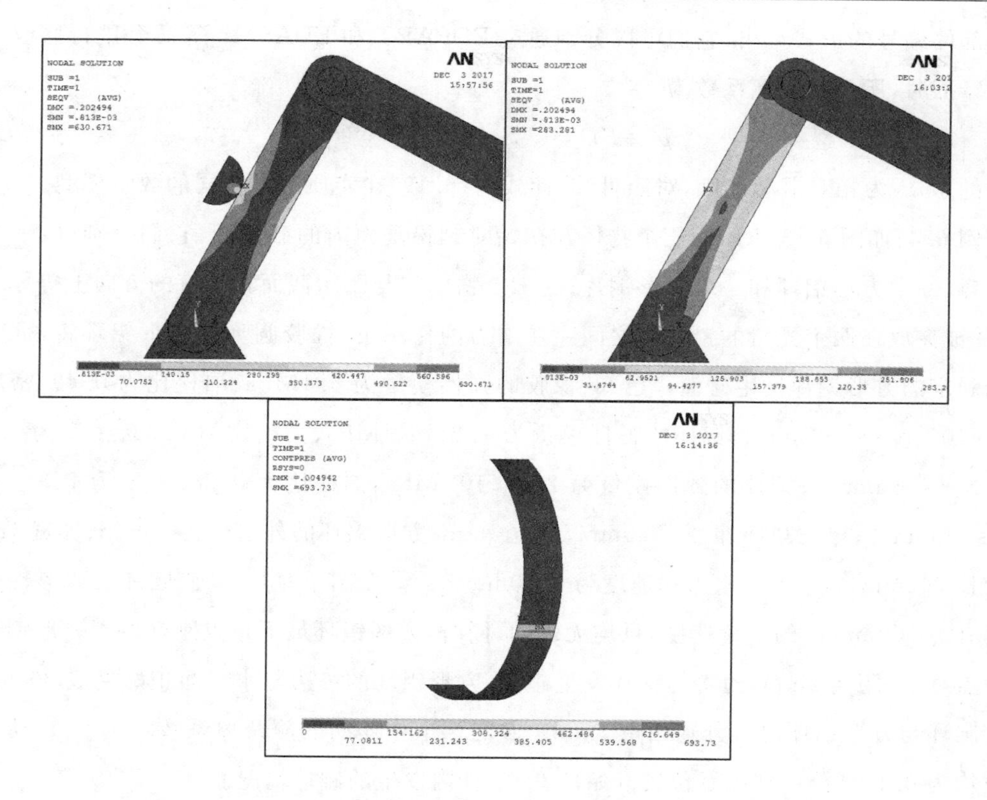

图 6-12　对心曲柄滑块机构面—面接触分析应力云图

6.6　碰撞为主型多体接触分析

碰撞为主型的多体接触分析问题，其典型代表是手机的跌落模拟分析，适合用显式算法，可用 ANSYS 中的 LS-DYNA 模块解决。当采用 LS-DYNA 模块进行分析时，必须采用其支持的实体单元对各实体进行网格划分；在定义各实体之间的碰撞时，并没有专用于接触分析的目标单元和接触单元；为了便于施加初始条件和定义接触，建模时应对每一个可能参与接触的实体赋予不同的材料编号。这样，当所有实体的网格划分完成后，LS-DYNA 就自动为拥有相同材料编号的单元赋予一个零件(Part)编号。如果需要，用户还可以将几个零件组成一个部件(Assembly)。在定义接触时，采用的命令为 EDCGEN，它的前几个参数依次为 *Option*，*Cont*，*Targ*，*FS*，*FD* 和 *DC*，其含义分别为：接触类型、接触体、目标体、静摩擦系数、动摩擦系数和指数衰减系数。常用的接触类型包括：AG(Automatic General，自动通用)、NTS(Node-to-Surface，点对面)和 STS(Surface-to-Surface，面对面)。当接触对不能事先预料时，只能选择接触类型为 AG，这时无须指定接触体与目标体；当相对较小的实体与相对较大的实体发生接触时，可选接触类型为 NTS；当两个实体可能发生相对较大的有摩擦作用下的滑动时，可选接触类型为 STS。接触实体与目标实体通常都以组件、零件编号或部件编号的形式给出，它们可以分别通过 EDPART 和 EDASMP 等命令进行修改。当考虑摩擦时，所用的摩擦系数为

$$\mu_c = FD + (FS - FD)e^{-DC(Vrel)} \tag{6.21}$$

其中的 $Vrel$ 为相对滑动速度，对照可知，此式与(6.19)在实质上是相同的数学模型。

例 6.4：如图 6-13 所示为三个物体在初始时刻铅垂面内的截面图，它们分别是：一个橡胶圆环、一个方形铝环和一块方形钢片；这三个物体在与图示截面相垂直的方向上等厚且很薄，并被夹放在两个光滑的铅垂面之间。在重力的作用下，橡胶圆环和方形铝环将落下，与两端固定的方形钢片发生碰撞。已知：橡胶的弹性模量为 6.1MPa、泊松比为 0.49、密度为 1.2×10^{-9} N·s^2·mm^{-4}；铝环的弹性模量为 7.2×10^4 MPa、泊松比为 0.33、密度为 2.8×10^{-9} N·s^2·mm^{-4}；钢片的弹性模量为 2.1×10^5 MPa、泊松比为 0.28、密度为 7.8×10^{-9} N·s^2·mm^{-4}；橡胶圆环外径为 40mm、环宽 5mm；方形铝环的外边长为 50mm、环宽 1mm；钢片长 200mm，宽 2mm；重力加速度为 9810mm·s^{-2}；在图示时刻，橡胶圆环与方形铝环已经具有 10000mm/s 的下落速度，且均无转动；同时，方形铝环最下角点刚好位于方形钢片上边中点之上，距离 2mm，即将与钢片发生碰撞；方形铝环的一边与水平面正好夹成 30°角，而橡胶圆环与方形铝环内边分别相距 1mm。假定三个物体间的静摩擦系数均为 0.2，动摩擦系数均为 0.1，试分析从图示位置开始的 0.01 秒内发生的碰撞情况。

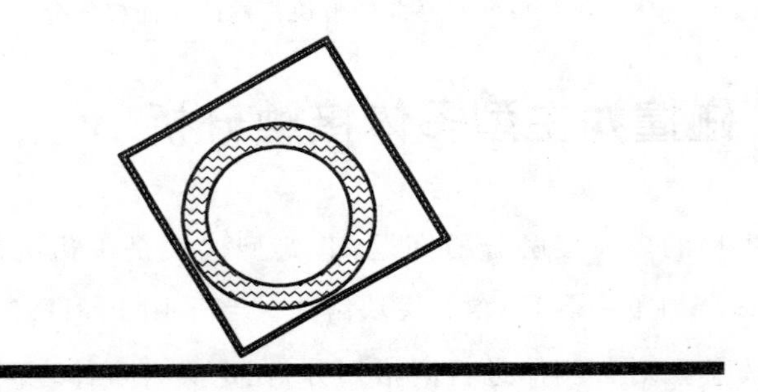

图 6-13 基于 ANSYS LS-DYNA 的显式动力学分析

采用 ANSYS 14.0 进行分析，步骤如下

1) 设定偏好选项并定义加载曲线。在 Windows 中打开 ANSYS Mechanical APDL Product Launcher，在 License：中选择 ANSYS Multiphysics/LS-DYNA，在 Add-on Modules 中勾选 LS-DYNA (-DYN)，点击 Run，启动 ANSYS。点击 Preferences，选中 Structual，勾选 LS-DYNA Explicit，过滤掉无关选项；点击 Parameters > Array Parameters > Define/Edit…，定义名为 TIME 与 GRAV 的 2 个长度为 2 的数组，其元素分别为 0、0.01 与 9810、9810，分别代表加载时间(s)与重力加速度(mm·s^{-2})。

2) 选择单元类型并设定材质属性。点击 Preprocessor > Element Type > Add/Edit/

Delete，点击 Add…，选择 LS-DYNA Explicit 和 2D Solid 162，即 PLANE162 单元；点击 Preprocessor>Material Props>Material Models，选择 LS-DYNA>Linear>Elastic>Isotropic，为 DENS 输入 1.2e-9，为 EX 输入 6.1，为 NUXY 输入 0.49；点击 Edit>Copy…，将材料 1 复制为材料 2；再点击 Edit>Copy…，将材料 1 复制为材料 3；点击 Material Model Number 2>Linear Isotropic，将 DENS 改为 2.8e-9，将 EX 改为 7.2e4，将 NUXY 改为 0.33；点击 Material Model Number 3>Linear Isotropic，将 DENS 改为 7.8e-9，将 EX 改为 2.1e5，将 NUXY 改为 0.28。

3）几何建模。点击 WorkPlane>Offset WP by increments…，在 XY，YZ，ZX Angles 中输入 30，单击 OK，将工作平面旋转 30°；点击 Preprocessor>Modeling>Create>Areas>Circle>Patial Annulus，从上到下依次输入 22、22、15、0、20、360，创建圆环面；点击 Preprocessor>Modeling>Create>Areas>Rectangle>By 2 Corners，从上到下依次输入 0、0、50、50，点击 Apply，从上到下依次输入 1、1、48、48，单击 OK，创建两个正方形面；点击 Preprocessor>Modeling>Opreate>Booleans>Subtract>Areas，从大方形面中减去小方形面，生成方形环面；点击 WorkPlane>Align WP with>Global Cartesian，将工作平面复位；点击 Preprocessor>Modeling>Create>Areas>Rectangle>By 2 Corners，从上到下依次输入－100、－2.1、200、2，单击 OK，创建长方形面。

4）划分网格。点击 Preprocessor>Meshing>Mesh Attributes>Picked Areas，将圆环面、方环面与长方形面的材料编号分别设为 1、2 及 3；点击 Preprocessor>Meshing>Size Cntrls>ManualSize>Lines>Picked Lines，将圆环面各边与方环面各边预划分为长度分别为 1 与 0.25 的等间隔结点间距，将长方形面两长边预划分为 100 段、间距变化比为－10 的结点间距，并反转为中间密两边疏；点击 Preprocessor>Meshing>Size Cntrls>ManualSize>Areas>Picked Areas，将圆环面与方环面的单元长度分别指定为 1 与 0.25；点击 Preprocessor>Meshing>Mesh>Areas>Free，依次划分各面。

5）创建零件、部件与组件。点击 LS-DYNA Options>Parts Options，确认 Create all parts 已勾选，单击 OK，注意到弹出的报告中，ANSYS 已为每一种材料编号赋予了一个零件编号；点击 LS-DYNA Options>Assembly Options，确认 Create Assembly Options 已勾选，单击 OK，为 Define Assembly Number 输入 10，为 Part 1，Part2 分别输入 1、2，单击 OK，创建了 1 个部件；点击 Select>Comp/Assembly>Creat Component…，为 Component name 输入 ALL_NODES，确认 Component is made of 中选定 Nodes，单击 OK，创建了 1 个组件。

6）定义接触。点击 LS-DYNA Options>Contact>Define Contact，确认 Contact Type 为 Single Surface>Auto Gen'l(AG)，为 Static Friction Coefficient 输入 0.2，为 Dynamic Friction Coeffiecient 输入 0.1，单击 OK。

7）施加约束、初始条件与受力。点击 LS-DYNA Options>Constraints>Apply>On Nodes，选取长方形两短边上 6 个结点，将其 *UX* 与 *UY* 约束为 0；点击 LS-DYNA Options>Initial Velocity>On Parts>w/Nodal Rotate，为 Input velocity on part/assembly 选择 10，为 Global Y-component 输入－10000；点击 LS-DYNA Options>Loading Options>Specify Loads，确认 Load Opitons 选定为 Add Loads，Load Labels 中选定 ACLY，为 Component name or PART number 选定 ALL_NODES，为 Parameter name for time values：选定 TIME，为 Parameter name for data values：选定 GRAV，单击 OK，施加重力载荷。

8）求解。点击 Solution>Time Controls>Solution Time，将 Terminate at Time 设置为 0.01；点击 Solution>Output Control>File Output Freq>Number of Steps，为 Specify Results File Output Interval：输入 100，为 Specify Time-History Output Interval：输入 100；点击 Solution>Solve，进行求解。

9）后处理。点击 General Postproc>Plot Results>Contour Plot>Nodal Solu，在弹出的对话框中选择 Nodal Solution>Stress>von Mises stress，确认 Scale Factor 中为 True Scale，单击 OK，得到当量应力云图如图 6-14 所示。点击 General PostProc>Read Results>By Pick，可以读入分析时间区间内某一时刻的分析结果；点击 General PostProc>Plot Results>Deformed Shape，在弹出的对话框中勾选 Def＋unde edge，可以看到这一时刻与初始位置之间的变化情形。图 6-15 显示了从开始到 0.001 秒内，每隔 0.0001 秒的变化；图 6-16 显示了从开始到 0.01 秒内，每隔 0.001 秒的变化。

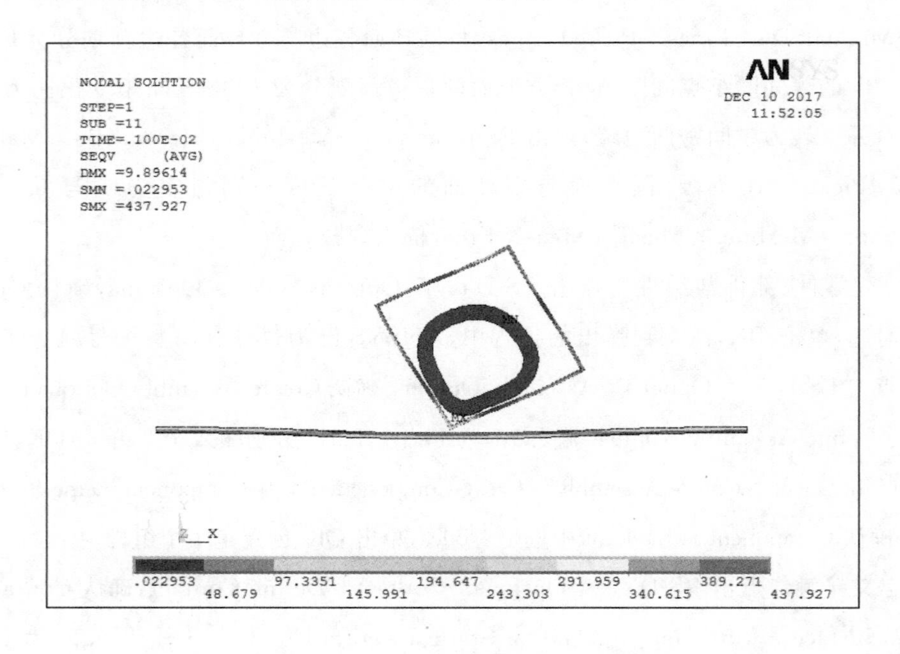

图 6-14 从开始经过 0.001 秒时各物体中的当量应力云图

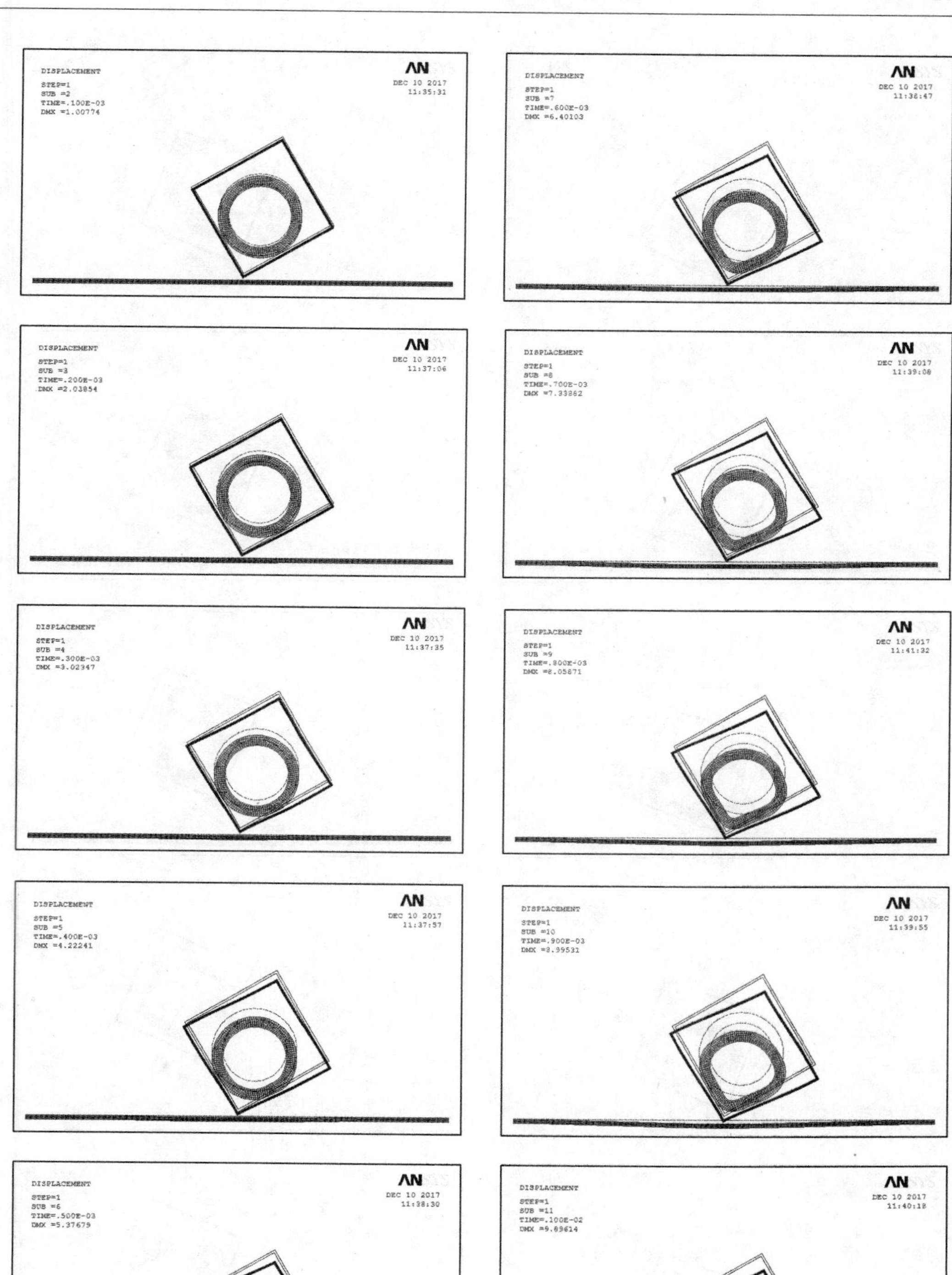

图 6-15　从开始到 0.001 秒内，每隔 0.0001 秒的变化

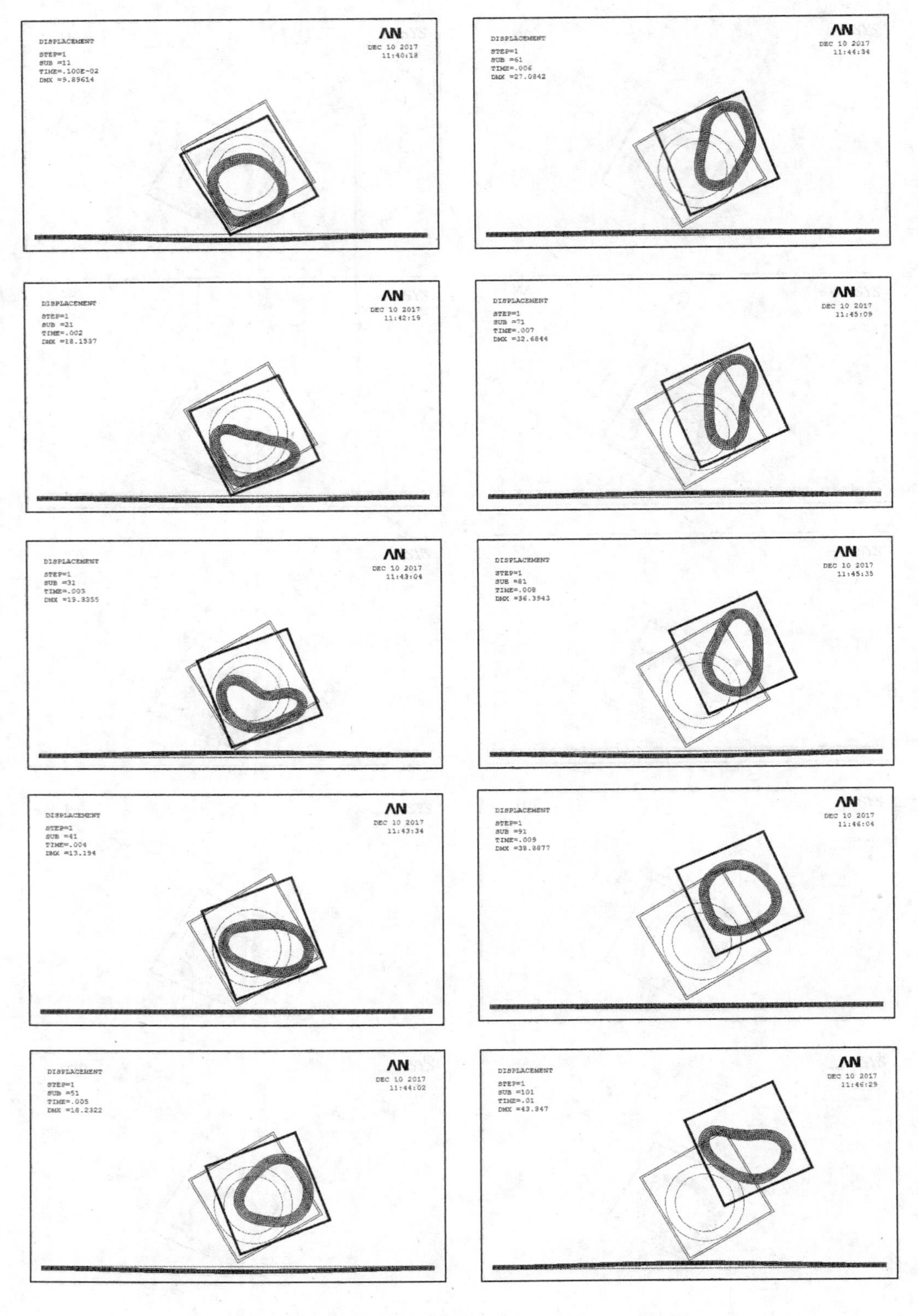

图 6-16 从开始到 0.01 秒内，每隔 0.001 秒的变化

6.7 思考题

6.1　简述多体接触结构分析的种类?

6.2　自由度耦合一般应用于什么场合? 有何局限?

6.3　线性方程约束一般应用于什么场合? 有何局限?

6.4　在 ANSYS 中,常用的运动副单元有哪几种? 有何局限?

6.5　在 ANSYS 中,面—面接触型接触单元的真实含义是什么? FTOLN 的含义是什么?

6.6　为什么碰撞为主型的多体接触分析适合采用显式算法?

6.7　已知乒乓球用醋酸纤维素制成,直径 40mm,厚 0.05mm,在室温下弹性模量为 1.2×10^3MPa,泊松比为 0.3,比重为 1.3g/cm^3;又知台板用中密度纤维板制成,厚度为 50mm,弹性模量为 2.4×10^3MPa,泊松比为 0.3,比重为 6g/cm^3,与乒乓球的静摩擦系数为 0.6,动摩擦系数为 0.5;试分析,在考虑地球重力加速度的情形下,当乒乓球以 10m/s 速度,前滚转速为 5rps,按 30 度方向碰向台板之后 0.005 秒内的运动。

第7章

有限元传热分析

本章从传热学的基本方程出发，针对完成网格划分并指定形函数的传热区域，引入伽辽金法(h-方法)，导出传热分析的有限元格式。

7.1 传热分析的有限元格式

如果传热区域已经划分成有限个单元，每个单元由 m 个结点构成，$\boldsymbol{t}^{(e)}=[T_1\ T_2\ \cdots\ T_m]^{\mathrm{T}}$ 表示单元的结点向量，即各结点的温度，并且 $\boldsymbol{N}=[N_1\ N_2\ \cdots\ N_m]$ 代表各结点的形函数，则根据(2.48)，单元内部任一点的温度估计为

$$T^{(e)}=\boldsymbol{N}\boldsymbol{t}^{(e)} \tag{7.1}$$

通常，如果将这一估计代入(1.38)，方程不能平衡，从而可以定义 m 个单元残差

$$\boldsymbol{r}^{(e)}=[r_1^{(e)}\quad\cdots\quad r_m^{(e)}]^{\mathrm{T}}=\iiint_e \boldsymbol{N}^{\mathrm{T}}\,\mathbb{H}\,(T^{(e)})\mathrm{d}\Omega \tag{7.2}$$

后面将证明单元残差可以写成

$$\boldsymbol{r}^{(e)}=\boldsymbol{c}^{(e)}\,\dot{\boldsymbol{t}}^{(e)}+\boldsymbol{k}^{(e)}\boldsymbol{t}^{(e)}-\boldsymbol{f}^{(e)} \tag{7.3}$$

其中 $\boldsymbol{c}^{(e)}$ 为单元比热矩阵，$\boldsymbol{k}^{(e)}$ 称为单元导热矩阵，它们都是对称矩阵，$\boldsymbol{f}^{(e)}$ 称为单元热载荷列阵。

现在，将所有单元结点的温度，即所有 $\boldsymbol{t}^{(e)}$ 的各分量无遗漏且不重复地列成一个 $M\times1$ 维的列阵 $\boldsymbol{T}$，称为全局自由度列阵，其中 M 称为网格划分后传热区域的自由度。按照与 $\boldsymbol{T}$ 一致的顺序，将所有的 $\boldsymbol{f}^{(e)}$ 重排并扩展(加0元素)成为 $M\times1$ 维的相应列阵 $\boldsymbol{F}^{(e)}$。按照相同的方法将所有的 $\boldsymbol{c}^{(e)}$ 与 $\boldsymbol{k}^{(e)}$ 重排并扩展(加0元素构成的行与列)成为 $M\times M$ 维的相应矩阵 $\boldsymbol{C}^{(e)}$ 与 $\boldsymbol{K}^{(e)}$。然后，引入伽辽金法(1.13)，它实际上是将所有单元对每个结点的残差相加并令其为零，有

$$\begin{aligned}&\sum_e \boldsymbol{R}_{M\times1}^{(e)}=(\sum_e \boldsymbol{C}_{C\times M}^{(e)})\,\dot{\boldsymbol{T}}_{M\times1}+(\sum_e \boldsymbol{K}_{M\times M}^{(e)})\boldsymbol{T}_{M\times1}-\sum_e \boldsymbol{F}_{M\times1}^{(e)}=\\&\boldsymbol{C}_{\mathrm{M}\times\mathrm{M}}\,\dot{\boldsymbol{T}}_{M\times1}+\boldsymbol{K}_{M\times M}\boldsymbol{T}_{M\times1}-\boldsymbol{F}_{M\times1}=0\end{aligned}$$

即

$$C\dot{T} + KT = F \tag{7.4}$$

这就是传热分析的有限元格式。其中 C 为全局比热矩阵，K 称为全局导热矩阵，它们都是对称矩阵，F 称为全局热载荷列阵。求解方程(7.4)，即可获得全局自由度的解。

需要指出的是，在一般的情形下，方程(7.4)是一个一阶常微分方程组，其中的 C 与 K 通常都是常数矩阵，而 F 则是时变列阵，这时的问题称为瞬态热分析问题；如果第一项为零，且 F 是常列阵，则得到一个线性方程组，这时的问题称为稳态热分析问题。

为使方程(7.4)有唯一的解，需要足够的约束条件。这种条件分两类，一类是边界条件，一类是初始条件。对瞬态热分析问题，两类条件通常都需要；对稳态热分析，则只需要边界条件。所谓初始条件，就是给定零时刻所有结点的温度值。所谓边界条件，指的是在边界 Σ 上，要么给定温度(在 Σ_1 上，参见(1.39))，要么给定热流密度(在 Σ_2 上，参见(1.40))，要么给定两者之间的关系(即对流，在 Σ_3 上，参见(1.41))。对一个稳态传热分析问题来说，至少需要给定一个结点的温度(通常在边界 Σ 上，如果有对流的话，给定环境温度 T_3 也行)，才能有确定的解，因为起作用的是各处的温差。

为了引入约束，可以将 T 的元素重排，前面未约束的用 T_u 表示，后面约束的用 T_c 表示。这样，T 可分块表示为

$$T = \begin{bmatrix} T_u \\ \hdashline T_c \end{bmatrix} \tag{7.5}$$

相应地，C、K 和 F 分块表示为

$$C = \begin{bmatrix} C_u & C_m \\ C_m^{\mathrm{T}} & C_c \end{bmatrix}; \qquad K = \begin{bmatrix} K_u & K_m \\ K_m^{\mathrm{T}} & K_c \end{bmatrix}; \qquad F = \begin{bmatrix} F_u \\ F_c \end{bmatrix} \tag{7.6}$$

这样，方程(7.4)成为

$$\begin{bmatrix} C_u & C_m \\ C_m^{\mathrm{T}} & C_c \end{bmatrix}\begin{bmatrix} \dot{T}_u \\ \dot{T}_c \end{bmatrix} + \begin{bmatrix} K_u & K_m \\ K_m^{\mathrm{T}} & K_c \end{bmatrix}\begin{bmatrix} T_u \\ T_c \end{bmatrix} = \begin{bmatrix} C_u\dot{T}_u + C_m\dot{T}_c + K_uT_u + K_mT_c \\ C_m^{\mathrm{T}}\dot{T}_u + C_c\dot{T}_c + K_m^{\mathrm{T}}T_u + K_cT_c \end{bmatrix} = \begin{bmatrix} F_u \\ F_c \end{bmatrix} \tag{7.7}$$

从中可得

$$C_u\dot{T}_u + C_m\dot{T}_c + K_uT_u + K_mT_c = F_u$$

引入式(1.39)，有

$$C_u\dot{T}_u + K_uT_u = F_u - K_mT_1 - C_m\dot{T}_0 \tag{7.8}$$

从中可以求出 T_u。注意，与用于结构分析的式(3.32)不同，式(7.6)中的 F_c，即发生在表面 Σ_1 上热交换功率，一般无须通过式(7.7)求取，而是在 T_u 求出之后，通过直接用热流密度(计算公式(1.40))对表面 Σ_1 积分获得。因此，全局热传导矩阵中的 K_c 在求解时并未用到，关于这一点，在计算单元导热矩阵时会再次提到。此外，由于在表面 Σ_1 上的温度是指定的常量，因而其时变率为零。

应当指出，采用分块矩阵的方法引入边界条件虽然概念清晰，但在实际编程中并不适用，因为交换矩阵的行列是非常耗时的工作。因此，在有限元软件中，总是采用其他更加有效率的方法引入边界条件，比如采用例 4.2 中的删除行列法。

现在，推导(7.3)。注意到

$$\frac{\partial}{\partial x}(\boldsymbol{N}^{\mathrm{T}}k_x\frac{\partial T^{(e)}}{\partial x})+\frac{\partial}{\partial y}(\boldsymbol{N}^{\mathrm{T}}k_y\frac{\partial T^{(e)}}{\partial y})+\frac{\partial}{\partial z}(\boldsymbol{N}^{\mathrm{T}}k_z\frac{\partial T^{(e)}}{\partial z})$$
$$=\boldsymbol{N}^{\mathrm{T}}[\frac{\partial}{\partial x}(k_x\frac{\partial T^{(e)}}{\partial x})+\frac{\partial}{\partial y}(k_y\frac{\partial T^{(e)}}{\partial y})+\frac{\partial}{\partial z}(k_z\frac{\partial T^{(e)}}{\partial z})]+\frac{\partial\boldsymbol{N}^{\mathrm{T}}}{\partial x}k_x\frac{\partial T^{(e)}}{\partial x}$$
$$+\frac{\partial\boldsymbol{N}^{\mathrm{T}}}{\partial y}k_y\frac{\partial T^{(e)}}{\partial y}+\frac{\partial\boldsymbol{N}^{\mathrm{T}}}{\partial z}k_z\frac{\partial T^{(e)}}{\partial z}$$

和格林公式

$$\iiint_e(\frac{\partial X}{\partial x}+\frac{\partial Y}{\partial y}+\frac{\partial Z}{\partial z})\mathrm{d}\Omega=\oiint_{\Sigma e}(Xn_x+Yn_y+Zn_z)\mathrm{d}\Sigma$$

有

$$\boldsymbol{r}^{(e)}=\iiint_e\boldsymbol{N}^{\mathrm{T}}\mathbb{H}(T^{(e)})\mathrm{d}\Omega$$
$$=\iiint_e\boldsymbol{N}^{\mathrm{T}}\{\rho c\frac{\partial T^{(e)}}{\partial t}-\frac{\partial}{\partial x}(k_x\frac{\partial T^{(e)}}{\partial x})-\frac{\partial}{\partial y}(k_y\frac{\partial T^{(e)}}{\partial y})-\frac{\partial}{\partial z}(k_z\frac{\partial T^{(e)}}{\partial z})-Q\}\mathrm{d}\Omega$$
$$=\rho c\iiint_e\boldsymbol{N}^{\mathrm{T}}\frac{\partial T^{(e)}}{\partial t}\mathrm{d}\Omega-\iiint_e[\frac{\partial}{\partial x}(\boldsymbol{N}^{\mathrm{T}}k_x\frac{\partial T^{(e)}}{\partial x})+\frac{\partial}{\partial y}(\boldsymbol{N}^{\mathrm{T}}k_y\frac{\partial T^{(e)}}{\partial y})+\frac{\partial}{\partial z}(\boldsymbol{N}^{\mathrm{T}}k_z\frac{\partial T^{(e)}}{\partial z})]\mathrm{d}\Omega$$
$$+\iiint_e(\frac{\partial\boldsymbol{N}^{\mathrm{T}}}{\partial x}k_x\frac{\partial T^{(e)}}{\partial x}+\frac{\partial\boldsymbol{N}^{\mathrm{T}}}{\partial y}k_y\frac{\partial T^{(e)}}{\partial y}+\frac{\partial\boldsymbol{N}^{\mathrm{T}}}{\partial z}k_z\frac{\partial T^{(e)}}{\partial z})\mathrm{d}\Omega-Q\iiint_e\boldsymbol{N}^{\mathrm{T}}\mathrm{d}\Omega$$
$$=\rho c\iiint_e\boldsymbol{N}^{\mathrm{T}}\frac{\partial T^{(e)}}{\partial t}\mathrm{d}\Omega-\oiint_{\Sigma_e}\boldsymbol{N}^{\mathrm{T}}q^{(e)}\mathrm{d}\Sigma$$
$$+\iiint_e(\frac{\partial\boldsymbol{N}^{\mathrm{T}}}{\partial x}k_x\frac{\partial T^{(e)}}{\partial x}+\frac{\partial\boldsymbol{N}^{\mathrm{T}}}{\partial y}k_y\frac{\partial T^{(e)}}{\partial y}+\frac{\partial\boldsymbol{N}^{\mathrm{T}}}{\partial z}k_z\frac{\partial T^{(e)}}{\partial z})\mathrm{d}\Omega-Q\iiint_e\boldsymbol{N}^{\mathrm{T}}\mathrm{d}\Omega$$
$$=\rho c\iiint_e\boldsymbol{N}^{\mathrm{T}}\frac{\partial T^{(e)}}{\partial t}\mathrm{d}\Omega$$
$$+\iiint_e(\frac{\partial\boldsymbol{N}^{\mathrm{T}}}{\partial x}k_x\frac{\partial T^{(e)}}{\partial x}+\frac{\partial\boldsymbol{N}^{\mathrm{T}}}{\partial y}k_y\frac{\partial T^{(e)}}{\partial y}+\frac{\partial\boldsymbol{N}^{\mathrm{T}}}{\partial z}k_z\frac{\partial T^{(e)}}{\partial z})\mathrm{d}\Omega-\oiint_{\Sigma_e}\boldsymbol{N}^{\mathrm{T}}q^{(e)}\mathrm{d}\Sigma-Q\iiint_e\boldsymbol{N}^{\mathrm{T}}\mathrm{d}\Omega$$

其中

$$\oiint_{\Sigma e}\boldsymbol{N}^{\mathrm{T}}q^{(e)}\mathrm{d}\Sigma\triangleq\oiint_{\Sigma_1}\boldsymbol{N}^{\mathrm{T}}q_1\mathrm{d}\Sigma+\oiint_{\Sigma_2}\boldsymbol{N}^{\mathrm{T}}q_2\mathrm{d}\Sigma+\oiint_{\Sigma_3}\boldsymbol{N}^{\mathrm{T}}(hT_3-hT^{(e)})\mathrm{d}\Sigma$$
$$\triangleq-h\oiint_{\Sigma_3}\boldsymbol{N}^{\mathrm{T}}T^{(e)}\mathrm{d}\Sigma+q_2\oiint_{\Sigma_2}\boldsymbol{N}^{\mathrm{T}}\mathrm{d}\Sigma+hT_3\oiint_{\Sigma_3}\boldsymbol{N}^{\mathrm{T}}\mathrm{d}\Sigma \tag{7.9}$$

关于式(7.9)，有两点需要说明：第一，由于内部表面总是成对出现在相邻的单元中，因而其上的热流密度积分，即热流在最后装配时会自动抵消，因而无须计算，这就是式中第一处采用“≙”而不是“＝”的原因。第二，对位于表面 Σ_1 上的单元表面，也无须计算，这是因为:对于单元在这个表面上的结点,因其对应的积分只对式(7.6)中的 $\boldsymbol{K}_c$ 产生贡献,而这个矩阵在求解 $\boldsymbol{T}_u$ 时用不到,因而无须计算;对于不在这个表面上的结点,则因其相应的形函数在这个表面上为零,因而计算结果必为零,无须计算,这就是式中第二处采用"≙"的原因。

现将式(7.1)代入,有

$$\rho c\iiint_e \boldsymbol{N}^{\mathrm{T}} \frac{\partial T^{(e)}}{\partial t}\mathrm{d}\Omega = \rho c\iiint_e \boldsymbol{N}^{\mathrm{T}}\boldsymbol{N}\dot{\boldsymbol{t}}^{(e)}\mathrm{d}\Omega = (\rho c\iiint_e \boldsymbol{N}^{\mathrm{T}}\boldsymbol{N}\mathrm{d}\Omega\mathrm{d})\dot{\boldsymbol{t}}^{(e)} = \boldsymbol{c}^{(e)}\dot{\boldsymbol{t}}^{(e)}$$

其中

$$\boldsymbol{c}^{(e)} = \rho c\iiint_e \boldsymbol{N}^{\mathrm{T}}\boldsymbol{N}\mathrm{d}\Omega \tag{7.10}$$

$$\begin{aligned}
&\iiint_e [\frac{\partial \boldsymbol{N}^{\mathrm{T}}}{\partial x}k_x \frac{\partial T^{(e)}}{\partial x} + \frac{\partial \boldsymbol{N}^{\mathrm{T}}}{\partial y}k_y \frac{\partial T^{(e)}}{\partial y} + \frac{\partial \boldsymbol{N}^{\mathrm{T}}}{\partial z}k_z \frac{\partial T^{(e)}}{\partial z})\mathrm{d}\Omega + h\oiint_{\Sigma_3}\boldsymbol{N}^{\mathrm{T}}T^{(e)}\mathrm{d}\Sigma\\
&= \iiint_e (\frac{\partial \boldsymbol{N}^{\mathrm{T}}}{\partial x}k_x \frac{\partial \boldsymbol{N}\boldsymbol{t}^{(e)}}{\partial x} + \frac{\partial \boldsymbol{N}^{\mathrm{T}}}{\partial y}k_y \frac{\partial \boldsymbol{N}\boldsymbol{t}^{(e)}}{\partial y} + \frac{\partial \boldsymbol{N}^{\mathrm{T}}}{\partial z}k_z \frac{\partial \boldsymbol{N}\boldsymbol{t}^{(e)}}{\partial z})\mathrm{d}\Omega + h\oiint_{\Sigma_3}\boldsymbol{N}^{\mathrm{T}}\boldsymbol{N}\boldsymbol{t}^{(e)}\mathrm{d}\Sigma\\
&= [\iiint_e (\frac{\partial \boldsymbol{N}^{\mathrm{T}}}{\partial x}k_x \frac{\partial \boldsymbol{N}}{\partial x} + \frac{\partial \boldsymbol{N}^{\mathrm{T}}}{\partial y}k_y \frac{\partial \boldsymbol{N}}{\partial y} + \frac{\partial \boldsymbol{N}^{\mathrm{T}}}{\partial z}k_z \frac{\partial \boldsymbol{N}}{\partial z})\mathrm{d}\Omega + h\oiint_{\Sigma_3}\boldsymbol{N}^{\mathrm{T}}\boldsymbol{N}\mathrm{d}\Sigma]\boldsymbol{t}^{(e)}\\
&= \boldsymbol{k}^{(e)}\boldsymbol{t}^{(e)}
\end{aligned}$$

其中

$$\boldsymbol{k}^{(e)} = \iiint_e \boldsymbol{B}^{(e)\mathrm{T}}\boldsymbol{k}\boldsymbol{B}^{(e)}\mathrm{d}\Omega + h\oiint_{\Sigma_3}\boldsymbol{N}^{\mathrm{T}}\boldsymbol{N}\mathrm{d}\Sigma \tag{7.11}$$

而

$$\boldsymbol{B}^{(e)} = \begin{bmatrix}\partial\boldsymbol{N}/\partial x\\ \partial\boldsymbol{N}/\partial y\\ \partial\boldsymbol{N}/\partial z\end{bmatrix} = \boldsymbol{J}^{-1(e)}\begin{bmatrix}\partial\boldsymbol{N}/\partial \xi\\ \partial\boldsymbol{N}/\partial \eta\\ \partial\boldsymbol{N}/\partial \zeta\end{bmatrix}\quad \boldsymbol{k} = \begin{bmatrix}k_x & 0 & 0\\ 0 & k_y & 0\\ 0 & 0 & k_z\end{bmatrix} \tag{7.12}$$

最后,单元载荷列阵为

$$\boldsymbol{f}^{(e)} = Q\iiint_e \boldsymbol{N}^{\mathrm{T}}\mathrm{d}\Omega + q_2\oiint_{\Sigma_2}\boldsymbol{N}^{\mathrm{T}}\mathrm{d}\Sigma + hT_3\oiint_{\Sigma_3}\boldsymbol{N}^{\mathrm{T}}\mathrm{d}\Sigma \tag{7.13}$$

7.2 稳态传热分析

当传热区域达到热平衡后,温度的变化率将等于零。这时,方程(7.4)成为

$$\boldsymbol{KT} = \boldsymbol{F} \tag{7.14}$$

下面以二维稳态传热问题为例进行更加详细的讨论。首先,在这种情形下,(7.11)、(7.12)与(7.13)分别退化成

$$\boldsymbol{k}^{(e)} = \iint_e \boldsymbol{B}^{(e)\mathrm{T}}\boldsymbol{k}\boldsymbol{B}^{(e)}\mathrm{d}\Sigma + h\oint_{\Gamma_3}\boldsymbol{N}^{\mathrm{T}}\boldsymbol{N}\mathrm{d}\Gamma \tag{7.15}$$

$$\boldsymbol{B}^{(e)} = \begin{bmatrix} \partial \boldsymbol{N}/\partial x \\ \partial \boldsymbol{N}/\partial y \end{bmatrix} = \boldsymbol{J}^{-1(e)} \begin{bmatrix} \partial \boldsymbol{N}/\partial \xi \\ \partial \boldsymbol{N}/\partial \eta \end{bmatrix} \quad \boldsymbol{k} = \begin{bmatrix} k_x & 0 \\ 0 & k_y \end{bmatrix} \tag{7.16}$$

$$\boldsymbol{f}^{(e)} = Q\iint_e \boldsymbol{N}^{\mathrm{T}} \mathrm{d}\Sigma + q_2 \oint_{\Gamma_2} \boldsymbol{N}^{\mathrm{T}} \mathrm{d}\Gamma + hT_3 \oint_{\Gamma_3} \boldsymbol{N}^{\mathrm{T}} \mathrm{d}\Gamma \tag{7.17}$$

作为特例，当采用三角形线性等参单元时，其形函数为(2.40)，有

$$\begin{bmatrix} \partial \boldsymbol{N}/\partial \xi \\ \partial \boldsymbol{N}/\partial \eta \end{bmatrix} = \begin{bmatrix} \partial N_1/\partial \xi & \partial N_2/\partial \xi & \partial N_3/\partial \xi \\ \partial N_1/\partial \eta & \partial N_2/\partial \eta & \partial N_3/\partial \eta \end{bmatrix} = \begin{bmatrix} 1 & 0 & -1 \\ 0 & 1 & -1 \end{bmatrix} \tag{7.18}$$

注意到(2.43)，有

$$\boldsymbol{B}^{(e)} = \boldsymbol{J}^{-1(e)} \begin{bmatrix} \partial \boldsymbol{N}/\partial \xi \\ \partial \boldsymbol{N}/\partial \eta \end{bmatrix} = \frac{1}{2A_e} \begin{bmatrix} y_{23} & -y_{13} \\ -x_{23} & x_{13} \end{bmatrix} \begin{bmatrix} 1 & 0 & -1 \\ 0 & 1 & -1 \end{bmatrix} = \frac{1}{2A_e} \begin{bmatrix} y_{23} & y_{31} & y_{12} \\ x_{32} & x_{13} & x_{21} \end{bmatrix} \tag{7.19}$$

单元的导热矩阵为（后面三项未必存在，仅对位于对流边界上的边有效）

$$\begin{aligned} \boldsymbol{k}^{(e)} &= k\iint_e \boldsymbol{B}^{(e)\mathrm{T}} \boldsymbol{B}^{(e)} \mathrm{d}\Sigma + h\oint_{\Gamma_3} \boldsymbol{N}^{\mathrm{T}} \boldsymbol{N} \mathrm{d}\Gamma \\ &= \frac{k}{4A_e} \begin{bmatrix} y_{23} & x_{32} \\ y_{31} & x_{13} \\ y_{12} & x_{21} \end{bmatrix} \begin{bmatrix} y_{23} & y_{31} & y_{12} \\ x_{32} & x_{13} & x_{21} \end{bmatrix} + \frac{hl_{23}}{6} \begin{bmatrix} 0 & 0 & 0 \\ 0 & 2 & 1 \\ 0 & 1 & 2 \end{bmatrix} + \frac{hl_{31}}{6} \begin{bmatrix} 2 & 0 & 1 \\ 0 & 0 & 0 \\ 1 & 0 & 2 \end{bmatrix} + \frac{hl_{12}}{6} \begin{bmatrix} 2 & 1 & 0 \\ 1 & 2 & 0 \\ 0 & 0 & 0 \end{bmatrix} \end{aligned} \tag{7.20}$$

其中 $x_{ij} = x_i - x_j$，$y_{ij} = y_i - y_j$，A_e 代表单元面积，l_{23}、l_{31} 与 l_{12} 分别代表三边的长度。

单元的热载荷列阵为（后面六项未必存在，仅对位于相应边界上的边有效）

$$\begin{aligned} \boldsymbol{f}^{(e)} &= Q\iint_e \boldsymbol{N}^{\mathrm{T}} \mathrm{d}\Sigma + q_2 \oint_{\Gamma 2} \boldsymbol{N}^{\mathrm{T}} \mathrm{d}\Gamma + hT_3 \oint_{\Gamma 3} \boldsymbol{N}^{\mathrm{T}} \mathrm{d}\Gamma \\ &= \frac{QA_e}{2} \begin{bmatrix} 1 \\ 1 \\ 1 \end{bmatrix} + \frac{q_2 l_{23}}{2} \begin{bmatrix} 0 \\ 1 \\ 1 \end{bmatrix} + \frac{q_2 l_{31}}{2} \begin{bmatrix} 1 \\ 0 \\ 1 \end{bmatrix} + \frac{q_2 l_{12}}{2} \begin{bmatrix} 1 \\ 1 \\ 0 \end{bmatrix} + \frac{hT_3 l_{23}}{2} \begin{bmatrix} 0 \\ 1 \\ 1 \end{bmatrix} + \frac{hT_3 l_{31}}{2} \begin{bmatrix} 1 \\ 0 \\ 1 \end{bmatrix} + \frac{hT_3 l_{12}}{2} \begin{bmatrix} 1 \\ 1 \\ 0 \end{bmatrix} \end{aligned} \tag{7.21}$$

例 7.1：一个各向同性热导体的热传导系数 $k = 1.5\mathrm{W \cdot m^{-1} \cdot ℃^{-1}}$，矩形断面如图 7-1 左图所示。在上下两个恒温面上 $T_1 = 180℃$；左侧面是绝热的；右侧面有温度 $T_f = 25℃$ 的冷却流体，热交换系数 $h = 50\mathrm{W \cdot m^{-2} \cdot ℃^{-1}}$。试确定此面内的温度分布。

解：首先，注意到对称性，只取一半进行分析。仅为演示求解过程，为简单起见，将其划分为由 5 结点构成的 3 个三角形线性单元，如图 7-1 右图所示。注意在对称线上，也即 1、2 结点所连的边界上，由于没有热流，因而是绝热的。

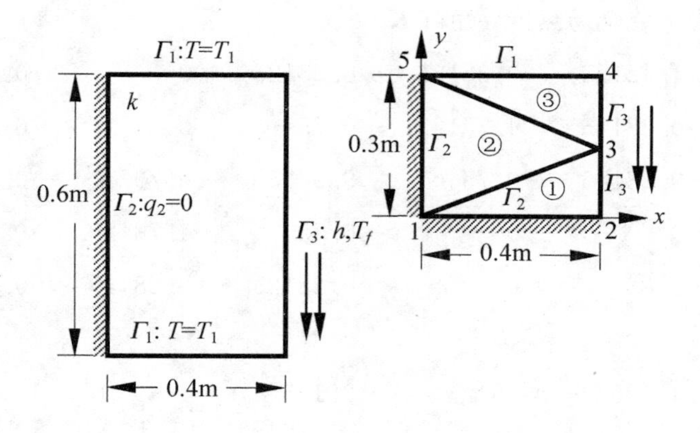

图 7-1　二维传热分析

1）建立邻接表

Element	Node 1	Node 2	Node 3
1	1	2	3
2	5	1	3
3	5	4	3

2）计算各单元的导热矩阵与热载荷列阵

$$\boldsymbol{k}^{(1)}=\frac{k}{4A_e}\begin{bmatrix}y_{23} & x_{32}\\ y_{31} & x_{13}\\ y_{12} & x_{21}\end{bmatrix}\begin{bmatrix}y_{23} & y_{31} & y_{12}\\ x_{32} & x_{13} & x_{21}\end{bmatrix}+\frac{hl_{23}}{6}\begin{bmatrix}0 & 0 & 0\\ 0 & 2 & 1\\ 0 & 1 & 2\end{bmatrix}$$

$$=\frac{1.5}{4\times 0.03}\times\begin{bmatrix}-0.15 & 0\\ 0.15 & -0.4\\ 0 & 0.4\end{bmatrix}\times\begin{bmatrix}-0.15 & 0.15 & 0\\ 0 & -0.4 & 0.4\end{bmatrix}+\frac{50\times 0.15}{6}\times\begin{bmatrix}0 & 0 & 0\\ 0 & 2 & 1\\ 0 & 1 & 2\end{bmatrix}$$

$$=\begin{bmatrix}0.28125 & -0.28125 & 0\\ -0.28125 & 4.78125 & -0.75\\ 0 & -0.75 & 4.5\end{bmatrix} \tag{1}$$

$$\boldsymbol{k}^{(2)}=\begin{bmatrix}1.14 & -0.86 & -0.28125\\ -0.86 & 1.14 & -0.28125\\ -0.28125 & -0.28125 & 0.5625\end{bmatrix}\quad \boldsymbol{k}^{(3)}=\begin{bmatrix}0.28125 & -0.28125 & -0.28125\\ -0.28125 & 4.78125 & -0.75\\ 0 & -0.75 & 4.5\end{bmatrix} \tag{2}$$

$$\boldsymbol{f}^{(1)}=\frac{hT_f l_{23}}{2}\begin{bmatrix}0\\1\\1\end{bmatrix}=\frac{50\times 25\times 0.15}{2}\times\begin{bmatrix}0\\1\\1\end{bmatrix}=93.75\times\begin{bmatrix}0\\1\\1\end{bmatrix}\quad \boldsymbol{f}^{(3)}=93.75\times\begin{bmatrix}0\\1\\1\end{bmatrix} \tag{3}$$

3）利用邻接表组装全局热传导矩阵 $\boldsymbol{K}$

$$\boldsymbol{K}=\left[\begin{array}{ccc:cc} 1.42125 & -0.28125 & -0.28125 & 0 & -0.86 \\ -0.28125 & 4.78125 & -0.75 & 0 & 0 \\ -0.28125 & -0.75 & 9.5625 & -0.75 & -0.28125 \\ \hdashline 0 & 0 & -0.75 & 4.78125 & -0.28125 \\ -0.86 & 0 & -0.28125 & -0.28125 & 0.28125 \end{array}\right] \qquad [4]$$

从而

$$\boldsymbol{K}_u=\begin{bmatrix} 1.42125 & -0.28125 & -0.28125 \\ -0.28125 & 4.78125 & -0.75 \\ -0.28125 & -0.75 & 9.5625 \end{bmatrix} \quad \boldsymbol{K}_m=\begin{bmatrix} 0 & -0.86 \\ 0 & 0 \\ -0.75 & -0.28125 \end{bmatrix} \qquad [5]$$

计算全局热载荷列阵 $\boldsymbol{F}$

$$\boldsymbol{F}=93.75\times[0\quad 1\quad 2 \vdots \times\quad \times]^{\mathrm{T}} \text{ 从而 } \boldsymbol{F}_u=93.75\times[0\quad 1\quad 2]^{\mathrm{T}} \qquad [6]$$

4）代入已知条件 $\boldsymbol{T}_1=[180,180]^{\mathrm{T}}$，得

$$\begin{bmatrix} 1.42125 & -0.28125 & -0.28125 \\ -0.28125 & 4.78125 & -0.75 \\ -0.28125 & -0.75 & 9.5625 \end{bmatrix}\begin{bmatrix} T_1 \\ T_2 \\ T_3 \end{bmatrix}=\begin{bmatrix} 0 \\ 93.75 \\ 187.5 \end{bmatrix}-\begin{bmatrix} 0 & -0.86 \\ 0 & 0 \\ -0.75 & -0.28125 \end{bmatrix}\begin{bmatrix} 180 \\ 180 \end{bmatrix} \qquad [7]$$

求解可得：$[T_1,T_2,T_3]\approx[1.246,34.0,45.4]$℃。

7.3 瞬态传热分析

在传热区域没有达到热平衡时，温度的变化率将不等于零。这时，需要求解方程(7.4)。从数学上讲，这是一个一阶常系数微分方程组，因此任何求解一阶常系数微分方程组的方法都可以使用。当然，也可以将方程(7.4) 视作方程(3.23) 的特例，只是其中位移列阵 $\boldsymbol{Q}$ 换作温度列阵 $\boldsymbol{T}$ 并令 $\boldsymbol{M}$ 为零。以纽马克(Newmark) 方法为例，它采用的假设是

$$\dot{\boldsymbol{T}}_{t+\Delta t}=\dot{\boldsymbol{T}}_t+[(1-\delta)\ddot{\boldsymbol{T}}_t+\delta\ddot{\boldsymbol{T}}_{t+\Delta t}]\Delta t \qquad (7.22)$$

$$\ddot{\boldsymbol{T}}_{t+\Delta t}=\frac{1}{\alpha(\Delta t)^2}(\boldsymbol{T}_{t+\Delta t}-\boldsymbol{T}_t)-\frac{1}{\alpha\Delta t}\dot{\boldsymbol{T}}_t-[(\frac{1}{2\alpha}-1)\ddot{\boldsymbol{T}}_t \qquad (7.23)$$

其中的 δ 与 α 是按积分精度与稳定性要求而决定的常数。由于 $t+\Delta t$ 时刻的结点温度与温度的变化率必须满足

$$\boldsymbol{C}\dot{\boldsymbol{T}}_{t+\Delta t}+\boldsymbol{K}T_{t+\Delta t}=\boldsymbol{F}_{t+\Delta t} \qquad (7.24)$$

因此，将(7.22) 代入，可得

$$\left(\boldsymbol{K}+\frac{\delta}{\alpha\Delta t}\boldsymbol{C}\right)\boldsymbol{T}_{t+\Delta t}=\boldsymbol{F}_{t+\Delta t}+\boldsymbol{C}[\frac{\delta}{\alpha\Delta t}T_t+(\frac{\delta}{\alpha}-1)\dot{\boldsymbol{T}}_t+(\frac{\delta}{2\alpha}-1)\Delta t\ddot{\boldsymbol{T}}_t] \tag{7.25}$$

这是一个线性方程组，从中可以解出 $t+\Delta t$ 时刻的结点温度，因而正是该方法的递推公式。

关于这一算法的稳定性条件，仍如(5.24)所示。

7.4 热应力计算

当传热介质是固体材料时，如果材料温升场分布不均，或热变形不能自由进行，就将产生热应力。在这种情形下，推广的虎克定理(1.26)成为

$$\boldsymbol{\sigma}=\boldsymbol{D}(\boldsymbol{\varepsilon}-\boldsymbol{\varepsilon}_0) \tag{7.26}$$

其中 $\boldsymbol{\varepsilon}$ 为材料的实际应变(总应变)，而

$$\boldsymbol{\varepsilon}_0=\alpha\Delta T[1\quad 1\quad 1\quad 0\quad 0\quad 0]^{\mathrm{T}} \tag{7.27}$$

为温升场贡献的应变，称为温度应变，α 为热膨胀系数(1/℃)，ΔT 为温升场(℃)。相应地单元内的弹性势能(3.13)成为

$$\begin{aligned}E^{(e)}&=\iiint_e\frac{1}{2}\boldsymbol{\sigma}^{(e)T}(\boldsymbol{\varepsilon}^{(e)}-\boldsymbol{\varepsilon}_0^{(e)})\mathrm{d}\Omega=\frac{1}{2}\iiint_e(\boldsymbol{\varepsilon}^{(e)}-\boldsymbol{\varepsilon}_0^{(e)})^{\mathrm{T}}\boldsymbol{D}(\boldsymbol{\varepsilon}^{(e)}-\boldsymbol{\varepsilon}_0^{(e)})\mathrm{d}\Omega\\&=\frac{1}{2}\iiint_e(\boldsymbol{B}^{(e)}\boldsymbol{q}^{(e)}-\boldsymbol{\varepsilon}_0^{(e)})^{\mathrm{T}}\boldsymbol{D}(\boldsymbol{B}^{(e)}\boldsymbol{q}^{(e)}-\boldsymbol{\varepsilon}_0^{(e)})\mathrm{d}\Omega\\&=\frac{1}{2}\iiint_e\boldsymbol{q}^{(e)\mathrm{T}}\boldsymbol{B}^{(e)T}\boldsymbol{D}\boldsymbol{B}^{(e)}\boldsymbol{q}^{(e)}\mathrm{d}\Omega-\iiint_e\boldsymbol{q}^{(e)T}\boldsymbol{B}^{(e)T}\boldsymbol{D}\boldsymbol{\varepsilon}_0^{(e)}\mathrm{d}\Omega+\frac{1}{2}\iiint_e\boldsymbol{\varepsilon}_0^{(e)T}\boldsymbol{D}\boldsymbol{\varepsilon}_0^{(e)}\mathrm{d}\Omega\\&=\frac{1}{2}\boldsymbol{q}^{(e)\mathrm{T}}(\iiint_e\boldsymbol{B}^{(e)T}\boldsymbol{D}\boldsymbol{B}^{(e)}\mathrm{d}\Omega)\boldsymbol{q}^{(e)}-(\iiint_e\boldsymbol{B}^{(e)T}\boldsymbol{D}\boldsymbol{\varepsilon}_0^{(e)}\mathrm{d}\Omega)^{\mathrm{T}}\boldsymbol{q}^{(e)}+\frac{1}{2}\iiint_e\boldsymbol{\varepsilon}_0^{(e)T}\boldsymbol{D}\boldsymbol{\varepsilon}_0^{(e)}\mathrm{d}\Omega\\&=\frac{1}{2}\boldsymbol{q}^{(e)\mathrm{T}}\boldsymbol{k}^{(e)}\boldsymbol{q}^{(e)}-\boldsymbol{p}^{(e)T}\boldsymbol{q}^{(e)}+C^{(e)}\end{aligned} \tag{7.28}$$

其中

$$\boldsymbol{p}^{(e)}=\iiint_e\boldsymbol{B}^{(e)T}\boldsymbol{D}\boldsymbol{\varepsilon}_0^{(e)}\mathrm{d}\Omega \tag{7.29}$$

称为单元温升载荷列阵。对给定的温升场而言，$C^{(e)}$ 是常数。完成装配并引入拉格朗日方程(1.23)后，方程(3.23)成为

$$\boldsymbol{M}\ddot{\boldsymbol{Q}}+\boldsymbol{C}\dot{\boldsymbol{Q}}+\boldsymbol{K}\boldsymbol{Q}=\boldsymbol{F}+\boldsymbol{P} \tag{7.30}$$

其中

$$\boldsymbol{P}_{M\times 1}=\sum_e\boldsymbol{P}_{M\times 1}^{(e)} \tag{7.31}$$

由单元温升载荷列阵 $\boldsymbol{p}^{(e)}$ 装配而成，称为全局温升载荷列阵。可见，结构热应力问题与无温

度载荷的结构应力问题相比，只是在载荷列阵中增加了一个温升载荷列阵，其余完全相同。

7.5 ANSYS热应力分析实例

例 7.2：已知导线截面如图 7-2 所示，中间铜芯半径 $r=1\text{mm}$，密度 $\rho=8.9\times10^{-6}\text{kg}\cdot\text{mm}^{-3}$，比热 $c=3.9\times10^{8}\mu\text{J}\cdot\text{kg}^{-1}\cdot℃^{-1}$，热传导系数 $k=3.9\times10^{5}\mu\text{W}\cdot\text{mm}^{-1}\cdot℃^{-1}$，热膨胀系数 $\alpha=2.4\times10^{-5}/℃$，弹性模量 $E=1.1\times10^{8}\text{kPa}$，泊松比 $\nu=0.37$，电阻率 $\lambda=17.5\mu\Omega\cdot\text{mm}$；外圈绝缘层为圆角正方形，边长 3mm，圆角半径 0.5mm，密度 $\rho=1.1\times10^{-6}\text{kg}\cdot\text{mm}^{-3}$，比热 $c=1.5\times10^{9}\mu\text{J}\cdot\text{kg}^{-1}\cdot℃^{-1}$，热传导系数 $k=1.7\times10^{2}\mu\text{W}\cdot\text{mm}^{-1}\cdot℃^{-1}$，热膨胀系数 $\alpha=2.5\times10^{-3}/℃$，弹性模量 $E=2.3\times10^{6}\text{kPa}$，泊松比 $\nu=0.39$，与外部空气的热交换系数 $h=10\mu\text{W}\cdot\text{mm}^{-2}\cdot℃^{-1}$，假设此导线在气温为 20℃且不通电时没有内应力。试分析此导线在气温为 20℃且通以 $I=10\text{A}$ 电流后，截面内的温度场与应力场的分布与时变规律。

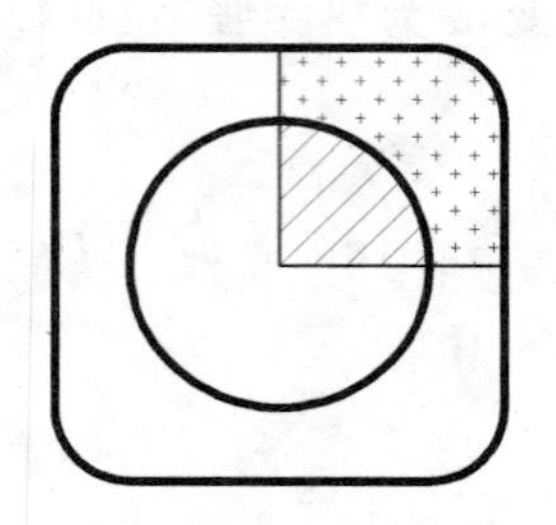

图 7-2　导线截面图

解：首先，注意到问题的对称性，只取四分之一进行分析。

先用 ANSYS 14.0 进行稳态分析，步骤如下

1）新建 ANSYS 文件。打开 Multiphysics 模块，点击 Files>Change Jobname…，在弹出的对话框中输入 Steady。

2）在 ANSYS 中建立几何模型。点击 Preprocessor>Modeling>Create>Areas>Rectangle>By Dimensions，然后在弹出的对话框中为 X2 输入 1.5，为 Y2 输入 1.5，生成一个正方形；再点击 Delete>Areas Only，选中所建的面，将其删除。在 Utility Menu 中点击 PlotCtrls>Numbering…，在弹出的对话框中勾选 Line numbers 后的方形钮使其为 On；再点击 Plot>Lines。点击 Preprocessor>Modeling>Create>Lines>Line Fillet，然后选中 L2 与 L3，将 Fillet radius 设为 0.5；再点击 Create>Areas>Arbitrary>By lines，然后依次点选图中的所有线，生成带一个圆角的截面；点击 Create>Keypoints>In Active CS，在坐标点(0,1)与(1,0)上分别建立两个关键点；点击 Create>Lines>Arcs>By End KPs &

Rad，选择刚生成的两个关键点并选坐标原点处的关键点作为圆心所在侧的指示点，在弹出的对话框中为 Radius of arc 输入 1，生成 1/4 圆弧。最后点击 Preprocessor>Modeling>Operate>Booleans>Devide>Area by Line，将截面划分成两个区域。

3）完成偏好过滤。点击 Preferences，在弹出的对话框中勾选 Structural 和 Thermal。

4）选择单元并定制。点击 Preprocessor>Element Type>Add/Edit/Delete，在弹出的对话框中点击 Add…，在弹出的双重选择框中依次选 Thermal Electric 和 Quad 8node 223，选择 PLANE223 单元。这是一个支持热、电与结构分析的单元，需要进行定制。点击 Options…，在弹出的对话框中，将 K1 设为 Structural-thermal，因为不进行电偶合分析；将 K2 设为 Weak(load vector)，因为热分析的结果仅以热载荷矢量的形式出现；将 K3 设为 Plane strain，因为导线被认为是无限长，属平面应变问题；将 K9 设为 Suppressed，认为温升将产生即时变形；K4 无关，K10 保持默认值。

5）输入材料属性。点击 Preprocessor>Material Props>Material Models，在弹出的对话框中将两种材料的相关参数全部输入，1 号为铜，2 号为绝缘层。

6）划分网格。点击 Preprocessor>Material Props>Meshing>Mesh Attributes>Picked Areas，将中心 1/4 圆面的材料指定为 1 号，外圈指定为 2 号；点击 Size Cntrls>ManualSize>Global>Size，在弹出的对话框中将 Element edge length 指定为 0.05。点击 Mesh>Areas>Free，完成网格划分。点击 PlotCtrls>Numbering…，在弹出的对话框中将 Elem/Atrrib numbering 设置为 Material numbers，并将 Numbering shown with 设置为 Colors only，可以看到两种颜色的单元。

7）施加载荷与约束。点击 Preprocessor>Loads>Define Loads>Settings>Uniform Temp，设定为 20；Reference Temp 也设定为 20。点击 Define Loads>Apply>Structural>Displacement>Symmetry B. C. >On Lines，选四条对称边线。点击 Apply>Thermal>Convection>On Lines，选外圈边上的 3 条边线，在弹出的对话框中为 Film Coefficient 输入 10，为 VAL2I Bulk temperature 输入 20。点击 Thermal>Heat Flux>On Lines，选四条对称边，在弹出的对话框中为 Heat Flux 输入 0。点击 Thermal>Heat Generat>On Areas，选择铜芯截面，在弹出的对话框中为 Load HGEN value 输入 177.3，因为 $I^2\lambda(\pi r^2)^{-2}=177.3$。

8）求解。点击 Solution>Solve>Current LS，完成求解过程。

9）后处理并保存。点击 General Postproce>Plot Results>Contour Plot>Nodal Solu，在打开的对话框中选择 Nodal Solution>DOF Solution>Nodal Temperature，可显示达成热平衡之后温度的分布云图，最高温度约 25.27℃，如图 7-3 左上图所示；选择 Nodal Solution>Stress>von Mises stress，可显示达成热平衡之后当量应力的分布云图，最大应

力约 56485.4kPa,如图 7-3 右上图所示;点击 Plot Results>Vector Plot>Predefined,在打开的对话框中选择 DOF Solution 和 Translation U,可显示达成热平衡之后变形的矢量图,最大变形约 0.022mm,如图 7-3 下图所示。点击 File>Exit…,在弹出的对话框中选择 Save Everything,后单击 OK 按钮。

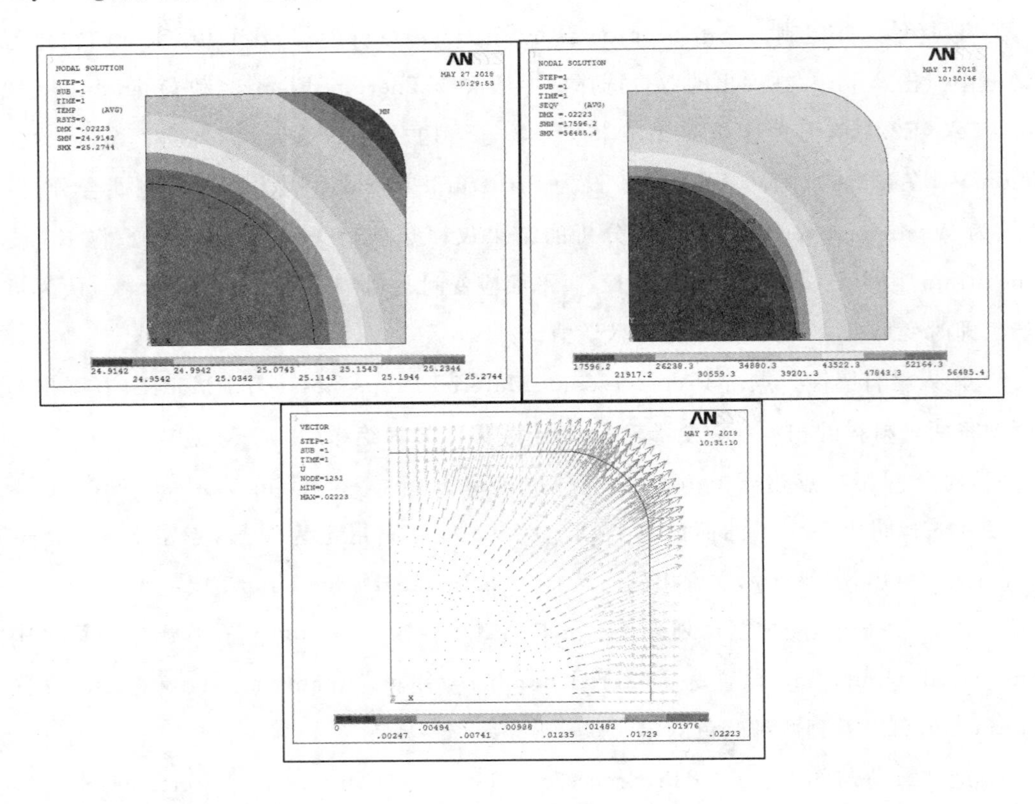

图 7-3　温度云图、应力云图与变形矢量图

再用 ANSYS 14.0 进行瞬态分析,步骤如下

1) 新建 ANSYS 文件。打开 Multiphysics 模块,点击 Files>Change Jobname…,在弹出的对话框中输入 Transient。点击 Files>Resume from…,选择刚才保存的 steady.db。

2) 设置求解选项。点击 Solution>Analysis Type>New Analysis,在弹出的对话框中选择 Transient,在弹出面对话框中单击 OK,点击 Solution>Soln Controls,在弹出的对话框 Basic 页面为 Time at end of loadstep 输入 1000,代表计算 1000 秒;为 Automatic time stepping 设置为 off 勾选 Number of substeps,并输入 100,表示计算 100 个子步;在 Frequency 下选 Write every Nth substep,并置 where N=为 2。在 Transient 页面勾选 Transient effects。

3) 求解。点击 Solution>Solve>Current LS,完成求解过程。

4）后处理。点击 General Postproce>Results Summary，在打开的对话框中确认是有 50 个子步解。点击 General Postproce>Read Results>Last Set，读入最后一组解。点击 General Postproce>Plot Results>Contour Plot>Nodal Solu，在打开的对话框中选择 Nodal Solution>DOF Solution>Nodal Temperature，可显示通电 1000 秒之后温度的分布云图。点击 TimeHist Postpro，在打开的对话框中单击最左上角的 Add Data 按钮，然后在弹出的对话框中选择 Nodal Solution>DOF Solution>Nodal Temperature，然后选取铜芯正中的结点，再按绘制曲线按钮，得到这点的温度时变曲线，如图 7-4 所示。可见经过十几分钟的升温，导线基本达到了热平衡。

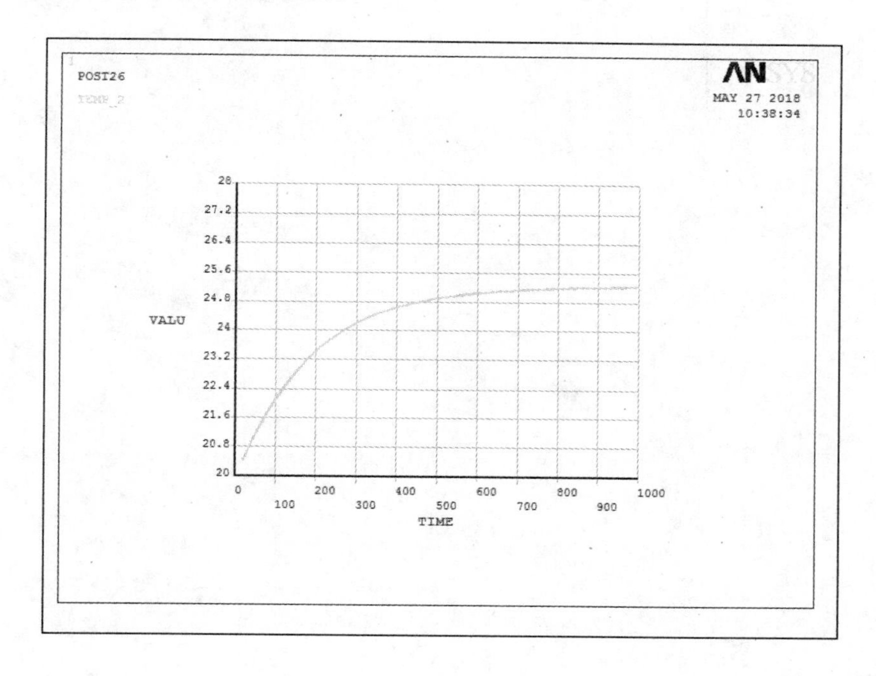

图 7-4 铜芯中心的温升曲线

7.6 思考题

7.1 参照思考题 1.6。已知 $R=20\text{mm}$，$Q=1\mu\text{W}\cdot\text{mm}^{-3}$，$T_h=10℃$，$h=20\mu\text{W}\cdot\text{mm}^{-2}\cdot℃^{-1}$，$k=20\mu\text{W}\cdot\text{mm}^{-1}\cdot℃^{-1}$，试用有限元方法求达成热平衡之后导线中心的温度 C，并与理论值进行比较。

7.2 为什么在式(7.9)中采用了“≙”而不是“＝”？

7.3 已知一种双金属层压合而成的碟片在温度为 0℃时，无内应力状态下为球冠形，中间层冠高 0.5mm，直径 20mm，球半径 100.25mm；内层为高膨胀率金属 $Mn_{75}Ni_{15}Cu_{10}$，线

膨胀系数 $24\times10^{-6}\cdot℃^{-1}$；外层为低膨胀率金属 Ni_{36}，线膨胀系数 $1.8\times10^{-6}\cdot℃^{-1}$；双金属层的厚度均为0.2mm，弹性模量均为 1.13×10^{5}MPa，泊松比均为0.3；试分析此碟片从0℃升到100℃再降到0℃的过程中发生的位移。（注意在升温至大约70℃、降温至大约50℃时要发生凹凸跳变）

第 8 章

有限元流场分析

本章从流体力学的基本方程出发，针对完成网格划分并指定形函数的流场控制体，引入伽辽金法（h-方法），导出流体分析的有限元格式。

8.1 流场分析的有限元格式

如果流场控制区已经划分成有限个单元，每个单元由 m 个结点构成，$\boldsymbol{u}^{(e)} = [U_1\ U_2\ \cdots\ U_m]^{\mathrm{T}}$，$\boldsymbol{v}^{(e)} = [V_1\ V_2\ \cdots\ V_m]^{\mathrm{T}}$，$\boldsymbol{w}^{(e)} = [W_1\ W_2\ \cdots\ W_m]^{\mathrm{T}}$，$\boldsymbol{p}^{(e)} = [P_1\ P_2\ \cdots\ P_m]^{\mathrm{T}}$，$\boldsymbol{t}^{(e)} = [T_1\ T_2\ \cdots\ T_m]^{\mathrm{T}}$ 表示单元的五个场结点向量，即各结点的 U,V,W,P 和 T，并且 $\boldsymbol{N} = [N_1\ N_2\ \cdots\ N_m]$ 代表各结点的形函数，则根据(2.48)单元内部任一点的 U,V,W,P 和 T 估计为

$$U^{(e)} = \boldsymbol{N}\boldsymbol{u}^{(e)},\quad V^{(e)} = \boldsymbol{N}\boldsymbol{v}^{(e)},\quad W^{(e)} = \boldsymbol{N}\boldsymbol{w}^{(e)},\quad P^{(e)} = \boldsymbol{N}\boldsymbol{p}^{(e)},\quad T^{(e)} = \boldsymbol{N}\boldsymbol{t}^{(e)} \tag{8.1}$$

通常，如果将这一估计代入(1.48)、(1.49)和(1.50)，方程不能平衡，从而可以对每个物理场定义 m 个单元残差

$$\begin{cases} \boldsymbol{r}_m^{(e)} = [r_{m1}^{(e)}\ \cdots\ r_{mm}^{(e)}]^{\mathrm{T}} = \iiint_e \boldsymbol{N}^{\mathrm{T}}\, \mathbb{M}(U^{(e)},V^{(e)},W^{(e)})\,\mathrm{d}\Omega & (1) \\ \boldsymbol{r}_u^{(e)} = [r_{u1}^{(e)}\ \cdots\ r_{um}^{(e)}]^{\mathrm{T}} = \iiint_e \boldsymbol{N}^{\mathrm{T}}\, \mathbb{U}(U^{(e)},V^{(e)},W^{(e)},P^{(e)})\,\mathrm{d}\Omega & (2) \\ \boldsymbol{r}_v^{(e)} = [r_{v1}^{(e)}\ \cdots\ r_{vm}^{(e)}]^{\mathrm{T}} = \iiint_e \boldsymbol{N}^{\mathrm{T}}\, \mathbb{V}(U^{(e)},V^{(e)},W^{(e)},P^{(e)})\,\mathrm{d}\Omega & (3) \\ \boldsymbol{r}_w^{(e)} = [r_{w1}^{(e)}\ \cdots\ r_{wm}^{(e)}]^{\mathrm{T}} = \iiint_e \boldsymbol{N}^{\mathrm{T}}\, \mathbb{W}(U^{(e)},V^{(e)},W^{(e)},P^{(e)})\,\mathrm{d}\Omega & (4) \\ \boldsymbol{r}_t^{(e)} = [r_{t1}^{(e)}\ \cdots\ r_{tm}^{(e)}]^{\mathrm{T}} = \iiint_e \boldsymbol{N}^{\mathrm{T}}\, \mathbb{T}(U^{(e)},V^{(e)},W^{(e)},T^{(e)})\,\mathrm{d}\Omega & (5) \end{cases} \tag{8.2}$$

能证明单元残差可以分别写成

$$\begin{cases} \boldsymbol{r}_m^{(e)} = \boldsymbol{k}_1^{(e)}\boldsymbol{u}^{(e)} + \boldsymbol{k}_2^{(e)}\boldsymbol{v}^{(e)} + \boldsymbol{k}_3^{(e)}\boldsymbol{w}^{(e)} & (1) \\ \boldsymbol{r}_u^{(e)} = \boldsymbol{m}^{(e)}\dot{\boldsymbol{u}}^{(e)} + \boldsymbol{g}^{(e)}\boldsymbol{u}^{(e)} + \boldsymbol{h}_u^{(e)} + \boldsymbol{k}_1^{(e)}\boldsymbol{p}^{(e)} - \boldsymbol{s}_1^{(e)} & (2) \\ \boldsymbol{r}_v^{(e)} = \boldsymbol{m}^{(e)}\dot{\boldsymbol{v}}^{(e)} + \boldsymbol{g}^{(e)}\boldsymbol{v}^{(e)} + \boldsymbol{h}_v^{(e)} + \boldsymbol{k}_2^{(e)}\boldsymbol{p}^{(e)} - \boldsymbol{s}_2^{(e)} & (3) \\ \boldsymbol{r}_w^{(e)} = \boldsymbol{m}^{(e)}\dot{\boldsymbol{w}}^{(e)} + \boldsymbol{g}^{(e)}\boldsymbol{w}^{(e)} + \boldsymbol{h}_w^{(e)} + \boldsymbol{k}_3^{(e)}\boldsymbol{p}^{(e)} - \boldsymbol{s}_3^{(e)} & (4) \\ \boldsymbol{r}_t^{(e)} = \boldsymbol{c}^{(e)}\dot{\boldsymbol{t}}^{(e)} + \boldsymbol{k}^{(e)}\boldsymbol{t}^{(e)} + \boldsymbol{h}_t^{(e)} - \boldsymbol{f}^{(e)} & (5) \end{cases} \tag{8.3}$$

其中

$$\boldsymbol{k}_1^{(e)} = \iiint_e \boldsymbol{N}^{\mathrm{T}} \frac{\partial \boldsymbol{N}}{\partial x} \mathrm{d}\Omega; \quad \boldsymbol{k}_2^{(e)} = \iiint_e \boldsymbol{N}^{\mathrm{T}} \frac{\partial \boldsymbol{N}}{\partial y} \mathrm{d}\Omega; \quad \boldsymbol{k}_3^{(e)} = \iiint_e \boldsymbol{N}^{\mathrm{T}} \frac{\partial \boldsymbol{N}}{\partial z} \mathrm{d}\Omega \tag{8.4}$$

$$\boldsymbol{m}^{(e)} = \rho \iiint_e \boldsymbol{N}^{\mathrm{T}} \boldsymbol{N} \mathrm{d}\Omega \tag{8.5}$$

$$\boldsymbol{g}^{(e)} = \mu \iiint_e \left(\frac{\partial \boldsymbol{N}^{\mathrm{T}}}{\partial x} \cdot \frac{\partial \boldsymbol{N}}{\partial x} + \frac{\partial \boldsymbol{N}^{\mathrm{T}}}{\partial y} \cdot \frac{\partial \boldsymbol{N}}{\partial y} + \frac{\partial \boldsymbol{N}^{\mathrm{T}}}{\partial z} \cdot \frac{\partial \boldsymbol{N}}{\partial z}\right) \mathrm{d}\Omega \tag{8.6}$$

$$\boldsymbol{h}_u^{(e)} = \rho \frac{\left(\sqrt{U_u^2 + V_u^2 + W_u^2} + \sqrt{U_d^2 + V_d^2 + W_d^2}\right)(U_u - U_d)}{2\sqrt{(x_u - x_d)^2 + (y_u - y_d)^2 + (z_u - z_d)^2}} \iiint_e \boldsymbol{N}^{\mathrm{T}} \mathrm{d}\Omega \tag{8.7}$$

$$\boldsymbol{h}_v^{(e)} = \rho \frac{\left(\sqrt{U_u^2 + V_u^2 + W_u^2} + \sqrt{U_d^2 + V_d^2 + W_d^2}\right)(V_u - V_d)}{2\sqrt{(x_u - x_d)^2 + (y_u - y_d)^2 + (z_u - z_d)^2}} \iiint_e \boldsymbol{N}^{\mathrm{T}} \mathrm{d}\Omega \tag{8.8}$$

$$\boldsymbol{h}_w^{(e)} = \rho \frac{\left(\sqrt{U_u^2 + V_u^2 + W_u^2} + \sqrt{U_d^2 + V_d^2 + W_d^2}\right)(W_u - W_d)}{2\sqrt{(x_u - x_d)^2 + (y_u - y_d)^2 + (z_u - z_d)^2}} \iiint_e \boldsymbol{N}^{\mathrm{T}} \mathrm{d}\Omega \tag{8.9}$$

$$\boldsymbol{h}_t^{(e)} = \rho c \frac{\left(\sqrt{U_u^2 + V_u^2 + W_u^2} + \sqrt{U_d^2 + V_d^2 + W_d^2}\right)(T_u - T_d)}{2\sqrt{(x_u - x_d)^2 + (y_u - y_d)^2 + (z_u - z_d)^2}} \iiint_e \boldsymbol{N}^{\mathrm{T}} \mathrm{d}\Omega \tag{8.10}$$

$$\boldsymbol{s}_1^{(e)} = \iiint_e \boldsymbol{N}^{\mathrm{T}} f_x \mathrm{d}\Omega; \quad \boldsymbol{s}_2^{(e)} = \iiint_e \boldsymbol{N}^{\mathrm{T}} f_y \mathrm{d}\Omega; \quad \boldsymbol{s}_3^{(e)} = \iiint_e \boldsymbol{N}^{\mathrm{T}} f_z \mathrm{d}\Omega \tag{8.11}$$

$$\boldsymbol{k}^{(e)} = k \iiint_e \left(\frac{\partial \boldsymbol{N}^{\mathrm{T}}}{\partial x} \cdot \frac{\partial \boldsymbol{N}}{\partial x} + \frac{\partial \boldsymbol{N}^{\mathrm{T}}}{\partial y} \cdot \frac{\partial \boldsymbol{N}}{\partial y} + \frac{\partial \boldsymbol{N}^{\mathrm{T}}}{\partial z} \cdot \frac{\partial \boldsymbol{N}}{\partial z}\right) \mathrm{d}\Omega = \frac{k}{\mu} \boldsymbol{g}^{(e)} \tag{8.12}$$

$$\boldsymbol{f}^{(e)} = \rho Q \iiint_e \boldsymbol{N}^{\mathrm{T}} \mathrm{d}\Omega + q_2 \oiint_{\Sigma_2} \boldsymbol{N}^{\mathrm{T}} \mathrm{d}\Sigma \tag{8.13}$$

现以(8.3)中的式(5)为例，给出证明。首先，注意到(1.50)与(1.38)相比，只是多出了对流项(三项)。现仅对对流项产生的残差进行计算

$$\begin{aligned}
\tilde{\boldsymbol{r}}_t^{(e)} &= \iiint_e \boldsymbol{N}^{\mathrm{T}} \rho c \left(U \frac{\partial T}{\partial x} + V \frac{\partial T}{\partial y} + W \frac{\partial T}{\partial z}\right) \mathrm{d}\Omega = \iiint_e \boldsymbol{N}^{\mathrm{T}} \rho c \sqrt{U^2 + V^2 + W^2} \frac{\partial T}{\partial s} \mathrm{d}\Omega \\
&= c\rho \frac{\left(\sqrt{U_u^2 + V_u^2 + W_u^2} + \sqrt{U_d^2 + V_d^2 + W_d^2}\right)(T_u - T_d)}{2\sqrt{(x_u - x_d)^2 + (y_u - y_d)^2 + (z_u - z_d)^2}} \iiint_e \boldsymbol{N}^{\mathrm{T}} \mathrm{d}\Omega \\
&= \boldsymbol{h}_t^{(e)}
\end{aligned} \tag{8.14}$$

在式(8.14)的推导过程中，采用了一阶迎风格式，即沿流线的差分来估计对流项在单元内的值(为减少计算量，部分参数视为常数:其中速度用上下游点的平均值来估计，温度梯度用上下游点的差分来估计)，其中的 s 表示沿流线的长度，而下标 u 与 d 则分别表示流线进入单元的点(upstream 上游点)与离开单元的点(downstream 下游点)，如图 8-1 所示。通常，下游点根据速度场所指的方向选为单元的某个结点，并据此反推出上游点来，然后将两点的相应场值代入计算。

再考虑到(7.3)，将式(8.14)加进去，即有(8.3)的式(5)。注意在(8.13)的计算中，因为

只有给定温度值的 Σ_1 和给定热流密度的 Σ_2 这两种可能，而 Σ_1 表面上的积分无需计算，参见(7.9)的说明。

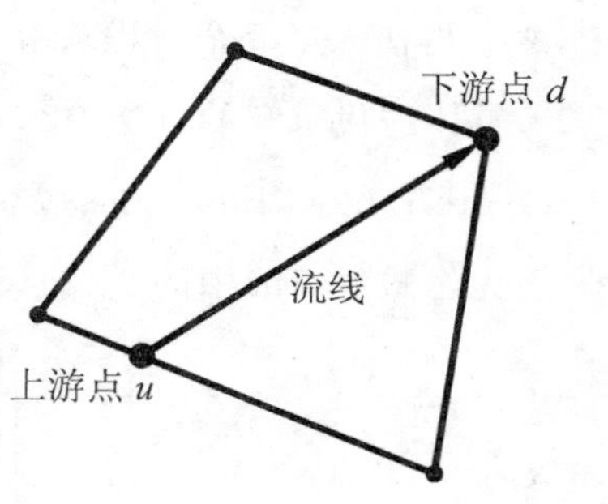

图 8-1　一阶迎风格式

与(7.3)的推导类同，在推导(8.3)中的式(2)、(3)和(4)时，需要用到格林公式，其中对单元的表面积分，只有给定场值的 Σ_1 和给定各速度分量的法向导数为零的 Σ_2 这两种情形(见(1.54))，因而无须计算；需要说明的是，因为包含了结点向量，(8.7)～(8.10)需要在迭代计算中每步都进行更新，这是比较耗时的。除此之外，在(8.13)的 Q 中也包含了结点向量，对于定常流动，此式的计算只需在确定 U,V,W 之后计算一次即可；而在非定常流动中，则需在每个时间步迭代结束时都进行一次更新，这也是比较耗时的。

现在，将各矩阵扩展成 $M\times M$ 维的相应矩阵，将各列阵扩展成 $M\times 1$ 维的相应列阵，然后引入伽辽金法(1.13)，它实际上是将所有单元对每个结点的残差相加并令其为零，有

$$\begin{cases}\boldsymbol{K}_1\boldsymbol{U}+\boldsymbol{K}_2\boldsymbol{V}+\boldsymbol{K}_3\boldsymbol{W}=0 & (1)\\ \boldsymbol{M}\dot{\boldsymbol{U}}+\boldsymbol{G}\boldsymbol{U}+\boldsymbol{K}_1\boldsymbol{P}+\boldsymbol{H}_u-\boldsymbol{S}_1=0 & (2)\\ \boldsymbol{M}\dot{\boldsymbol{V}}+\boldsymbol{G}\boldsymbol{V}+\boldsymbol{K}_2\boldsymbol{P}+\boldsymbol{H}_v-\boldsymbol{S}_2=0 & (3)\\ \boldsymbol{M}\dot{\boldsymbol{W}}+\boldsymbol{G}\boldsymbol{W}+\boldsymbol{K}_3\boldsymbol{P}+\boldsymbol{H}_w-\boldsymbol{S}_3=0 & (4)\\ \boldsymbol{C}\dot{\boldsymbol{T}}+\boldsymbol{K}\boldsymbol{T}+\boldsymbol{H}_t-\boldsymbol{F}=0 & (5)\end{cases} \tag{8.15}$$

这就是流场分析的有限元格式。显然，因为 $\boldsymbol{H}_u,\boldsymbol{H}_v,\boldsymbol{H}_w$ 和 $\boldsymbol{H}_t$ 中已经包含了待求的场值，所以在一般的情形下，这是五个非线性一阶微分方程组，其中的方阵通常都是不随物理时间而变的常数矩阵(包括 $\boldsymbol{H}_u,\boldsymbol{H}_v,\boldsymbol{H}_w$ 和 $\boldsymbol{H}_t$，虽然它们在每次迭代中都要更新)，而各列阵则是时变的，这时的问题称为非定常流动分析问题。如果各式中的第一项为零，而各列阵都是常列阵，则得到一个非线性方程组，这时的问题称为定常流动分析问题。

为使方程(8.15)有唯一解，需要足够的约束条件。这种条件分两类，一类是边界条件，一类是初始条件。对非定常流动分析问题，两类条件通常都需要；对定常流动分析，则只需要边界条件。所谓初始条件，就是给定零时刻所有结点的所有场值。所谓边界条件(参见(1.52)～(1.55))，指的是在边界 Σ 上，要么给定场值(在 Σ_1 上)，要么给定热流密度和速度分量在边界法向的导数(在 Σ_2 上)。对一个流场分析问题来说，至少需要给定一个结点的温度和压力(通常在边界 Σ 上)，才能有确定的解，因为起作用的是各处的温差与压差。

由于非线性，方程(8.15)即便在定常流动的情形下，也只能采用迭代法求解。需要指出的是，在方程(8.15)中，前 4 个方程之间的 4 个物理场的全局自由度 $\boldsymbol{U},\boldsymbol{V},\boldsymbol{W}$ 和 $\boldsymbol{P}$ 是相互耦合的。第 5 个方程则不同，流场速度场的全局自由度 $\boldsymbol{U},\boldsymbol{V},\boldsymbol{W}$ 只会影响温度场的全局自由度 $\boldsymbol{T}$，而不会反过来被温度场影响。因此，求解的思路总是从前 4 个方程中解出 $\boldsymbol{U},\boldsymbol{V},\boldsymbol{W}$ 和

$\boldsymbol{P}$，之后再代入第 5 个方程求解 $\boldsymbol{T}$。

具体迭代求解的方法有多种，最常采用的方法是 SIMPLE (Semi-Implicit Method for Pressure Linked Equations)，本书不做详细介绍，只对其基本思想描述如下。

先将式(8.15)中的式(2)(3)(4)分别表示为

$$\begin{cases} \boldsymbol{U}=\boldsymbol{G}^{-1}(\boldsymbol{S}_1-\boldsymbol{H}_u-\boldsymbol{K}_1\boldsymbol{P}-\boldsymbol{M}\dot{\boldsymbol{U}}) \\ \boldsymbol{V}=\boldsymbol{G}^{-1}(\boldsymbol{S}_2-\boldsymbol{H}_v-\boldsymbol{K}_2\boldsymbol{P}-\boldsymbol{M}\dot{\boldsymbol{V}}) \\ \boldsymbol{W}=\boldsymbol{G}^{-1}(\boldsymbol{S}_3-\boldsymbol{H}_w-\boldsymbol{K}_3\boldsymbol{P}-\boldsymbol{M}\dot{\boldsymbol{W}}) \end{cases} \tag{8.16}$$

代入式(8.15)中的第 1 个方程，有

$$\begin{aligned} &[\boldsymbol{K}_1\boldsymbol{G}^{-1}\boldsymbol{K}_1+\boldsymbol{K}_2\boldsymbol{G}^{-1}\boldsymbol{K}_2+\boldsymbol{K}_3\boldsymbol{G}^{-1}\boldsymbol{K}_3]\boldsymbol{P} \\ &=\boldsymbol{K}_1\boldsymbol{G}^{-1}(\boldsymbol{S}_1-\boldsymbol{H}_u-\boldsymbol{M}\dot{\boldsymbol{U}})+\boldsymbol{K}_2\boldsymbol{G}^{-1}(\boldsymbol{S}_2-\boldsymbol{H}_v-\boldsymbol{M}\dot{\boldsymbol{V}})+\boldsymbol{K}_3\boldsymbol{G}^{-1}(\boldsymbol{S}_3-\boldsymbol{H}_w-\boldsymbol{M}\dot{\boldsymbol{W}}) \end{aligned} \tag{8.17}$$

对定常流动，三个加速度场均为零，对给定的 $\boldsymbol{U},\boldsymbol{V},\boldsymbol{W}$ 初值，根据(8.17)可以求出相应的 P 值，将之代入(8.16)后重新获得新一轮的 $\boldsymbol{U},\boldsymbol{V},\boldsymbol{W}$ 值，如此循环迭代，直到达到收敛标准或指定的循环次数为止。注意，其中常数矩阵的乘积运算与和运算可一次计算完成备用，以缩短每一轮迭代计算所用的时间。此外，为使迭代速度比较快且迭代过程比较平稳，通常会采用某种松弛方法。对非定常流动也是一样的思路，只不过三个加速度项均不为零，它将由当前时间步之前收敛到的速度值与当前循环迭代中最新算出的速度值进行估计。同时要说明的是，对非定常流动而言，利用(8.17)和(8.16)进行的循环迭代过程仅限于一个时间步内；在不同时间步上的迭代与更新可以按中心差分法(显式法)进行，也可以用纽马克方法(隐式法)进行，读者可参阅第 5.4 和 5.5 节的相关内容，此处从略。

顺便指出，由于采用了迭代法，所以边界条件(1.52)～(1.55)中给定的场值只需在每次迭代时强制代入即可；而初始条件，则只需在首轮迭代中引入即可。

在(8.14)的推导中，为了减少计算量，可将单元内的对流项视为常数，这当然会带来相应的误差。为了避免这种误差，可以采用以下方式

$$\begin{aligned} \tilde{\boldsymbol{r}}_t^{(e)} &= \iiint_e \boldsymbol{N}^{\mathrm{T}}\rho c\left(U\frac{\partial T}{\partial x}+V\frac{\partial T}{\partial y}+W\frac{\partial T}{\partial z}\right)\mathrm{d}\Omega \\ &= \rho c\iiint_e \boldsymbol{N}^{\mathrm{T}}\left(\boldsymbol{N}\boldsymbol{u}^{(e)}\frac{\partial \boldsymbol{N}}{\partial x}+\boldsymbol{N}\boldsymbol{v}^{(e)}\frac{\partial \boldsymbol{N}}{\partial y}+\boldsymbol{N}\boldsymbol{w}^{(e)}\frac{\partial \boldsymbol{N}}{\partial z}\right)\boldsymbol{t}^{(e)}\mathrm{d}\Omega \\ &= c\left[\rho\iiint_e \boldsymbol{N}^{\mathrm{T}}\boldsymbol{N}\left(\boldsymbol{u}^{(e)}\frac{\partial \boldsymbol{N}}{\partial x}+\boldsymbol{v}^{(e)}\frac{\partial \boldsymbol{N}}{\partial y}+\boldsymbol{w}^{(e)}\frac{\partial \boldsymbol{N}}{\partial z}\right)\mathrm{d}\Omega\right]\boldsymbol{t}^{(e)} \\ &= c\boldsymbol{h}^{(e)}\boldsymbol{t}^{(e)} \end{aligned} \tag{8.18}$$

其中

$$\boldsymbol{h}^{(e)} = \rho\iiint_e \boldsymbol{N}^{\mathrm{T}}\boldsymbol{N}\left(\boldsymbol{u}^{(e)}\frac{\partial \boldsymbol{N}}{\partial x}+\boldsymbol{v}^{(e)}\frac{\partial \boldsymbol{N}}{\partial y}+\boldsymbol{w}^{(e)}\frac{\partial \boldsymbol{N}}{\partial z}\right)\mathrm{d}\Omega \tag{8.19}$$

因为包含了结点向量，故需要在迭代计算中每步都进行更新，这是相当耗时的。这个矩阵的元素可以写成

$$h_{ij} = (\rho\iiint_e N_i \frac{\partial N_j}{\partial x}\boldsymbol{N}\,\mathrm{d}\Omega)\boldsymbol{u}^{(e)} + (\rho\iiint_e N_i \frac{\partial N_j}{\partial y}\boldsymbol{N}\,\mathrm{d}\Omega)\boldsymbol{v}^{(e)} + (\rho\iiint_e N_i \frac{\partial N_j}{\partial z}\boldsymbol{N}\,\mathrm{d}\Omega)\boldsymbol{w}^{(e)} \tag{8.20}$$

为了减少计算量，单元节点向量前的系数可以一次性算好备用（需要说明的是，即便如此，这种更新仍然是很耗时的，因而在实际编程中很少采用）。

这样，式(8.2) 成为

$$\begin{cases} \boldsymbol{r}_m^{(e)} = \boldsymbol{k}_1^{(e)}\boldsymbol{u}^{(e)} + \boldsymbol{k}_2^{(e)}\boldsymbol{v}^{(e)} + \boldsymbol{k}_3^{(e)}\boldsymbol{w}^{(e)} & (1) \\ \boldsymbol{r}_u^{(e)} = \boldsymbol{m}^{(e)}\dot{\boldsymbol{u}}^{(e)} + (\boldsymbol{h}^{(e)} + \boldsymbol{g}^{(e)})\boldsymbol{u}^{(e)} + \boldsymbol{k}_1^{(e)}\boldsymbol{p}^{(e)} - \boldsymbol{s}_1^{(e)} & (2) \\ \boldsymbol{r}_v^{(e)} = \boldsymbol{m}^{(e)}\dot{\boldsymbol{v}}^{(e)} + (\boldsymbol{h}^{(e)} + \boldsymbol{g}^{(e)})\boldsymbol{v}^{(e)} + \boldsymbol{k}_2^{(e)}\boldsymbol{p}^{(e)} - \boldsymbol{s}_2^{(e)} & (3) \\ \boldsymbol{r}_w^{(e)} = \boldsymbol{m}^{(e)}\dot{\boldsymbol{w}}^{(e)} + (\boldsymbol{h}^{(e)} + \boldsymbol{g}^{(e)})\boldsymbol{w}^{(e)} + \boldsymbol{k}_3^{(e)}\boldsymbol{p}^{(e)} - \boldsymbol{s}_3^{(e)} & (4) \\ \boldsymbol{r}_t^{(e)} = \boldsymbol{c}^{(e)}\dot{\boldsymbol{t}}^{(e)} + (c\boldsymbol{h}^{(e)} + \boldsymbol{k}^{(e)})\boldsymbol{t}^{(e)} - \boldsymbol{f}^{(e)} & (5) \end{cases} \tag{8.21}$$

装配后成为

$$\begin{cases} \boldsymbol{K}_1\boldsymbol{U} + \boldsymbol{K}_2\boldsymbol{V} + \boldsymbol{K}_3\boldsymbol{W} = 0 & (1) \\ \boldsymbol{M}\dot{\boldsymbol{U}} + (\boldsymbol{H} + \boldsymbol{G})\boldsymbol{U} + \boldsymbol{K}_1\boldsymbol{P} - \boldsymbol{S}_1 = 0 & (2) \\ \boldsymbol{M}\dot{\boldsymbol{V}} + (\boldsymbol{H} + \boldsymbol{G})\boldsymbol{V} + \boldsymbol{K}_2\boldsymbol{P} - \boldsymbol{S}_2 = 0 & (3) \\ \boldsymbol{M}\dot{\boldsymbol{W}} + (\boldsymbol{H} + \boldsymbol{G})\boldsymbol{W} + \boldsymbol{K}_3\boldsymbol{P} - \boldsymbol{S}_3 = 0 & (4) \\ \boldsymbol{C}\dot{\boldsymbol{T}} + (c\boldsymbol{H} + \boldsymbol{K})\boldsymbol{T} - \boldsymbol{F} = 0 & (5) \end{cases} \tag{8.22}$$

求解速度场与压力场的迭代思路如下。

先将式(8.22) 中的式(2)(3)(4) 分别表示为

$$\begin{cases} \boldsymbol{U} = \boldsymbol{A}^{-1}(\boldsymbol{S}_1 - \boldsymbol{K}_1\boldsymbol{P} - \boldsymbol{M}\dot{\boldsymbol{U}}) \\ \boldsymbol{V} = \boldsymbol{A}^{-1}(\boldsymbol{S}_2 - \boldsymbol{K}_2\boldsymbol{P} - \boldsymbol{M}\dot{\boldsymbol{V}}) \\ \boldsymbol{W} = \boldsymbol{A}^{-1}(\boldsymbol{S}_3 - \boldsymbol{K}_3\boldsymbol{P} - \boldsymbol{M}\dot{\boldsymbol{W}}) \end{cases} \tag{8.23}$$

其中

$$\boldsymbol{A} = \boldsymbol{H} + \boldsymbol{G} \tag{8.24}$$

代入式(8.22) 中的第 1 个方程，有

$$\begin{aligned} &[\boldsymbol{K}_1\boldsymbol{A}^{-1}\boldsymbol{K}_1 + \boldsymbol{K}_2\boldsymbol{A}^{-1}\boldsymbol{K}_2 + \boldsymbol{K}_3\boldsymbol{A}^{-1}\boldsymbol{K}_3]\boldsymbol{P} \\ &= \boldsymbol{K}_1\boldsymbol{A}^{-1}(\boldsymbol{S}_1 - \boldsymbol{M}\dot{\boldsymbol{U}}) + \boldsymbol{K}_2\boldsymbol{A}^{-1}(\boldsymbol{S}_2 - \boldsymbol{M}\dot{\boldsymbol{V}}) + \boldsymbol{K}_3\boldsymbol{A}^{-1}(\boldsymbol{S}_3 - \boldsymbol{M}\dot{\boldsymbol{W}}) \end{aligned} \tag{8.25}$$

8.2　流场分析中的其他数值方法

上节中讨论的有限元法是 ANSYS 中的传统方法，这种方法精度较高，适应面较广，但

编程工作相对复杂。另一方面,在流体数值分析领域,早在引入有限元法之前,人们就在采用有限差分法解决问题了。有限差分法是求解微分方程组的经典数值方法,它将求解域划分成差分网格(又称结构网格),如图 8-2 左图所示,用有限个结点代替连续的求解域,然后将偏微分方程导数用差商代替,推导出以结点上的场值为未知数的差分方程组。通过求解差分方程组,就可获得一组近似解。这种方法的特点是编程简单,计算成本低,但精度也低,特别不适合边界不规则的流场控制体,因为它采用的结构网格是构形相同、排布规则的网格。虽然针对不规则的边界,发展了各种细化网格的方法,但终究效果有限。

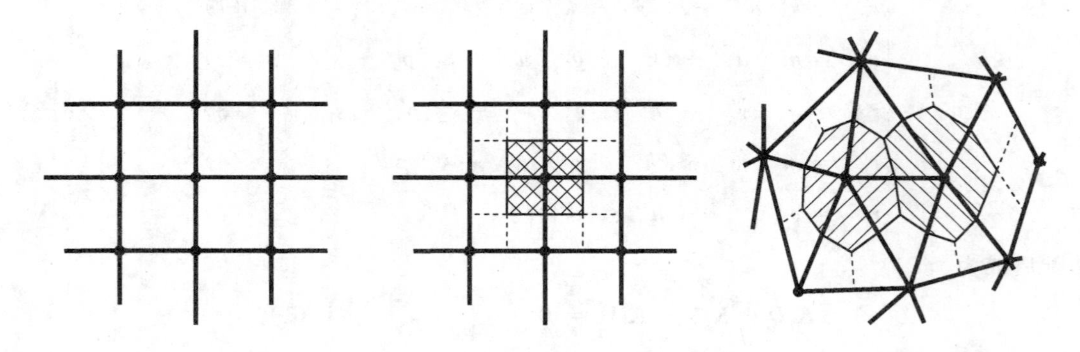

图 8-2 有限差分法、有限体积法、基于有限元的有限体积法

为了提高计算精度,发展了有限体积法,它也是 FLUNT 所采用的方法。这种方法仍然是基于结构网格的方法,所不同的是每个结点周围构建了一个互不重叠且没有缝隙的控制体积,如图 8-2 中图所示,将待求微分方程对每一个控制体积积分,从而获得一组离散方程。在进行积分时,当然需要对被积物理量在控制体积中的分布做出估计,其方法也是基于插值函数的,但与有限元法有两点不同:第一,插值函数仅仅用于导出积分结果,如有需要可以对微分方程中不同的项采用不同的插值函数;第二,对微分方程直接积分,而不是用形函数加权后再积分。这种方法与有限差分法相比的优点是:每个控制体积上的物理量的积分为零将直接导至整个区域上的积分为零,而后者则需要结构网格极其细密才能满足。但跟有限元法相比,因为其插值函数的选取没有考虑结点之间的平顺过渡,因而精度较低。为了适应非结构网格以处理不规则边界问题,这种方法也进行了相应的改进,比如 FLUNT 软件就已经能够支持非结构网格,但效果仍然不够理想。

正是为了在求解精度与编程难易之间找到更好的折中,才发展了基于有限元的有限体积法,它也是 CFX 所采用的方法。这种方法跟有限元法一样采用形函数在结点之间进行平顺插值,所以自然适应非结构网格;但与有限元法不同的是,它并不是在单元上用形函数加权积分,而是对每个结点构建一个控制体积,如图 8-2 右图所示,并在其内对微分方程直接积分。控制体积构建的方法,以 2 维单元为例,其边界由与此结点相邻的单元形心与边中点交替连接构成。显然,它较好地综合了有限元法与有限体积法的优点。

图 8-3 中,对照了同一分析实例,同一网格划分(约 40 万单元),分别采用 CFX 迭代 50 次(用时约 16 分,CPU 主频 1.6G,双核,下同)与 FLUNT 迭代 100 次(用时约 13 分)的流线分析结果。图 8-4 显示了同一分析实例,网格数量为一半(约 20 万),采用 ANSYS APDL14.0 中的 FLUID142 单元,用有限元法迭代 100 次(用时约 16 分)的流线分析结果。

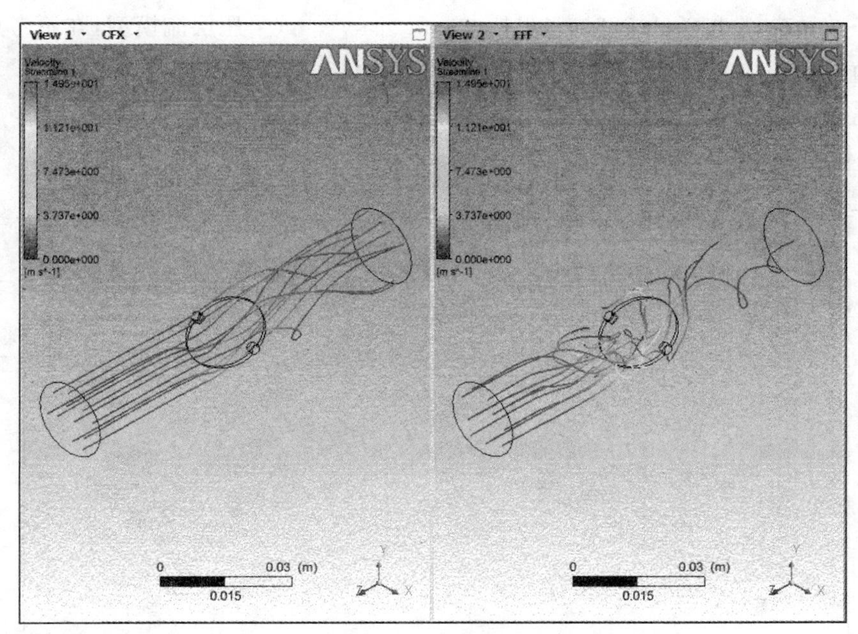

图 8-3　CFX 与 FLUNT 的计算结果

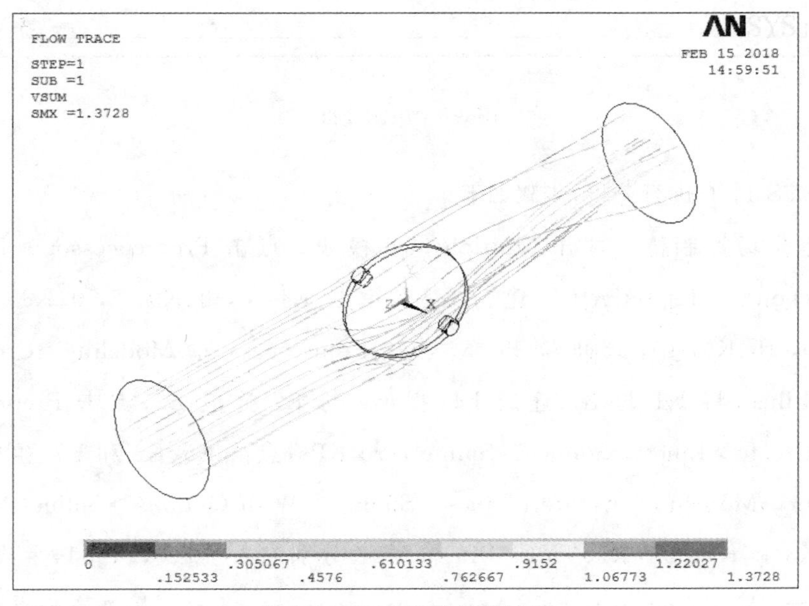

图 8-4　ANSYS 的计算结果

8.3 ANSYS 流场分析实例

例 8.1:如图 8-5 所示为曲面夹层中水流的断面(各断面相同,将与断面垂直的方向视为无限长)。已知水流从左侧进入,速度为 $100\text{mm}\cdot\text{s}^{-1}$,从右端自由流出,水的密度为 $0.9982\times10^{-6}\text{kg}\cdot\text{mm}^{-3}$,粘度为 $1.003\times10^{-6}\text{kg}\cdot\text{mm}^{-1}.\text{s}^{-1}$。试采用层流模型,在不考虑传热但考虑地球重力场($g=9810\text{mm}\cdot\text{s}^{-2}$)的条件下,对流体进行稳态分析。

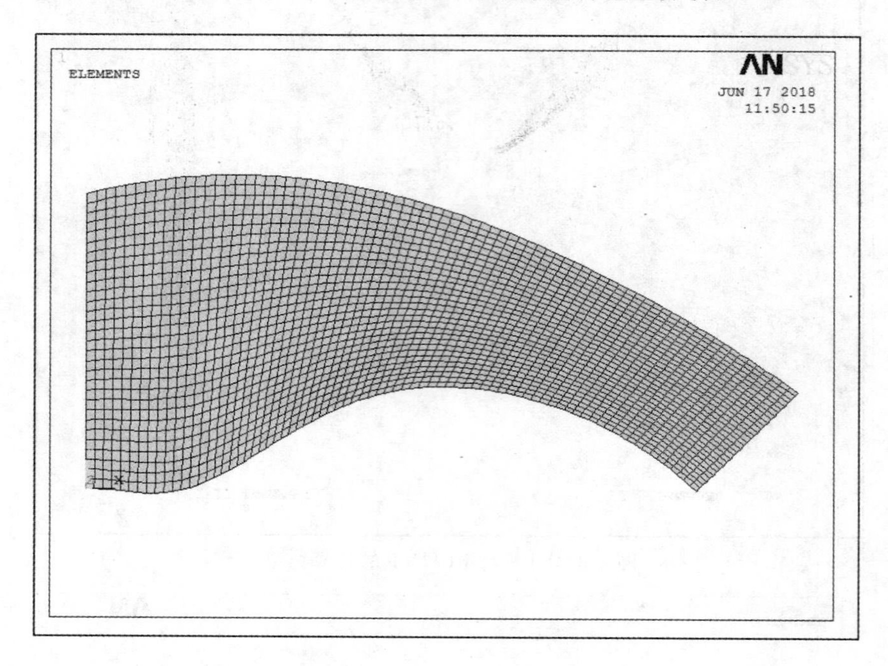

图 8-5 层流分析

用 ANSYS 14.0 进行分析,步骤如下

1) 创建流场控制体。打开 Multiphysics 模块。点击 Prepreocessor＞Modeling＞Create＞Keypoints＞In Active CS,建立以下关键点:K1, 0, 0、K2, 5, 0、K3, 15, 5、K4, 30, 0、K5, 0, 15、K6, 15, 15、K7, 35, 5。点击 Prepreocessor＞Modeling＞Create＞Lines＞Straight Lines,将 K1 与 K5 连成 L1,将 K4 与 K7 连成 L2;点击 Prepreocessor＞Modeling＞Create＞Lines＞Splines＞Spline thru KPs,点击 K5、K6 和 K7,生成 L3;点击 Prepreocessor＞Modeling＞Create＞Lines＞Splines＞With Options＞Spline thru KPs,点击 K1、K2、K3 和 K4,为 VX1、VY1、VX6 与 VY6 分别输入 −1、0、1、−1,生成 L4。点击 Prepreocessor＞Modeling＞Create＞Areas＞Arbitrary＞By Lines,顺次点击首尾相连的四条线,完成流场控制体的几何建模。

2）分网。打开 Preferences，选择 FLOTRAN CFD。点击 Prepreocessor＞Element Type＞Add/Edit/ Delete，点击 Add…，选择 FLOTRAN CFD 和 2D FLOTRAN 141，将单元 FLUID141 列为 1 号单元。点击 Preprocessor＞Meshing＞Size Cntrls＞ManualSize＞Areas＞All Areas，为 SIZE 输入 0.5；点击 Preprocessor＞Meshing＞Mesh＞Areas＞Mapped＞3 or 4 sided，选中流场控制体，完成分网，如图 8-5 所示。

3）设置流体分析的相关参数。点击 Preprocessor＞FLOTRAN Set Up＞Solution Options，将 TRAN 设置为 Steady State；FLOW 设置为 Yes；TEMP 设置为 Adiabatic；TURB 设置为 Laminar；COMP 设置为 Incompressible；其余均为 No。点击 Preprocessor＞FLOTRAN Set Up＞Algorithm Control，为 SEGR 选择 SIMPLEN。点击 Preprocessor＞FLOTRAN Set Up＞Execution Ctrl，为 EXEC 输入 200，其余保持默认值。点击 Preprocessor＞FLOTRAN Set Up＞Fluid Properties，为各项选择 Constant，其余保持默认值，单击 OK，在弹出的对话框中为 Density 输入 0.9982e-6；为 Viscosity 输入 1.003e-6。点击 Preprocessor＞FLOTRAN Set Up＞Flow Environment＞Gravity，为 ACELY 输入 9810。

4）设置边界条件。点击 Preprocessor＞Loads＞Define Loads＞Apply＞Fluid/CFG＞Velocity＞On Lines，选 L1，在弹出的对话框中为 VX 输入 100，VY 为 0，并设置 Apply to endpoints? 为 No。点击 Velocity＞On Lines，选 L3 与 L4，在弹出的对话框中为 VX 输入 0，VY 为 0，并设置 Apply to endpoints? 为 Yes。点击 Fluid/CFG＞Pressure DOF＞On Lines，选 L4，将出水口面的压强设置为 1，并设置 Apply to endpoints? 为 Yes。加载完成后如图 8-6 所示。

5）求解。点击 Solution＞Run FLOTRAN，开始求解，发现在迭代 200 步之前就达到默认的收敛条件而结束了。

6）后处理。点击 General Postproc＞Read Results＞Last Set，读入最后的结果。点击 General Postproc＞Plot Results＞Contoure Plot＞Nodal Solu，在弹出的对话框中选择 Nodal Solution＞DOF Solution＞Nodal Pressure，生成压力场分布云图如图 8-7 所示；选择 General Postproc＞Plot Results＞Vector Plot＞Predefined，选中 Velocity V，生成速度矢量图如图 8-8 所示。

例 8.2：如图 8-9 所示为滑动轴承模型的润滑油断面（各断面相同，将与断面垂直的方向视为无限长）。已知轴瓦内径为 50mm，轴径 40mm，偏心距 2.5mm；轴径逆时针转动，线速度为 100mm/s，润滑油密度为 $0.884\times10^{-6}\,\mathrm{kg\cdot mm^{-3}}$，粘度为 $0.486\times10^{-3}\,\mathrm{kg\cdot mm^{-1}\cdot s^{-1}}$。试采用层流模型，在不考虑传热与重力场的条件下，对流体进行稳态分析。

用 ANSYS 14.0 进行分析，步骤如下

1）创建流场控制体。打开 Multiphysics 模块。点击 Prepreocessor＞Modeling＞

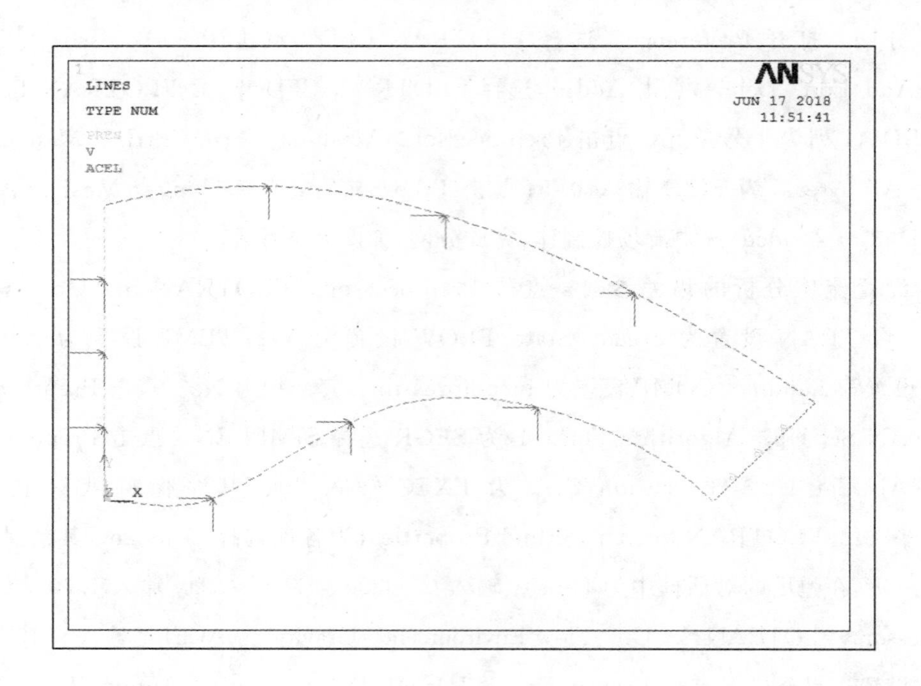

图 8-6 加载完成

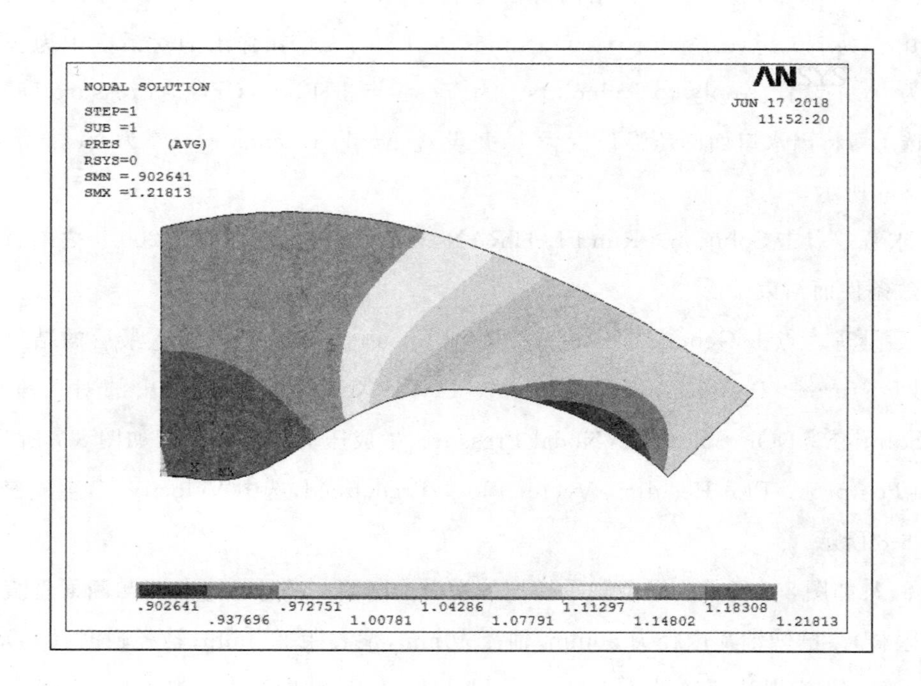

图 8-7 压力场分布云图

Create>Areas>Solid Circle，创建以(0，2.5)为圆心、半径为 25 的圆和以(0，0)为圆心、半径为 20 的圆；点击 Prepreocessor>Modeling>Opreate>Booleans>Substract>Areas，将

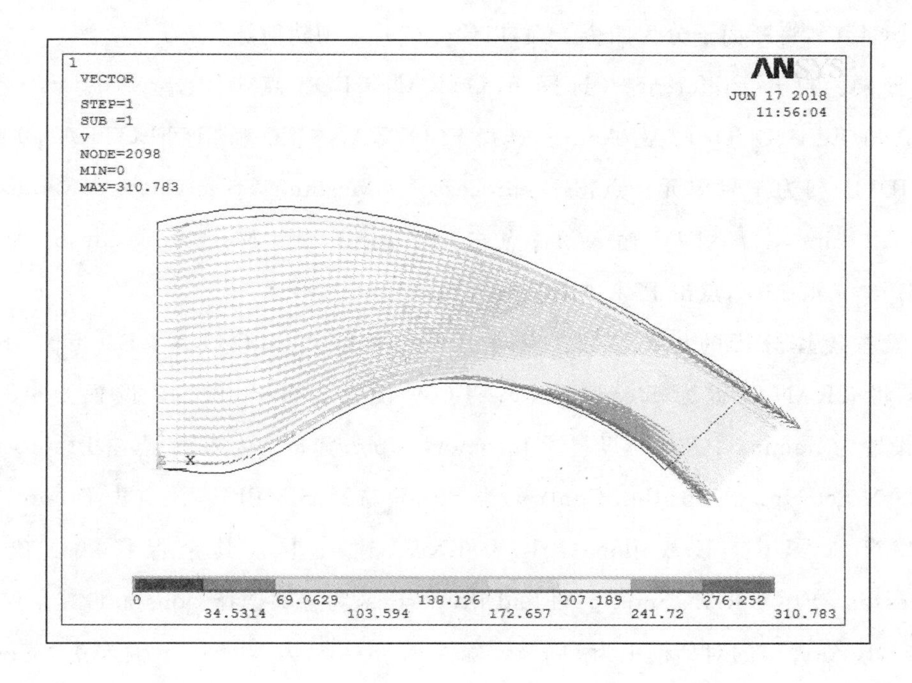

图 8-8　速度矢量图

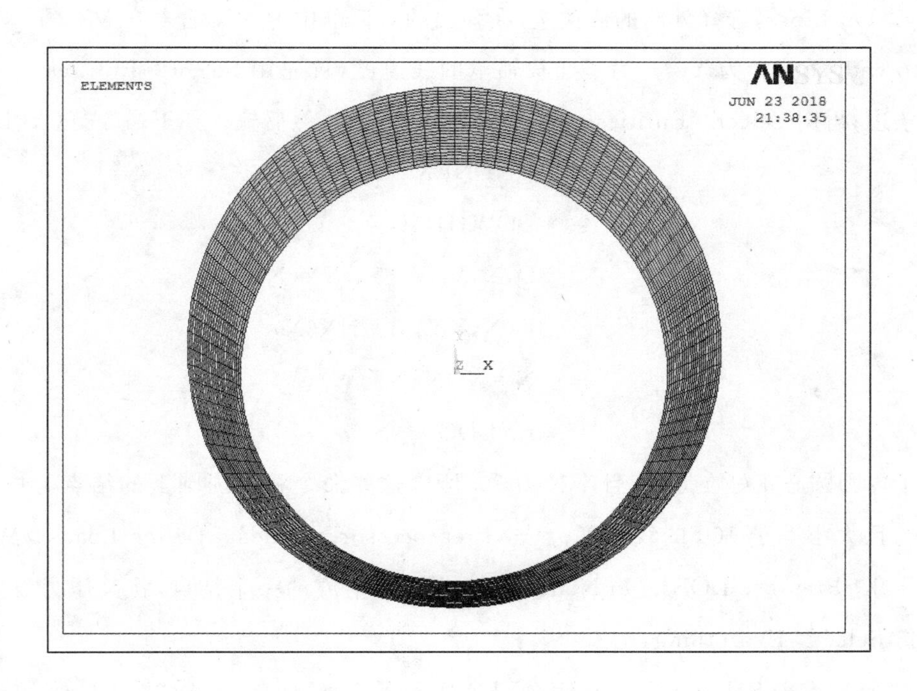

图 8-9　滑动轴承模型

小圆从大圆中减去；点击 Prepreocessor>Modeling>Create>Lines>Straight Line，将两圆的四个关键点分别对应相连；点击 Prepreocessor>Modeling>Opreate>Booleans>Divide

>Area by Line，将断面子分为四个子面，以便分网时采用映射法。

2）分网。打开 Preferences，选择 FLOTRAN CFD。点击 Prepreocessor>Element Type>Add/Edit/ Delete，点击 Add…，选择 FLOTRAN CFD 和 2D FLOTRAN 141，将单元 FLUID141 列为 1 号单元。点击 Preprocessor>Meshing>Size Cntrls>ManualSize>Lines>All Lines，为 NDIV 输入 25；点击 Preprocessor>Meshing>Mesh>Areas>Mapped>3 or 4 sided，点击 Pick All，完成分网，如图 8-9 所示。

3）设置流体分析的相关参数。点击 Preprocessor>FLOTRAN Set Up>Solution Options，将 TRAN 设置为 Steady State；FLOW 设置为 Yes；TEMP 设置为 Adiabatic；TURB 设置为 Laminar；COMP 设置为 Incompressible；其余均为 No。点击 Preprocessor>FLOTRAN Set Up>Algorithm Control，为 SEGR 选择 SIMPLEN。点击 Preprocessor>FLOTRAN Set Up>Execution Ctrl，为 EXEC 输入 100，其余保持默认值。点击 Preprocessor>FLOTRAN Set Up>Fluid Properties，为各项选择 Constant，其余保持默认值，单击 OK，在弹出的对话框中为 Density 输入 0.884e-6；为 Viscosity 输入 0.486e-3。

4）设置边界条件。点击 Preprocessor>Loads>Define Loads>Apply>Fluid/CFG>Velocity>On Lines，选择外圆的四条边，在弹出的对话框中为 VX 输入 0，VY 为 0，并设置 Apply to endpoints? 为 Yes。为了加载轴承的线速度，首先用 Select>Entities…，选中内圆的四条边；再用 Select>Entities…，选中这些边上结点，然后输入如下命令行（APDL）

```
N=NDNEXT(0)
*DOWHILE, N
  D,N,VX,-5*NY(N)
  D,N,VY, 5*NX(N)
  N=NDNEXT(N)
*ENDDO
```

由于内圆圆心正好在原点，且半径为 20，所以这些命令将为内圆上的结点施加沿逆时针方向的且大小等于 100 的线速度；点击 Preprocessor>Loads>Define Loads>Apply>Fluid/CFG>Pressure DOF>On Nodes，选中内圆正上方的一个结点，将其压力设定为 0；最后点击 Select>Everything。

5）求解。点击 Solution>Run FLOTRAN，开始求解，收敛过程如图 8-10 所示。

6）后处理。点击 General Postproc>Read Results>Last Set，读入迭代 100 步之后的结果。点击 General Postproc>Plot Results>Contoure Plot>Nodal Solu，在弹出的对话框中选择 Nodal Solution>DOF Solution>Nodal Pressure，生成压力场分布云图如图 8-11 所示，注意到在左下方

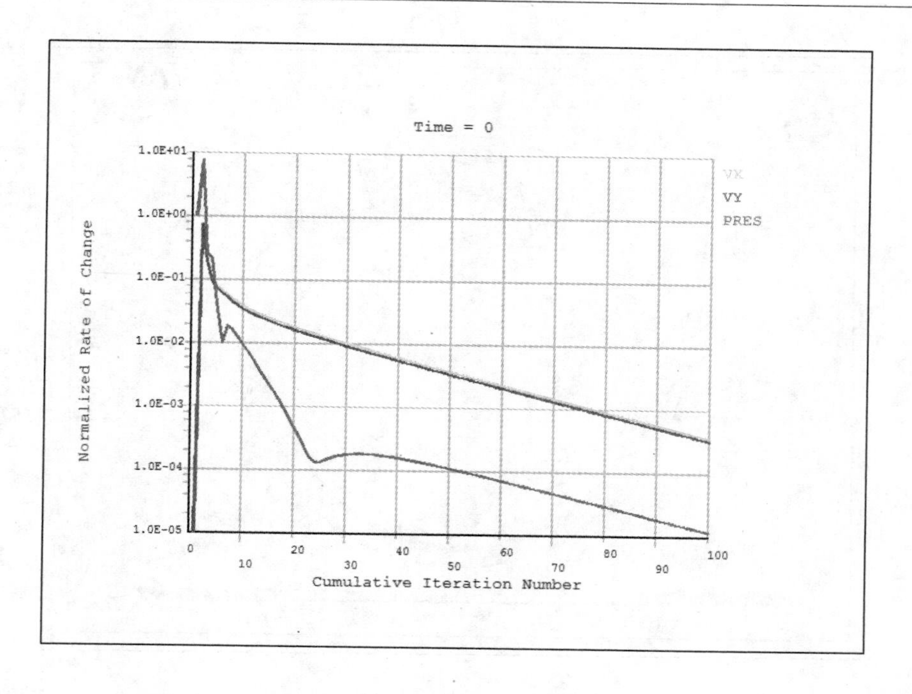

图 8-10 迭代过程

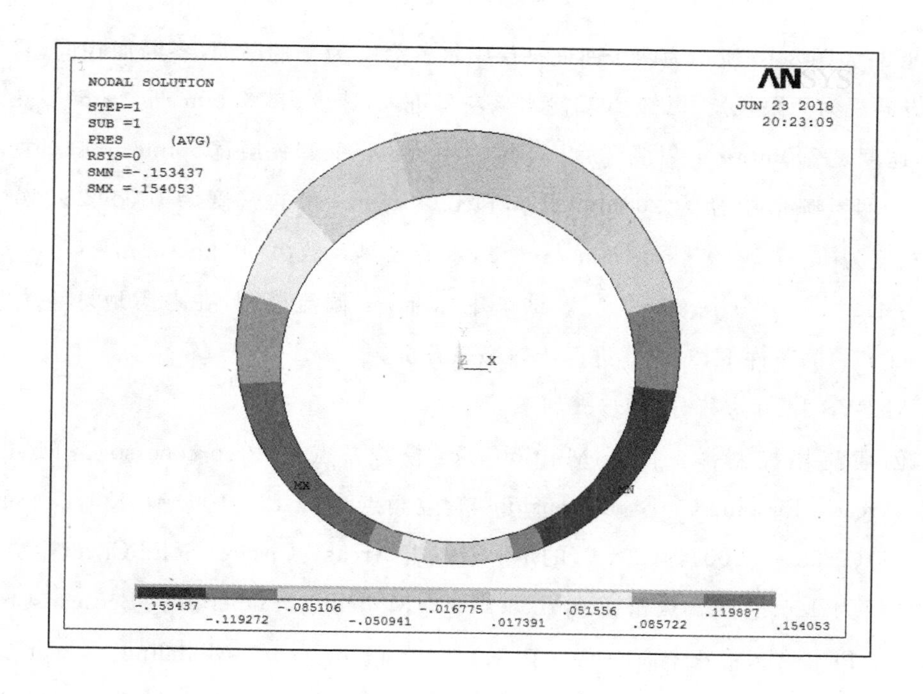

图 8-11 压力场分布云图

形成了一个高压区，正是这个高压区可以用来承受作用在轴径上的径向力；选择 General Postproc >Plot Results>Vector Plot>Predefined，选中 Velocity V，生成速度矢量图如图 8-12 所示。

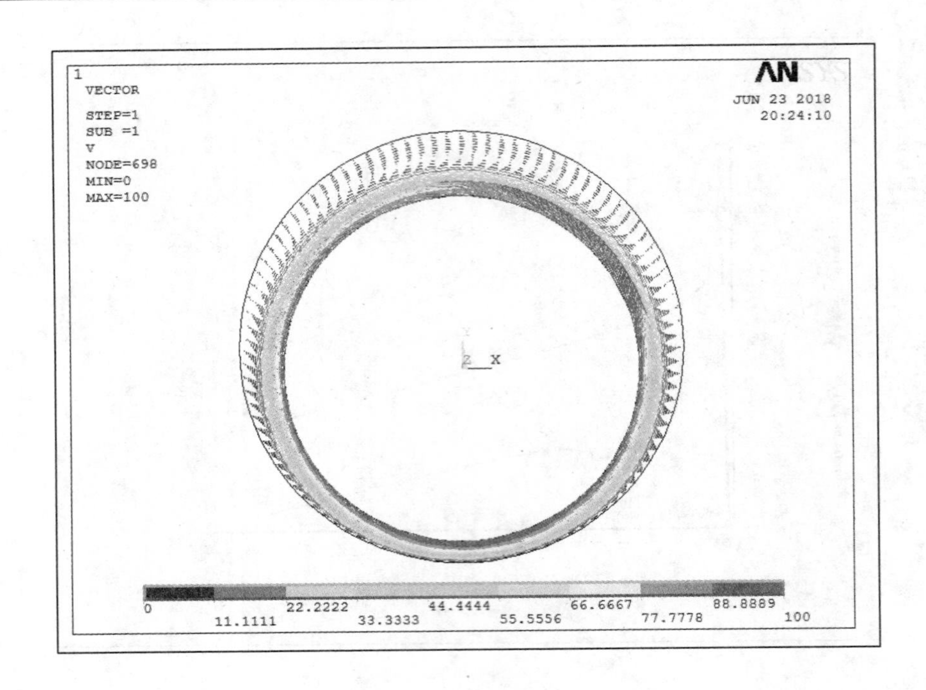

图 8-12 速度矢量图

例 8.3:如图 8-14 所示为两个曲面夹层中水流合二为一的断面(各断面相同,将与断面垂直的方向视为无限长)。已知 20℃冷水从左口进入,速度为 $300\text{mm}\cdot\text{s}^{-1}$;50℃热水从右口进入,速度是 $200\text{mm}\cdot\text{s}^{-1}$;混合后从下端自由流出。又知夹层宽 50mm,入口处两直段长 125mm,中间半圆形中径为 200mm,出口段长 100mm;水的密度为 $0.9982\times10^{-6}\text{kg}\cdot\text{mm}^{-3}$,粘度为 $1.003\times10^{-6}\text{kg}\cdot\text{mm}^{-1}\cdot\text{s}^{-1}$,水的导热系数为 $600\text{kg}\cdot\text{mm}\cdot\text{s}^{-3}\cdot℃^{-1}$,水的比热为 $4.2\times10^{9}\mu\text{J}\cdot\text{kg}^{-1}\cdot℃^{-1}$。试采用标准 k-ε 湍流模型,在考虑地球重力场($g=9810\text{mm}\cdot\text{s}^{-2}$)的条件下,对流体进行传热稳态分析。

用 ANSYS 14.0 进行分析,步骤如下

1) 创建流场控制体。打开 Multiphysics 模块。点击 Prepreocessor>Modeling>Create>Areas>Rectangle>By Dimensions,建立角点为(−125,100)到(125,250)的矩形;再建角点为(−25, −100)到(25, 0)的矩形。点击 Areas>Circle>Solid Cirle,生成圆心在 0,100,半径为 125 的圆。点击 Prepreocessor>Modeling>Operate>Booleans>Add>Areas,点击 Pick All,将三个面并成一个。点击 Prepreocessor>Modeling>Create>Areas>Rectangle>By Dimensions,建立角点为(−75,100)到(75,250)的矩形。点击 Areas>Circle>Solid Cirle,生成圆心在(0,100),半径为 75 的圆。点击 Prepreocessor>Modeling>Operate>Booleans>Substract>Areas,将新生成的两个面从之前的面中减去,完成流场控制体的几何建模。

2）分网。打开 Preferences，选择 FLOTRAN CFD。点击 Prepreocessor>Element Type>Add/Edit/ Delete，点击 Add…，选择 FLOTRAN CFD 和 2D FLOTRAN 141，将单元 FLUID141 列为 1 号单元。点击 Preprocessor>Meshing>Size Cntrls>ManualSize>Global>Areas>All Areas，为 SIZE 输入 2；点击 Preprocessor>Meshing>Mesh>Areas>Free，选中流场控制体，完成分网。

3）设置流体分析的相关参数。点击 Preprocessor>FLOTRAN Set Up>Solution Options，将 TRAN 设置为 Steady State；FLOW 设置为 Yes；TEMP 设置为 Thermal；TURB 设置为 Turbulent；COMP 设置为 Incompressible；IVSH Incompress viscous heat? 设置为 Yes，其余均为 No。点击 Preprocessor>FLOTRAN Set Up>Algorithm Control，为 SEGR 选择 SIMPLEN。点击 Preprocessor>FLOTRAN Set Up>Execution Ctrl，为 EXEC 输入 100，其余保持默认值。点击 Preprocessor>FLOTRAN Set Up>Fluid Properties，为各项选择 Constant，其余保持默认值，单击 OK，在弹出的对话框中为 Density 输入 0.9982e−6；为 Viscosity 输入 1.003e−6；为 Conducivity 输入 600；为 Specific Heat 输入 4.2e9。点击 Preprocessor>FLOTRAN Set Up>Flow Environment>Gravity，为 ACELY 输入 9810。

4）设置边界条件。点击 Preprocessor>Loads>Define Loads>Apply>Fluid/CFG>Velocity>On Lines，选择左侧入口处的水平线，在弹出的对话框中为 VX 输入 0，VY 为−300，并设置 Apply to endpoints? 为 No。点击 Velocity>On Lines，选择右侧入口处的水平线，在弹出的对话框中为 VX 输入 0，VY 为−180，并设置 Apply to endpoints? 为 No。点击 Velocity>On Lines，选择除出入口水平线之外的所有线，在弹出的对话框中为 VX 输入 0，VY 为 0，并设置 Apply to endpoints? 为 Yes。点击 Fluid/CFG>Pressure DOF>On Lines，选择出口处的水平线，将出水口面的压强设置为 1，并设置 Apply to endpoints? 为 Yes。点击 Preprocessor>Loads>Define Loads>Apply>Thermal>Temperature>On Lines，选择左侧入口处的水平线，将温度设置为 20；再将右侧入口处的温度设置为 50。点击 Preprocessor>Loads>Define Loads>Apply>Thermal>Heat Flux>On Lines，选择除入水口与出水口水平线之外的所有边，将热流密度设置为 0。

7）求解。点击 Solution>Run FLOTRAN，开始求解，发现不收敛。点击 Preprocessor >FLOTRAN Set Up>Relax/Stab/Cap>Stability Parms，为 VISC Artificial viscosity 输入 0.01 后再次点击 Solution>Run FLOTRAN。收敛过程如图 8-13 a）所示。将 VISC Artificial viscosity 置 0 后，再次点击 Solution>Run FLOTRAN，分别执行三次，收敛曲线分别如图 8-13 b）、c）、d）所示。

8）后处理。点击 General Postproc>Read Results>Last Set，分别读入迭代 100、200、

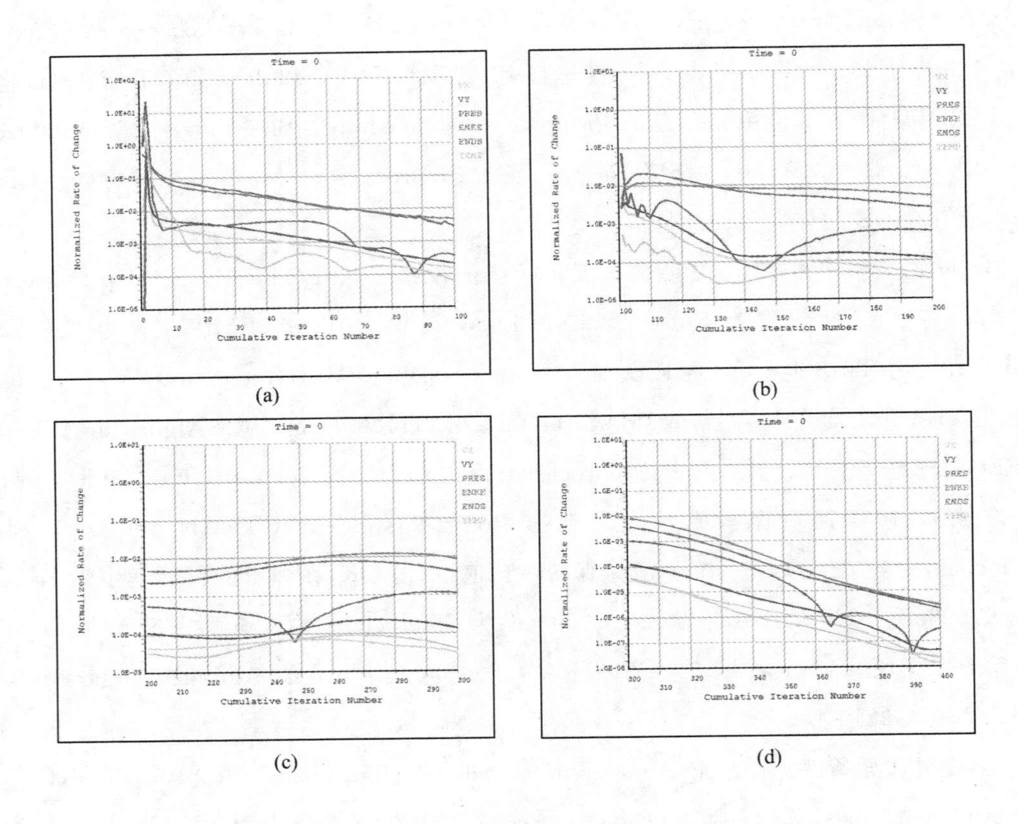

图 8-13 迭代过程(从上到下从左到右依次为 a、b、c、d)

300 和 400 步之后的结果，相应地点击 General Postproc>Plot Results>Contoure Plot>Nodal Solu，在弹出的对话框中选择 Nodal Solution>DOF Solution>Fluid Vilocity，生成的速度场云图分别如图 8-14(a)～(d)所示；相应地点击 General Postproc>Plot Results>Contoure Plot>Nodal Solu，在弹出的对话框中选择 Nodal Solution>DOF Solution>Pressure，生成的压力场云图分别如图 8-15(a)～(d)所示；若在弹出的对话框中选择 Nodal Solution>DOF Solution>Nodal Temperature，则生成的温度场云图分别如图 8-16(a)～(d)所示；若在弹出的对话框中选择 Nodal Solution>DOF Solution>Other FLOTRAN Quantities>Heat flux，则生成的热流密度场云图分别图 8-17(a)～(d)所示，注意最大热流密度从图(a)的(－1136～1174)变成了图(d)的(－0.08～0.05)。

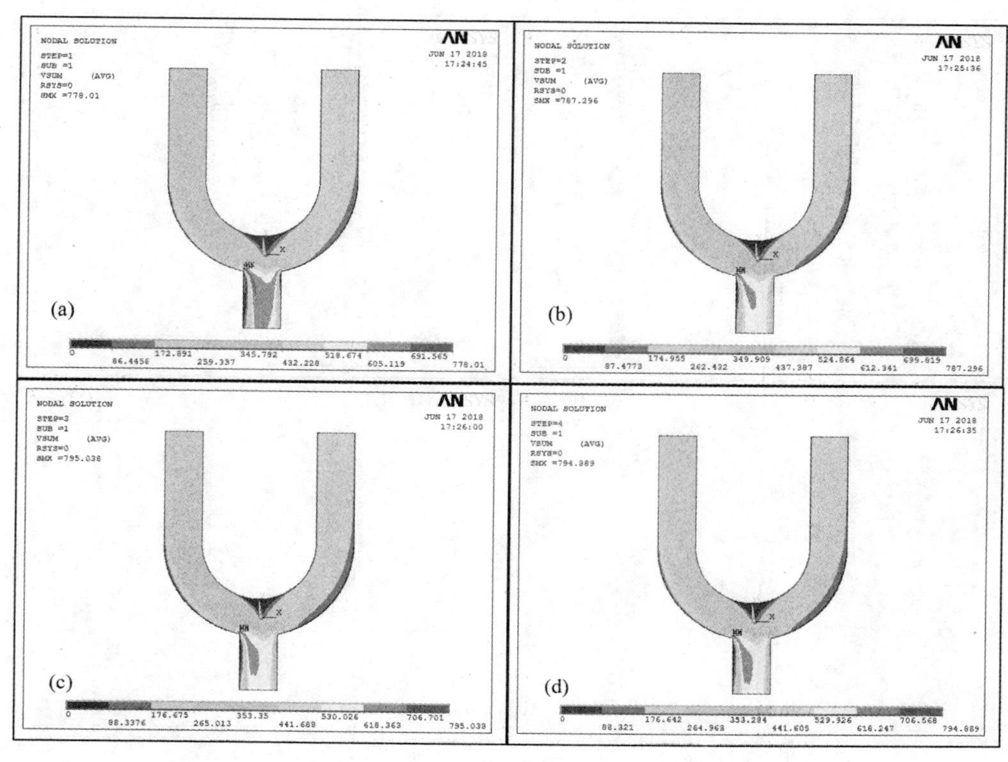

图 8-14　速度场云图(从上到下从左到右依次为 a、b、c、d)

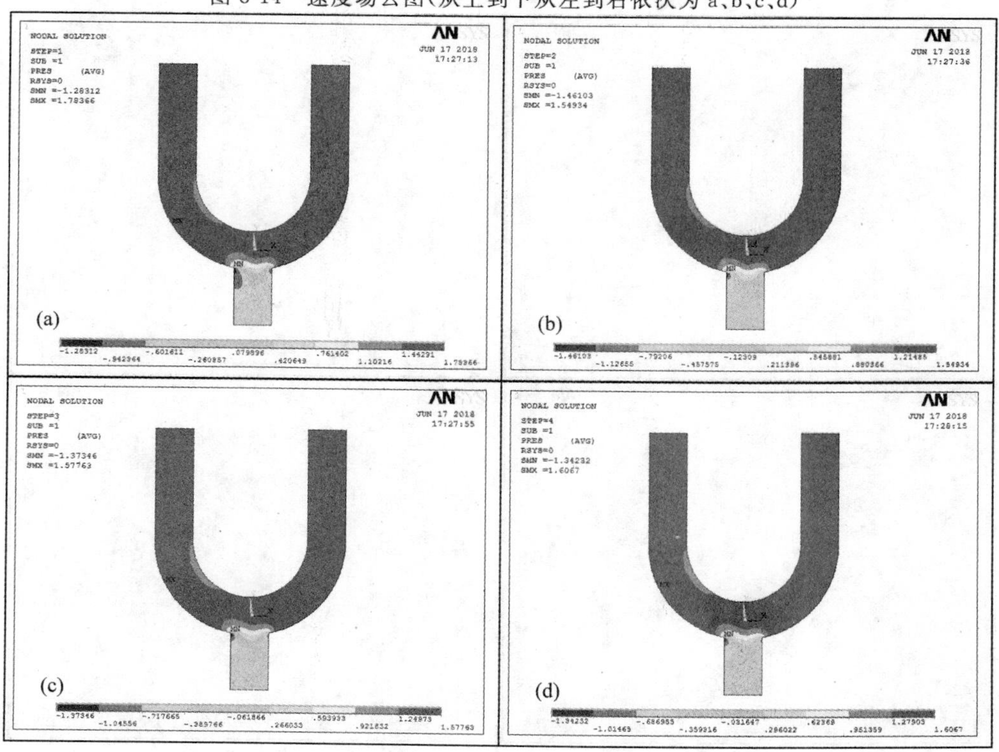

图 8-15　压力场云图

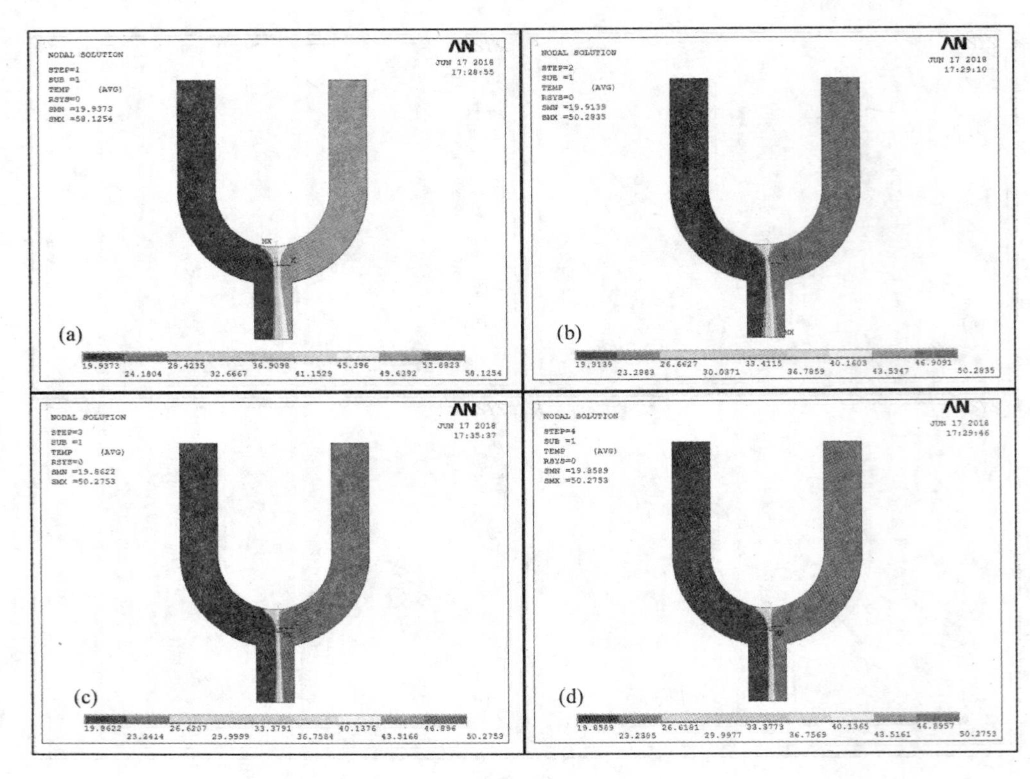

图 8-16　温度场云图

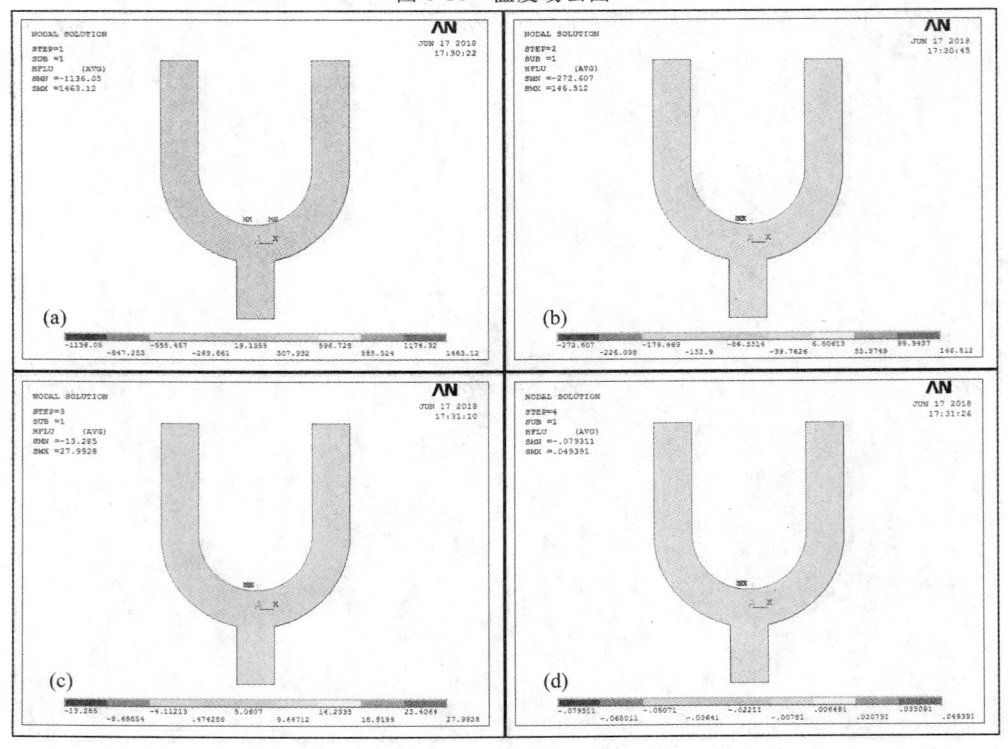

图 8-17　热流密度场云图

例 8.4:如图 8-18 所示为一内含半开阀门的水管。已知水流从左侧进入,速度为 $1m \cdot s^{-1}$,从右端自由流出。水的密度为 $988.2kg \cdot m^{-3}$,粘度为 $0.001003N \cdot s \cdot m^{-2}$,试采用标准$k$-$\varepsilon$湍流模型,不考虑传热与重力,对流体进行稳态分析。

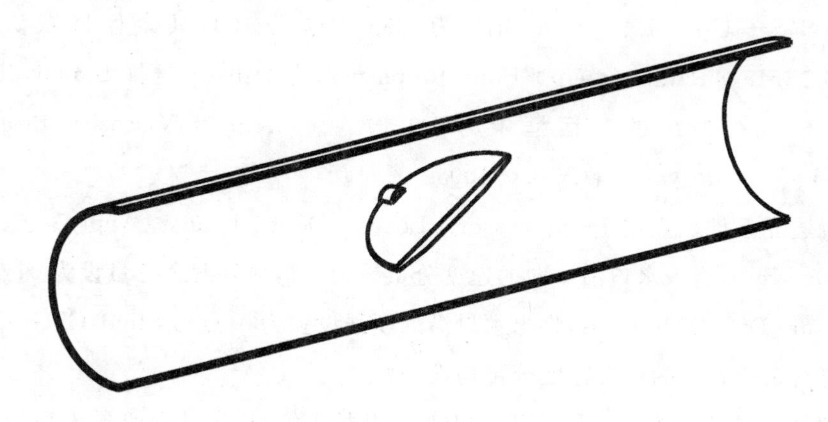

图 8-18　内含半开阀门的水管

解:首先,将水管两端封闭,创建如图 8-19 所示水管中的流场控制体。

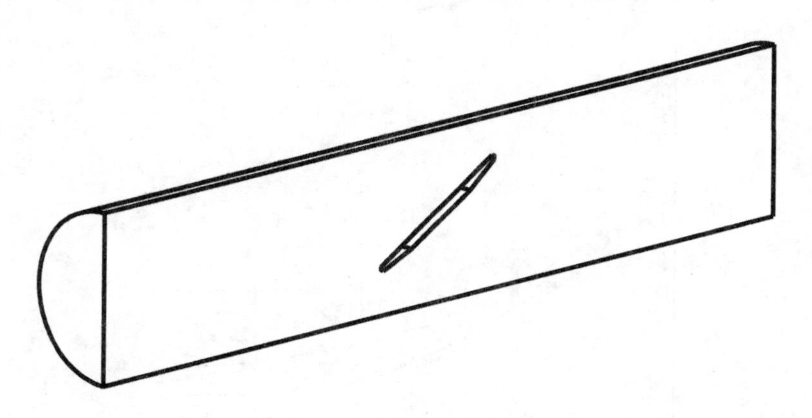

图 8-19　水管中的流场控制体

用 ANSYS 14.0 进行分析,步骤如下

1) 新建 ANSYS 文件。打开 Multiphysics 模块,用 File>Import 导入在 CAD 软件中创建的流场控制体,如图 8-19 所示。

2) 分网。打开 Preferences,选择 FLOTRAN CFD。点击 Prepreocessor>Element Type>Add/Edit/Delete,点击 Add…,选择 FLOTRAN CFD 和 3D FLOTRAN 142,将单元 FLUID142 列为 1 号单元。点击 Preprocessor>Meshing>MeshTool,勾选 Smart Size,并将其值设为 4。点击 Mesh,选中流场控制体,完成分网。

3) 设置流体分析的相关参数。点击 Preprocessor>FLOTRAN Set Up>Solution

Options，将 TRAN 设置为 Steady State；FLOW 设置为 Yes；TEMP 设置为 Adiabatic；TURB 设置为 Turbulent；COMP 设置为 Incompressible；其余均为 No。点击 Preprocessor>FLOTRAN Set Up>Algorithm Control，为 SEGR 选择 SIMPLEN。点击 Preprocessor>FLOTRAN Set Up>Execution Ctrl，为 EXEC 输入 100，其余保持默认值。点击 Preprocessor>FLOTRAN Set Up>Fluid Properties，为 Density 选择 Liquid，其余保持默认值，单击 OK，在弹出的对话框中为 D0 输入 998.2；为 Viscosity Property type CONSTANT Constant value 输入 0.001003。

4）设置边界条件。点击 Preprocessor>Loads>Define Loads>Apply>Fluid/CFG>Velocity>OnAreas，将入水口沿 z 向的速度分量设为−1，另外两个分量设为 0；点击 Fluid/CFG>Pressure DOF>OnAreas，将出水口沿的压强设置为 0；点击 Fluid/CFG>Velocity>OnAreas，将其余所有面的所有速度分量均设为 0。

5）求解。点击 Solution>Run FLOTRAN，开始求解，迭代过程如图 8-20 所示。

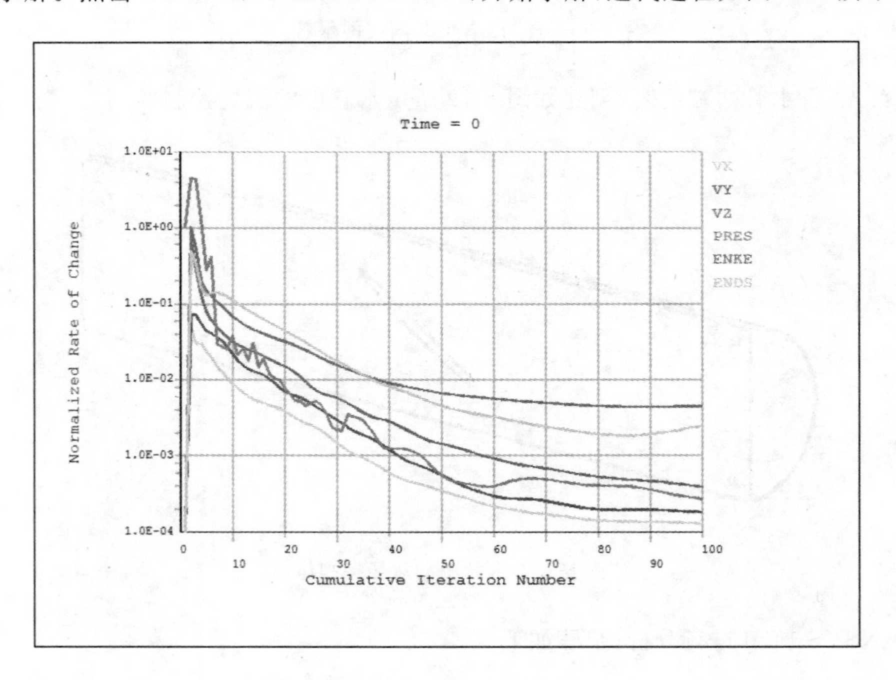

图 8-20 迭代过程

6）后处理。点击 General Postproc>Read Results>Last Set，读入迭代 100 步之后的结果。输入以下命令，生成 20 个流线起点（实际上是进水口面上选择的 20 个结点）

```
TRPOIN,    0.721623033777E-02,    -0.105013792328E-02,    0.500000000000E-01
TRPOIN,    0.621915347098E-02,    -0.385073282879E-02,    0.500000000000E-01
TRPOIN,    0.304319323808E-02,    -0.666609462862E-02,    0.500000000000E-01
```

```
TRPOIN, -0.120393347701E-02, -0.718776667631E-02, 0.500000000000E-01
TRPOIN, -0.402233896592E-02, -0.609480650323E-02, 0.500000000000E-01
TRPOIN, -0.618199157728E-02, -0.414531683763E-02, 0.500000000000E-01
TRPOIN, -0.737963355383E-02, -0.150611912121E-02, 0.500000000000E-01
TRPOIN, -0.715612907774E-02, 0.163132263547E-02, 0.500000000000E-01
TRPOIN, -0.555854446855E-02, 0.489348765339E-02, 0.500000000000E-01
TRPOIN, -0.295714613206E-02, 0.646675395058E-02, 0.500000000000E-01
TRPOIN, 0.225993697005E-03, 0.741218466710E-02, 0.500000000000E-01
TRPOIN, 0.299184475727E-02, 0.660868981066E-02, 0.500000000000E-01
TRPOIN, 0.546221069393E-02, 0.506526226290E-02, 0.500000000000E-01
TRPOIN, 0.714016347755E-02, 0.194460748713E-02, 0.500000000000E-01
TRPOIN, 0.498788149003E-02, -0.175189735457E-02, 0.500000000000E-01
TRPOIN, 0.314464152505E-02, -0.331004586235E-02, 0.500000000000E-01
TRPOIN, 0.479322531480E-03, -0.458977316257E-02, 0.500000000000E-01
TRPOIN, -0.199914458125E-02, -0.487213292113E-02, 0.500000000000E-01
TRPOIN, -0.368926458165E-02, -0.368658826378E-02, 0.500000000000E-01
TRPOIN, -0.475135142937E-02, -0.109025888876E-02, 0.500000000000E-01
```

点击 General Postproc>Plot Results>Plot Flow Tra，生成流线图，如图 8-21 所示。

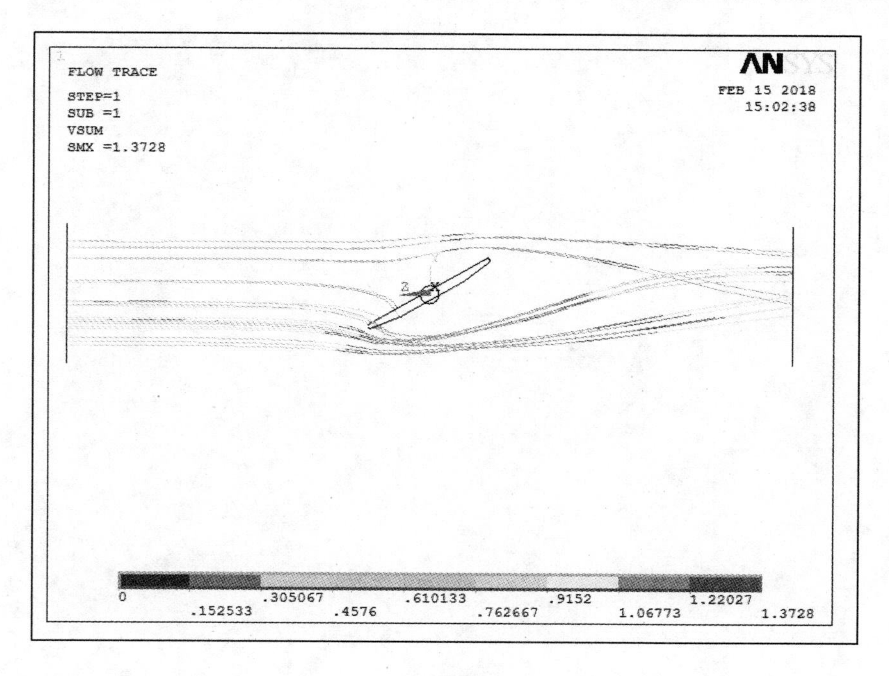

图 8-21　计算结果的流线图

8.4 思考题

8.1 考虑习题1.8所列情形的二维流场，假设 $r_0=50\text{mm}$，$U_\infty=500\text{m/s}$，$P_\infty=0$，$\rho=1\text{g/cm}^3$，试完成(取对称模型进行分析)：

1) 取边长为500mm的正方形代表“无穷远”边界，进行速度场与压力场的有限元分析，并画出流线图。

2) 取边长为1000mm的正方形代表“无穷远”边界，进行速度场与压力场的有限元分析，并画出流线图。

3) 取边长为2000mm的正方形代表“无穷远”边界，进行速度场与压力场的有限元分析，并画出流线图。

4) 对照分析结果与理论解的差别。

8.2 参照例8.2，按滑动轴承的实际情形，轴向长度为80mm，且设两端压力为0，试用有限元分析其流场与压力的分布。

附　　录

A　梁单元与框架

杆单元是只能承受轴向力的一维单元，而梁单元则是既可以承受轴向力，又可以承受横向力、扭矩和弯矩的一维单元。与此相应，由杆单元通过结点连接而成的结构称为桁架，由梁单元通过结点连接而成的结构称为框架。显然，桁架可以视作特殊的框架，因而框架比桁架更加通用。考虑到梁单元的形函数与一般结构单元的形函数在形式上有较大区别，因而将其放在附录中供有兴趣的读者参考。如图 A-1 所示，在小变形假设的前提下，以梁单元的形心轴为 x 轴，建立右手直角坐标系 $Oxyz$。设结点 1 与 2 的 x 坐标分别为 x_1 与 x_2，两结点的轴向位移分别为 u_1 与 u_2，两结点的 y 向位移分别为 v_1 与 v_2，两结点的 z 向位移分别为 w_1 与 w_2，两结点处的横截面沿轴向的扭转角（即绕 x 轴的转角）分别为 φ_1 与 φ_2，两结点处横截面在 xy 平面内的偏转角（即绕 z 轴的转角）分别为 θ_{v1} 与 θ_{v2}，两结点处横截面在 xz 平面内的偏转角（即绕 y 轴的转角）分别为 θ_{w1} 与 θ_{w2}，则轴线上的各点的位置 x、轴向位移 u_0 以及其对应横截面在轴向的扭转角 φ 可用形函数插值估计为

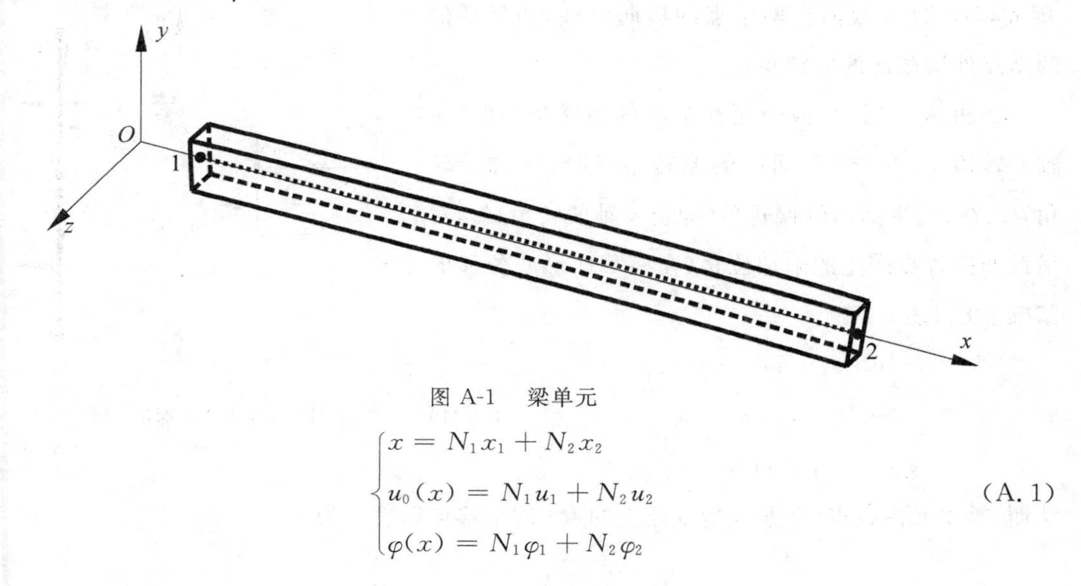

图 A-1　梁单元

$$\begin{cases} x = N_1 x_1 + N_2 x_2 \\ u_0(x) = N_1 u_1 + N_2 u_2 \\ \varphi(x) = N_1 \varphi_1 + N_2 \varphi_2 \end{cases} \tag{A.1}$$

其中的形函数 N_1 与 N_2 定义如(2.13)所示。

现在，考虑梁单元轴线上各点在 y 向与 z 向的位移 v_0 与 w_0，以及横截面在 xy 平面内的偏转角 θ_v 和在 xz 平面内的偏转角 θ_w，用形函数插值表示为

$$\begin{cases} v_0(x) = H_1 v_1 + \frac{1}{2} l H_2 \theta_{v1} + H_3 v_2 + \frac{1}{2} l H_4 \theta_{v2} \\ \theta_v(x) = \mathrm{d}v_0/\mathrm{d}x = 2\dot{H}_1 v_1/l + \dot{H}_2 \theta_{v1} + 2\dot{H}_3 v_2/l + \dot{H}_4 \theta_{v2} \\ w_0(x) = H_1 w_1 + \frac{1}{2} l H_2 \theta_{w1} + H_3 w_2 + \frac{1}{2} l H_4 \theta_{w2} \\ \theta_w(x) = dw_0/\mathrm{d}x = 2\dot{H}_1 w_1/l + \dot{H}_2 \theta_{w1} + 2\dot{H}_3 w_2/l + \dot{H}_4 \theta_{w2} \end{cases} \tag{A.2}$$

其中 l 为梁单元的长度，形函数 $H_1 \sim H_4$ 称为埃尔米特插值多项式，其定义为

$$\begin{cases} H_1 = \frac{1}{4}(1-\xi)^2(2+\xi) \\ H_2 = \frac{1}{4}(1-\xi)^2(\xi+1) \\ H_3 = \frac{1}{4}(1+\xi)^2(2-\xi) \\ H_4 = \frac{1}{4}(1+\xi)^2(\xi-1) \end{cases} \quad \begin{cases} \dot{H}_1 = \frac{3}{4}(\xi-1)(1+\xi) \\ \dot{H}_2 = \frac{1}{4}(\xi-1)(3\xi+1) \\ \dot{H}_3 = \frac{3}{4}(1+\xi)(1-\xi) \\ \dot{H}_4 = \frac{1}{4}(1+\xi)(3\xi-1) \end{cases} \quad \begin{cases} \ddot{H}_1 = +\frac{3}{2}\xi \\ \ddot{H}_2 = \frac{1}{2}(3\xi-1) \\ \ddot{H}_3 = -\frac{3}{2}\xi \\ \ddot{H}_4 = \frac{1}{2}(3\xi+1) \end{cases} \tag{A.3}$$

验证可知，埃尔米特插值多项式满足以下条件

	H_1	$\mathrm{d}H_1/\mathrm{d}\xi$	H_2	$\mathrm{d}H_2/\mathrm{d}\xi$	H_3	$\mathrm{d}H_3/\mathrm{d}\xi$	H_4	$\mathrm{d}H_4/\mathrm{d}\xi$
$\xi=-1$	1	0	0	1	0	0	0	0
$\xi=+1$	0	0	0	0	1	0	0	1

因此，(A.2) 不仅插值两结点的横向位移，而且插值两结点处横截面的偏转角。

如图 A-2 所示，横截面在轴向的扭转角(即绕 x 轴的转角) φ、在 xy 平面内的偏转角(即绕 z 轴的转角) θ_v、在 xz 平面内的偏转角(即绕 y 轴的转角) θ_w，对横截面内各点产生的附加位移(在横截面形心位移的基础上)可表示为

$$\begin{cases} u_\theta(x,y,z) = -y\theta_v + z\theta_w \\ v_\varphi(x,y,z) = -z\varphi \\ w_\varphi(x,y,z) = y\varphi \end{cases} \tag{A.4}$$

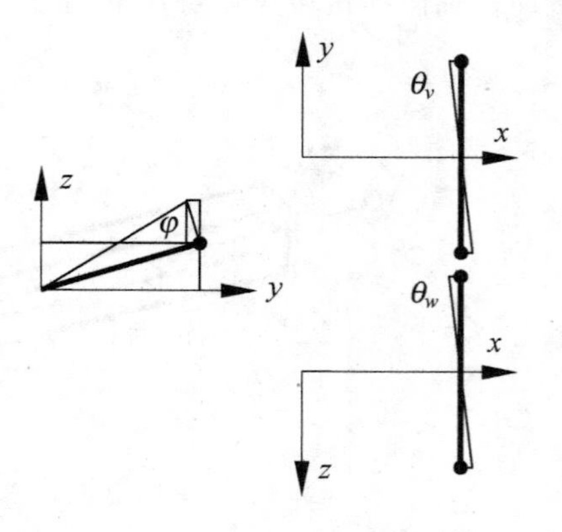

图 A-2 横截面的变形

从而，梁单元内各点(并非仅指轴线上的点)的位移可以表示为

$$\begin{cases} u(x,y,z) = u_0(x) + u_\theta(x,y,z) \\ v(x,y,z) = v_0(x) + v_\varphi(x,y,z) \\ w(x,y,z) = w_0(x) + w_\varphi(x,y,z) \end{cases} \tag{A.5}$$

将(A.1)～(A.4)代入上式并整理，有

$$\boldsymbol{u}^{(e)} = [u \quad v \quad w]^{\mathrm{T}} = \boldsymbol{N}\boldsymbol{q}^{(e)} \tag{A.6}$$

其中

$$\boldsymbol{q}^{(e)} = [u_1 \quad v_1 \quad w_1 \quad \varphi_1 \quad \theta_{v1} \quad \theta_{w1} \quad u_2 \quad v_2 \quad w_2 \quad \varphi_2 \quad \theta_{v2} \quad \theta_{w2}]^{\mathrm{T}} \tag{A.7}$$

为结点矢量，而

$$\boldsymbol{N} = \begin{bmatrix} N_1 - \frac{2}{l}y\dot{H}_1 & \frac{2}{l}z\dot{H}_1 & 0 & -y\dot{H}_2 & z\dot{H}_2 & N_2 - \frac{2}{l}y\dot{H}_3 & \frac{2}{l}z\dot{H}_3 & 0 & -y\dot{H}_4 & z\dot{H}_4 \\ 0 & H_1 & 0 & -zN_1 & \frac{1}{2}lH_2 & 0 & 0 & H_3 & 0 & -zN_2 & \frac{1}{2}lH_4 & 0 \\ 0 & 0 & H_1 & yN_1 & 0 & \frac{1}{2}lH_2 & 0 & 0 & H_3 & yN_2 & 0 & \frac{1}{2}lH_4 \end{bmatrix} \tag{A.8}$$

因此，有

$$\boldsymbol{m}^{(e)} = \rho\iiint_e \boldsymbol{N}^{\mathrm{T}}\boldsymbol{N}\mathrm{d}\Omega = \rho\int_{x_1}^{x_2}(\iint_A \boldsymbol{N}^{\mathrm{T}}\boldsymbol{N}\mathrm{d}\Sigma)\mathrm{d}x = \rho\frac{l}{2}\int_{-1}^{1}(\iint_A \boldsymbol{N}^{\mathrm{T}}\boldsymbol{N}\mathrm{d}\Sigma)\mathrm{d}\xi \tag{A.9}$$

其中 A 为单元的横截面积。由于这是一个 12×12 的对称矩阵，有 72 个元素需要计算，此处只给出其中六个元素的具体计算过程，以示读者

$$\begin{cases} m_{11} = \rho\frac{l}{2}\int_{-1}^{1}(N_1^2\iint_A \mathrm{d}\Sigma)\mathrm{d}\xi = \frac{\rho lA}{2}\int_{-1}^{1}N_1^2\mathrm{d}\xi = \frac{\rho lA}{3} \\ m_{12} = \rho\frac{l}{2}\int_{-1}^{1}(-\frac{2}{l}N_1\dot{H}_1\iint_A y\mathrm{d}\Sigma)\mathrm{d}\xi = -\rho S_y\int_{-1}^{1}N_1\dot{H}_1\mathrm{d}\xi = 0 \\ m_{13} = \rho\frac{l}{2}\int_{-1}^{1}(\frac{2}{l}N_1\dot{H}_1\iint_A z\mathrm{d}\Sigma)\mathrm{d}\xi = \rho S_z\int_{-1}^{1}N_1\dot{H}_1\mathrm{d}\xi = 0 \\ m_{22} = \rho\frac{l}{2}\int_{-1}^{1}[\iint_A(\frac{4}{l^2}\dot{H}_1^2y^2 + H_1^2)\mathrm{d}\Sigma]\mathrm{d}\xi = \frac{\rho}{l}(\frac{6}{5}I_{yy} + \frac{13}{35}A) = \frac{\rho}{l}(\frac{6}{5}I_{yy} + \frac{13}{35}A) \\ m_{23} = \rho\frac{l}{2}\int_{-1}^{1}(\frac{4}{l^2}\dot{H}_1^2\iint_A(-yz)\mathrm{d}\Sigma)\mathrm{d}\xi = \rho\frac{2}{l}(-\frac{3}{5}I_{yz}) = -\frac{6}{5}\frac{\rho}{l}I_{yz} \\ m_{24} = \rho\frac{l}{2}\int_{-1}^{1}[H_1N_1\iint_A(-z)\mathrm{d}\Sigma + H_1^2]\mathrm{d}\xi = 0 \end{cases} \tag{A.10}$$

其中 S_y 与 S_z 分别是对 z 轴与对 y 轴的截面静矩，由于坐标轴过形心，所以它们均为 0；I_{yy}、I_{zz}、I_{yz} 和 I_p 分别为对 z 轴的截面惯性矩、对 y 轴的截面惯性矩、对 yz 截面的惯性积和极惯性矩，它们的定义如下

$$\begin{aligned} &S_y = \iint_A y\mathrm{d}\Sigma; \quad S_z = \iint_A z\mathrm{d}\Sigma \\ &I_{yy} = \iint_A y^2\mathrm{d}\Sigma; \quad I_{zz} = \iint_A z^2\mathrm{d}\Sigma; \quad I_{yz} = \iint_A yz\mathrm{d}\Sigma; \quad I_p = \iint_A(y^2 + z^2)\mathrm{d}\Sigma \end{aligned} \tag{A.11}$$

经计算并整理，可得

$$
m^{(e)}=\frac{\rho}{420l}\times
\begin{bmatrix}
140l^2A & & & & & & & & & & & \\
0 & 156l^2A+504I_{yy} & & & & & & & & & & \\
0 & -504I_{yz} & 156l^2A+504I_{zz} & & & & & & & & & \\
0 & 0 & 0 & 140l^2I_p & & & & & & & \text{symmetric} & \\
0 & 22l^3A+42lI_{yy} & -42lI_{yz} & 0 & 4l^4A+56l^2I_{yy} & & & & & & & \\
0 & -42lI_{yz} & 22l^3A+42lI_{zz} & 0 & -56l^2I_{yz} & 4l^4A+56l^2I_{zz} & & & & & & \\
70l^2A & 0 & 0 & 0 & 0 & 0 & 140l^2A & & & & & \\
0 & 54l^2A-504I_{yy} & 504I_{yz} & 0 & 13l^3A-42lI_{yy} & 42lI_{yz} & 0 & 156l^2A+504I_{yy} & & & & \\
0 & 504I_{yz} & 54l^2A-504I_{zz} & 0 & 42lI_{yz} & 13l^3A-42lI_{zz} & 0 & -504I_{yz} & 156l^2A+504I_{zz} & & & \\
0 & 0 & 0 & 70l^2I_p & 0 & 0 & 0 & 0 & 0 & 140l^2I_p & & \\
0 & -13l^3A+42lI_{yy} & -42lI_{yz} & 0 & -3l^4A-14l^2I_{yy} & 14l^2I_{yz} & 0 & -22l^3A-42lI_{yy} & 42lI_{yz} & 0 & 4l^4+56l^2I_{yy} & \\
0 & -42lI_{yz} & -13l^3A+42lI_{zz} & 0 & 14l^2I_{yz} & -3l^4A-14l^2I_{zz} & 0 & 42lI_{yz} & -22l^3A-42lI_{zz} & 0 & -56l^2I_{yz} & 4l^4+56l^2I_{zz}
\end{bmatrix}
\tag{A.12}
$$

应该指出的是，在以上的推导过程中，首先需要满足小变形假设。此外，还采用了以下假设

第一，横截面在变形后仍保持为平面；

第二，变形后，横截面继续与形心轴曲线垂直；

第三，横截面的扭转中心为形心。

作为特例，考虑一种常用的情形，即仅在 xy 平面内受横向载荷与弯矩，因而变形也仅发生在此平面内的平面梁的情形。这时，结点向量退化为

$$\boldsymbol{q}^{(e)} = [v_1 \quad \theta_{v1} \quad v_2 \quad \theta_{v2}]^{\mathrm{T}} \tag{A.13}$$

由于不考虑其他 8 个自由度，所以(A.12) 中含有 A、I_{yz}、I_{zz} 和 I_p 的项均为零，若记 I_{yy} 为 I，则有

$$\boldsymbol{m}^{(e)} = \frac{\rho I}{420l}\begin{bmatrix} 504 & & & S \\ 42l & 56l^2 & & \\ -504 & -42l & 504 & \\ 42l & -14l^2 & -42l & 56l^2 \end{bmatrix} = \frac{\rho I}{30l}\begin{bmatrix} 36 & & & S \\ 3l & 4l^2 & & \\ -36 & -3l & 36 & \\ 3l & -l^2 & -3l & 4l^2 \end{bmatrix} \tag{A.14}$$

为了计算刚度矩阵，首先计算各点位移对空间坐标的偏导数

$$\begin{cases} \dfrac{\partial u}{\partial x} = \dfrac{\partial u_0}{\partial x} + \dfrac{\partial u_\theta}{\partial x} = \dfrac{\mathrm{d}\xi}{\mathrm{d}x}\left(\dfrac{\partial u_0}{\partial \xi} + \dfrac{\partial u_\theta}{\partial \xi}\right) \\ \quad = \dfrac{2}{l}\left[\dfrac{u_2 - u_1}{2} - y\left(\dfrac{2}{l}\ddot{H}_1 v_1 + \ddot{H}_2\theta_{v1} + \dfrac{2}{l}\ddot{H}_3 v_2 + \ddot{H}_4\theta_{v2}\right)\right. \\ \quad \left. + z\left(\dfrac{2}{l}\ddot{H}_1 w_1 + \ddot{H}_2\theta_{w1} + \dfrac{2}{l}\ddot{H}_3 w_2 + \ddot{H}_4\theta_{w2}\right)\right] \\ \dfrac{\partial v}{\partial y} = \dfrac{\partial v_\varphi}{\partial y} = 0; \quad \dfrac{\partial w}{\partial z} = \dfrac{\partial w_\varphi}{\partial z} = 0 \end{cases} \tag{A.15}$$

$$\begin{cases} \dfrac{\partial u}{\partial y} + \dfrac{\partial u}{\partial z} = \dfrac{\partial u_\theta}{\partial y} + \dfrac{\partial u_\theta}{\partial z} = -\theta_v + \theta_w \\ \quad = -\dfrac{2}{l}\dot{H}_1 v_1 - \dot{H}_2\theta_{v1} - \dfrac{2}{l}\dot{H}_3 v_2 - \dot{H}_4\theta_{v2} + \dfrac{2}{l}\dot{H}_1 w_1 + \dot{H}_2\theta_{w1} + \dfrac{2}{l}\dot{H}_3 w_2 + \dot{H}_4\theta_{w2} \\ \dfrac{\partial v}{\partial x} + \dfrac{\partial v}{\partial z} = \dfrac{\partial v_0}{\partial x} + \dfrac{\partial v_\varphi}{\partial x} + \dfrac{\partial v_\varphi}{\partial z} \\ \quad = 2\dot{H}_1 v_1/l + \dot{H}_2\theta_{v1} + 2\dot{H}_3 v_2/l + \dot{H}_4\theta_{v2} - \dfrac{z}{l}(\varphi_2 - \varphi_1) - (N_1\varphi_1 + N_2\varphi_2) \\ \dfrac{\partial w}{\partial x} + \dfrac{\partial w}{\partial y} = \dfrac{\partial w_0}{\partial x} + \dfrac{\partial w_\varphi}{\partial x} + \dfrac{\partial w_\varphi}{\partial y} \\ \quad = 2\dot{H}_1 w_1/l + \dot{H}_2\theta_{w1} + 2\dot{H}_3 w_2/l + \dot{H}_4\theta_{w2} + \dfrac{y}{l}(\varphi_2 - \varphi_1) + (N_1\varphi_1 + N_2\varphi_2) \end{cases} \tag{A.16}$$

可见只有一个正应力分量不为零，有

$$\boldsymbol{\varepsilon}^{(e)} = [\varepsilon_x \quad 0 \quad 0 \quad \gamma_{yz} \quad \gamma_{zx} \quad \gamma_{xy}]^{\mathrm{T}} = \boldsymbol{B}^{(e)} \boldsymbol{q}^{(e)} \tag{A.17}$$

其中

$$\boldsymbol{B}^{(e)} = \frac{1}{l^2}$$

$$\begin{bmatrix} -l & -4y\ddot{H}_1 & 4z\ddot{H}_1 & 0 & -2yl\ddot{H}_2 & 2zl\ddot{H}_2 & l & -4y\ddot{H}_3 & 4z\ddot{H}_3 & 0 & -2yl\ddot{H}_4 & 2zl\ddot{H}_4 \\ 0 & 0 & 0 & 0 & 0 & 0 & 0 & 0 & 0 & 0 & 0 & 0 \\ 0 & 0 & 0 & 0 & 0 & 0 & 0 & 0 & 0 & 0 & 0 & 0 \\ 0 & -2l\dot{H}_1 & 2l\dot{H}_1 & 0 & -l^2\dot{H}_2 & l^2\dot{H}_2 & 0 & -2l\dot{H}_3 & 2l\dot{H}_3 & 0 & -l^2\dot{H}_4 & l^2\dot{H}_4 \\ 0 & 2l\dot{H}_1 & 0 & zl-l^2N_1 & l^2\dot{H}_2 & 0 & 0 & 2l\dot{H}_3 & 0 & -zl-l^2N_2 & l^2\dot{H}_4 & 0 \\ 0 & 0 & 2l\dot{H}_1 & -yl+l^2N_1 & 0 & l^2\dot{H}_2 & 0 & 0 & 2l\dot{H}_3 & yl+l^2N_2 & 0 & l^2\dot{H}_4 \end{bmatrix} \tag{A.18}$$

可以按此式计算单元的刚度矩阵

$$\begin{aligned} \boldsymbol{k}^{(e)} &= \iiint_e \boldsymbol{B}^{(e)\mathrm{T}} \boldsymbol{D} \boldsymbol{B}^{(e)} \mathrm{d}\Omega = \int_{x_1}^{x_2} \left(\iint_A \boldsymbol{B}^{(e)\mathrm{T}} \boldsymbol{D} \boldsymbol{B}^{(e)} \mathrm{d}\Sigma\right) \mathrm{d}x \\ &= \frac{l}{2} \int_{-1}^{1} \left(\iint_A \boldsymbol{B}^{(e)\mathrm{T}} \boldsymbol{D} \boldsymbol{B}^{(e)} \mathrm{d}\Sigma\right) \mathrm{d}\xi \end{aligned} \tag{A.19}$$

这也是一个 12×12 的对称矩阵，有 72 个元素需要计算。需要说明的是，由于假设中并未考虑由于拉伸产生的横向收缩，因此需令材料矩阵 $\boldsymbol{D}$ 中的泊松比 $\nu = 0$；此处只给出其中两个元素的具体计算过程，以示读者

$$\begin{cases} k_{11} = \dfrac{E}{l^4} \cdot \dfrac{l}{2} \displaystyle\int_{-1}^{1} \left(l^2 \iint_A \mathrm{d}\Sigma\right) \mathrm{d}\xi = \dfrac{EA}{l} \\ k_{22} = \dfrac{E}{l^4} \cdot \dfrac{l}{2} \displaystyle\int_{-1}^{1} \left(16\ddot{H}_1^2 \iint_A y^2 \mathrm{d}\Sigma + 8 \times 0.5 l^2 \dot{H}_1^2\right) \mathrm{d}\xi = \dfrac{6El^2 + 60EI_{yy}}{5l^3} \end{cases} \tag{A.20}$$

照此计算，经整理可得

$$
k^{(e)}=\frac{E}{60l^3}\times
\left[\begin{array}{cccccccccccc}
60l^2A & & & & & & & & & & & \\
0 & 72l^2A+720I_{yy} & & & & & & & & & & \\
0 & -36l^2A-720I_{yz} & 72l^2A+720I_{zz} & & & & & & & & & \\
0 & 15l^3A & -15l^3A & 20l^4A+30l^2I_p & & & & & \textit{symmetric} & & & \\
0 & 6l^3A+360lI_{yy} & -3l^3A-360lI_{yz} & -5l^4A/2 & 8l^4A+240l^2I_{yy} & & & & & & & \\
0 & -3l^3A-360lI_{yz} & 6l^3A+360lI_{zz} & 5l^4A/2 & -4l^4A-240l^2I_{yz} & 8l^4A+240l^2I_{yz} & & & & & & \\
-60l^2A & 0 & 0 & 0 & 0 & 0 & 60l^2A & & & & & \\
0 & -72l^2A-720I_{yy} & 36l^2A+720I_{yz} & -15l^3A & -6l^3A-360lI_{yy} & 3l^3A+360lI_{yz} & 0 & 72l^2A+720I_{yy} & & & & \\
0 & 36l^2A+720I_{yz} & -72l^2A-720I_{zz} & 15l^3A & 3l^3A+360lI_{yz} & -6l^3A-360lI_{zz} & 0 & -36l^2A-720I_{yz} & 72l^2A+720I_{zz} & & & \\
0 & 15l^3A & -15l^3A & 15l^4A-30l^2I_p & 5l^4A/2 & -5l^4A2 & 0 & -15l^3A & 15l^3A & 20l^4A+30l^2I_p & & \\
0 & 6l^3A+360lI_{yy} & -3l^3A-360lI_{yz} & 5l^4A/2 & -2l^4A+120l^2I_{yy} & l^4A-120l^2I_{yz} & 0 & -6l^3A-360lI_{yy} & 3l^3A+360lI_{yz} & -5l^4A/2 & 8l^4A+240l^2I_{yy} & \\
0 & -3l^3A-360lI_{yz} & 6l^3A+360lI_{zz} & -5l^4A/2 & l^4A-120l^2I_{yz} & -2l^4A+120l^2I_{zz} & 0 & 3l^3A+360lI_{yz} & -6l^3A-360lI_{zz} & 5l^4A/2 & -4l^4A-240l^2I_{yz} & 8l^4A+240l^2I_{zz}
\end{array}\right]
\tag{A.21}
$$

作为特例，考虑一种常用的情形，即仅在 xy 平面内受横向载荷与弯矩，因而变形也仅发生在此平面内的平面梁的情形。这时，结点向量退化为(A.13)。由于不考虑其他 8 个自由度，所以(A.21) 中含有 A、I_{yz}、I_{zz} 和 I_p 的项均为零，若记 I_{yy} 为 I，则有

$$\boldsymbol{k}^{(e)} = \frac{EI}{60l^3}\begin{bmatrix} 720 & & & S \\ 360l & 240l^2 & & \\ -720 & -360l & 720 & \\ 360l & 120l^2 & -360l & 240l^2 \end{bmatrix} = \frac{EI}{l^3}\begin{bmatrix} 12 & & & S \\ 6l & 4l^2 & & \\ -12 & -6l & 12 & \\ 6l & 2l^2 & -6l & 4l^2 \end{bmatrix} \tag{A.22}$$

对于框架中的梁单元，其局部自由度矢量 $\boldsymbol{q}^{(e)}$ 与全局自由度矢量 $\boldsymbol{Q}^{(e)}$ 的转换式为

$$\boldsymbol{q}^{(e)} = \boldsymbol{L}\boldsymbol{Q}^{(e)} \tag{A.23}$$

其中

$$\boldsymbol{L} = \begin{bmatrix} \boldsymbol{\lambda} & & & 0 \\ & \boldsymbol{\lambda} & & \\ & & \boldsymbol{\lambda} & \\ 0 & & & \boldsymbol{\lambda} \end{bmatrix} \qquad \boldsymbol{\lambda} = \begin{bmatrix} l_1 & m_1 & n_1 \\ l_2 & m_2 & n_2 \\ l_3 & m_3 & n_3 \end{bmatrix} \tag{A.24}$$

l_i、m_i、$n_i (i = 1,2,3)$ 分别代表梁单元所在局部坐标系各坐标轴在全局坐标系中的单位方向矢量各分量。因而在全局坐标系中，单元的质量矩阵与刚度矩阵为

$$\boldsymbol{M}^{(e)} = \boldsymbol{L}^{\mathrm{T}}\boldsymbol{m}^{(e)}\boldsymbol{L} \qquad \boldsymbol{K}^{(e)} = \boldsymbol{L}^{\mathrm{T}}\boldsymbol{k}^{(e)}\boldsymbol{L} \tag{A.25}$$

B　稳态结构分析中的轴对称单元

在稳态结构分析中，当结构体在几何、约束与载荷三个方面均以同一轴对称时，可以将三维的问题简化成二维的问题。需要说明的是，在进行模态分析时，这种简化一般没有意义：因为实际结构不可能是绝对轴对称的，这将导致结构中出现并非轴对称的模态。

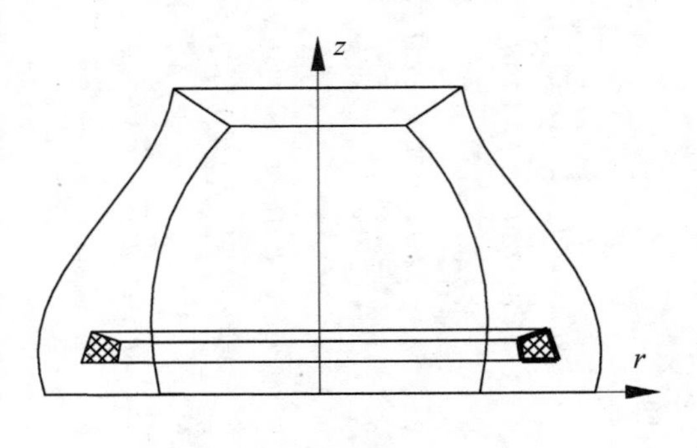

图 B-1　轴对称单元

如图B-1所示，所谓轴对称单元，其实质是一个将此单元作为断面绕回转轴线扫掠而成的回转体。假定半径轴为 r 轴，回转轴为 z 轴，周向角为 θ，沿两轴的位移分别为 u、w，则

$$\boldsymbol{\varepsilon}^{(e)} = [\varepsilon_r \quad \varepsilon_z \quad \gamma_{rz} \quad \varepsilon_\theta]^{\mathrm{T}} = \left[\frac{\partial u}{\partial r} \quad \frac{\partial w}{\partial z} \quad \frac{\partial u}{\partial z} + \frac{\partial w}{\partial r} \quad \frac{u}{r}\right]^{\mathrm{T}} = \boldsymbol{B}^{(e)}\boldsymbol{q}^{(e)} \tag{B.1}$$

$$\boldsymbol{\sigma}^{(e)} = [\sigma_r \quad \sigma_z \quad \tau_{rz} \quad \sigma_\theta]^{\mathrm{T}} = \boldsymbol{D}\boldsymbol{\varepsilon}^{(e)} \tag{B.2}$$

其中

$$\boldsymbol{D} = \frac{\boldsymbol{E}}{(1+\nu)(1-2\nu)}\begin{bmatrix} 1-\nu & \nu & 0 & \nu \\ \nu & 1-\nu & 0 & \nu \\ 0 & 0 & 0.5-\nu & 0 \\ \nu & \nu & 0 & 1 \end{bmatrix} \tag{B.3}$$

则

$$\boldsymbol{k}^{(e)} = \iiint_e \boldsymbol{B}^{(e)\mathrm{T}}\boldsymbol{D}\boldsymbol{B}^{(e)}\,\mathrm{d}\Omega = \int_0^{2\pi}\left(\iint_A r\boldsymbol{B}^{(e)\mathrm{T}}\boldsymbol{D}\boldsymbol{B}^{(e)}\,\mathrm{d}\Sigma\right)\mathrm{d}\theta = 2\pi\iint_A r\boldsymbol{B}^{(e)\mathrm{T}}\boldsymbol{D}\boldsymbol{B}^{(e)}\,\mathrm{d}\Sigma \tag{B.4}$$

下面，以三角形线性单元为例，进行具体推导。

首先，令

$$\boldsymbol{q}^{(e)} = [u_1 \quad w_1 \quad u_2 \quad w_2 \quad u_3 \quad w_3]^{\mathrm{T}} \tag{B.5}$$

代表轴对称三角形单元的结点向量。则单元的等参变换及其内位移的分布可表示为

$$\begin{cases} r = N_1 r_1 + N_2 r_2 + N_3 r_3 \\ z = N_1 z_1 + N_2 z_2 + N_3 z_3 \end{cases} \qquad \begin{cases} u = N_1 u_1 + N_2 u_2 + N_3 u_3 \\ w = N_1 w_1 + N_2 w_2 + N_3 w_3 \end{cases} \tag{B.6}$$

其中形函数 N_1，N_2 与 N_3 如(2.40)所示。

参照(4.33)，并注意到(B.1)中 ε_θ 的表达式，有

$$\boldsymbol{B}^{(e)} = \frac{1}{2A_e}\begin{bmatrix} z_{23} & 0 & z_{31} & 0 & z_{12} & 0 \\ 0 & r_{32} & 0 & r_{13} & 0 & r_{21} \\ r_{32} & z_{23} & r_{13} & z_{31} & r_{21} & z_{12} \\ 2A_e N_1/r & 0 & 2A_e N_2/r & 0 & 2A_e N_3/r & 0 \end{bmatrix} \tag{B.7}$$

其中 A_e 为单元面积，而各非零元素的下标表示两个相应下标的量作差，如 $z_{23} = z_2 - z_3$。

习 题 答 案

第 1 章　预备知识

1.1　解答：与代定系数法相比，拉格朗日插值不必求解方程组就可直接写出插值结果，当插值点位不变而函数值变化时，这种方法特别适用。

1）这五个拉格朗日插值多项式为

$$L_1=\frac{(x-2)(x-3)(x-4)(x-5)}{(1-2)(1-3)(1-4)(1-5)}=\frac{1}{24}(x-2)(x-3)(x-4)(x-5)$$

$$L_2=\frac{(x-1)(x-3)(x-4)(x-5)}{(2-1)(2-3)(2-4)(2-5)}=-\frac{1}{6}(x-1)(x-3)(x-4)(x-5)$$

$$L_3=\frac{(x-1)(x-2)(x-4)(x-5)}{(3-1)(3-2)(3-4)(3-5)}=\frac{1}{4}(x-1)(x-2)(x-4)(x-5)$$

$$L_4=\frac{(x-1)(x-2)(x-3)(x-5)}{(4-1)(4-2)(4-3)(4-5)}=-\frac{1}{6}(x-1)(x-2)(x-3)(x-5)$$

$$L_5=\frac{(x-1)(x-2)(x-3)(x-4)}{(5-1)(5-2)(5-3)(5-4)}=\frac{1}{24}(x-1)(x-2)(x-3)(x-4)$$

2）3)4）对照如下图。

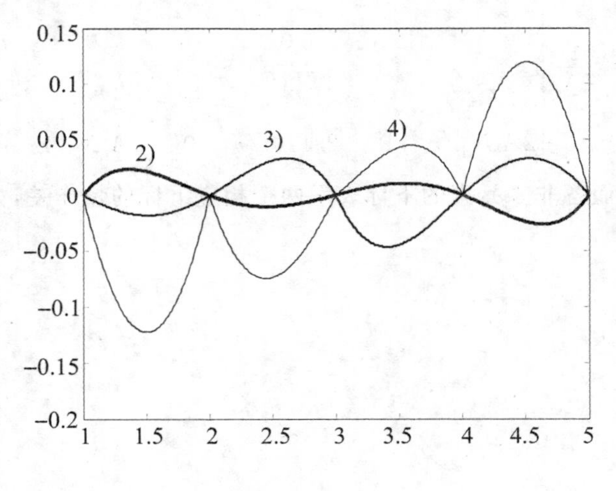

图 1.1

5）整体插值误差小；分段插值误差大。

1.2　解答：取5项解，即 $n=4$，有

$$N_1^{(5)}(x)=\begin{cases}-4x+1 & [0,1/4]\\ 0 & \text{其余}\end{cases}$$

$$N_2^{(5)}(x)=\begin{cases}4x & [0,14]\\ -4x+2 & [1/4,2/4]\\ 0 & \text{其余}\end{cases}$$

$$N_3^{(5)}(x)=\begin{cases}4x-1 & [1/4,24]\\ -4x+3 & [2/4,3/4]\\ 0 & \text{其余}\end{cases}$$

$$N_4^{(5)}(x)=\begin{cases}4x-2 & [2/4,34]\\ -4x+4 & [3/4,1]\\ 0 & \text{其余}\end{cases}$$

$$N_5^{(5)}(x)=\begin{cases}4x-3 & [3/4,1]\\ 0 & \text{其余}\end{cases}$$

同时

$$u_1^{(5)}=0$$

$$u_5^{(5)}=0$$

$$\ddot{u}^{(5)}(x)=\begin{cases}16(u_3^{(5)}-2u_2^{(5)}) & [0,1/4]\\ 16(u_4^{(5)}-u_3^{(5)}-u_2^{(5)})/2 & [1/4,2/4]\\ 16(-u_4^{(5)}-u_3^{(5)}+u_2^{(5)})/2 & [2/4,3/4]\\ 16(-2u_4^{(5)}+u_3^{(5)}) & [3/4,1]\end{cases}$$

由于5个待定系数中首末两个已经确定，只有中间三个待求，因此在(1.12)中只取中间三式，有

$$\begin{cases}\int_0^{1/4} 4x[16(u_3^{(5)}-2u_2^{(5)})+u_2^{(5)}\cdot 4x+x]\mathrm{d}x \\ +\int_{1/4}^{2/4}(-4x+2)[16(u_4^{(5)}-u_3^{(5)}-u_2^{(5)})/2+u_2^{(5)}(-4x+2)+u_3^{(5)}(4x-1)+x]\mathrm{d}x=0 \\ \int_{1/4}^{2/4}(4x-1)[16(u_4^{(5)}-u_3^{(5)}-u_2^{(5)})/2+u_2^{(5)}(-4x+2)+u_3^{(5)}(4x-1)+x]\mathrm{d}x \\ +\int_{2/4}^{3/4}(-4x+3)[16(-u_4^{(5)}-u_3^{(5)}+u_2^{(5)})/2+u_3^{(5)}(-4x+3)+u_4^{(5)}(4x-2)+x]\mathrm{d}x=0 \\ \int_{2/4}^{3/4}(4x-2)[16(-u_4^{(5)}-u_3^{(5)}+u_2^{(5)})/2+u_3^{(5)}(-4x+3)+u_4^{(5)}(4x-2)+x]\mathrm{d}x \\ +\int_{3/4}^{1}(-4x+4)[16(-2u_4^{(5)}+u_3^{(5)})+u_4^{(5)}(-4x+4)+x]\mathrm{d}x=0\end{cases}$$

解之，有

$$u_2^{(5)}=22983/559720,\quad u_3^{(5)}=141/1999,\quad u_4^{(5)}=34977/559720$$

1.3 解答：如果可以将质点位置表示成广义坐标的线性组合，则称这个质点系受到了线性几何约束。一个典型的例子是做平面运动的均匀弹性直杆，其截面尺度与长度相比可忽略不计。这时，可取直杆两端点的平面坐标 $A(x_1,y_1)$ 与 $B(x_2,y_2)$ 为广义坐标，则杆上任意点 C（或微元体）的坐标可以表示成

$$\begin{cases}x=\dfrac{n}{l}x_1+\dfrac{m}{l}x_2 \\ y=\dfrac{n}{l}y_1+\dfrac{m}{l}y_2\end{cases}$$

其中 l、m 和 n 分别代表直杆两端点 A、B 在初始位置的距离、点 C 与点 A 在初始位置的距离和点 C 与点 B 在初始位置的距离。

1.4 解答：求偏导

$$\begin{cases}\dfrac{\partial u}{\partial x}=10^{-3}(2x+6y); & \dfrac{\partial u}{\partial y}=10^{-3}(6x-4y) \\ \dfrac{\partial v}{\partial y}=10^{-3}(2y-6); & \dfrac{\partial v}{\partial x}=3\times 10^{-3}\end{cases}$$

所以

$$\begin{Bmatrix}\varepsilon_x \\ \varepsilon_y \\ \gamma_{xy}\end{Bmatrix}=\begin{Bmatrix}10^{-3}(2x+6y) \\ 10^{-3}(2y-6) \\ 10^{-3}(6x-4y+3)\end{Bmatrix}$$

$$\sigma_z=\nu E(\varepsilon_x+\varepsilon_y)/(1+\nu)/(1-2\nu)=40(x+4y-3)(\mathrm{MPa})$$

1.5 解答：对三维问题而言，至少需要确定 6 个自由度，才能确保有唯一解；对二维问题而言，至少需要确定 3 个自由度，才能确保有唯一解。

1.6 解答:先将二维热传导问题的方程用极坐标形式表示。即引入变换

$$\begin{cases} x = r\cos(\theta) \\ y = r\sin(\theta) \end{cases} \Rightarrow \begin{cases} r = \sqrt{x^2 + y^2} \\ \theta = \arctan(y/x) \end{cases}$$

后,方程(1.42) 为

$$\rho c \frac{\partial T}{\partial t} - \frac{k}{r} \cdot \frac{\partial}{\partial r}(r \cdot \frac{\partial T}{\partial r}) - \frac{k}{r} \cdot \frac{\partial}{\partial \theta}(\frac{1}{r} \cdot \frac{\partial T}{\partial \theta}) - Q = 0$$

边界条件为

$$T = T_1 \qquad (在 \Gamma_1 上)$$

$$k \frac{\partial T}{\partial r} = q_2 \qquad (在 \Gamma_2 上)$$

$$k \frac{\partial T}{\partial r} = h(T_3 - T) \qquad (在 \Gamma_3 上)$$

在本题中,由于问题是稳态且轴对称的,所以必有

$$\frac{\partial T}{\partial t} = \frac{\partial T}{\partial \theta} = 0$$

从而有

$$\frac{k}{r} \cdot \frac{\partial}{\partial r}(r \cdot \frac{\partial T}{\partial r}) = -Q \Rightarrow \frac{d}{dr}(r \cdot \frac{dT}{dr}) = -\frac{Q}{k}r$$

$$r \cdot \frac{\partial T}{\partial r} = -\frac{Q}{2k}r^2 \Rightarrow T = C - \frac{Q}{4k}r^2$$

其中 C 为待定常数,代表圆心点的温度。考虑到边界处的热交换条件,有

$$k(-\frac{Q}{2k}R) = h(T_h - C + \frac{Q}{4k}R^2)$$

从而有

$$C = \frac{Q}{4k}R^2 + \frac{Q}{2h}R + T_h$$

1.7 解答:对于传热学的稳态分析问题,至少需要满足两个条件,才能确保有唯一解。第一,边界上所有区域必为三类条件所覆盖;第二,至少需要知道一个点的温度(如果边界上存在第一类边界条件,则此条件自然满足)。

1.8 解答:

1) 因为在圆上或圆外的任一点上,有

$$\begin{cases} \dfrac{\partial U}{\partial x} = -U_\infty \dfrac{2r_0^2 x(3y^2 - x^2)}{(x^2 + y^2)^3} \\ \dfrac{\partial V}{\partial y} = -2U_\infty \dfrac{r_0^2 x(x^2 - 3y^2)}{(x^2 + y^2)^2} \end{cases}$$

所以

$$\frac{\partial U}{\partial x}+\frac{\partial V}{\partial y}=0$$

2）求流场的二阶导数，有

$$\begin{cases}\dfrac{\partial^2 U}{\partial x^2}=-6U_\infty\dfrac{2r_0^2(x^4-6x^2y^2+y^4)}{(x^2+y^2)^4}\\ \dfrac{\partial^2 V}{\partial y^2}=\quad 6U_\infty\dfrac{2r_0^2(x^4-6x^2y^2+y^4)}{(x^2+y^2)^4}\end{cases}$$

将流场速度、一阶导数与上式同时代入运动方程，并注意到对时间的导数项与体积力项均为零，即有

$$\begin{cases}\dfrac{\partial P}{\partial x}=-2\rho U_\infty^2 r_0^2\dfrac{x(x^2-3y^2-r_0^2)}{(x^2+y^2)^3}\\ \dfrac{\partial P}{\partial y}=-2\rho U_\infty^2 r_0^2\dfrac{y(3x^2-y^2-r_0^2)}{(x^2+y^2)^3}\end{cases}$$

第一式对 x 积分或第二式对 y 积分，有

$$P=\frac{1}{2}\rho U_\infty^2 r_0^2\frac{2x^2-2y^2-r_0^2}{(x^2+y^2)^2}+P_\infty$$

3）根据流线的定义，有

$$\frac{\mathrm{d}y}{\mathrm{d}x}=\frac{V(x,y)}{U(x,y)}=\frac{-2r_0^2xy}{x^4+2x^2y^2+y^4-r_0^2x^2+r_0^2y^2}$$

将

$$x^2+y^2=r_0^2$$

对两边求微分，有

$$x\mathrm{d}x+y\mathrm{d}y=0\quad\Rightarrow\quad\frac{\mathrm{d}y}{\mathrm{d}x}=-\frac{x}{y}$$

这是半径为 r_0 的半圆成为流线的充要条件。另一方面，考虑在圆上的流场分布，有

$$\begin{aligned}\left.\frac{V(x,y)}{U(x,y)}\right|_{x^2+y^2=r_0^2}&=\frac{-2r_0^2xy}{x^4+2x^2y^2+y^4-r_0^2x^2+r_0^2y^2}\\&=\frac{-2r_0^2xy}{(x^2+y^2)^2-r_0^2x^2+r_0^2y^2}=\frac{-2r_0^2xy}{r_0^4-r_0^2x^2+r_0^2y^2}\\&=\frac{-2xy}{r_0^2-x^2+y^2}=\frac{-2xy}{y^2+y^2}=\frac{-2xy}{2y^2}=-\frac{x}{y}\end{aligned}$$

对照可知，半径为 r_0 的两个半圆确为流线。

1.9 解答：对于流体力学的稳态分析问题，至少需要满足两个边界条件，才能确保有唯一解。第一，在边界上，要么给定场值，要么给定热流密度和速度分量在边界法向的导数（通常选择其法向导数为零的面作为边界）。第二，至少需要给定一个结点的温度和压力（如果边界上已有给定场值的点，则此条件自然满足）。

第 2 章　单元、形函数与分段插值

2.1　解答:在有限元分析中,直角坐标的量纲是长度;重心坐标的量纲为 1,或者没有量纲。

2.2　解答:在有限元分析中,结点是指问题域内离散的样本点;单元是指邻近的若干结点构成的子域;形函数是指在用结点上的场值通过插值方法估计单元内任一点场值时所用的插值函数,通常是多项式。

2.3　解答:这时,4 个形函数分别为

$$\begin{cases} N_1 = (\xi - 1)(\eta - 1) \\ N_2 = -\xi(\eta - 1) \\ N_3 = \xi\eta \\ N_4 = -(\xi - 1)\eta \end{cases}$$

可以验证,其和恒为 1。

$$\boldsymbol{J} = \begin{bmatrix} \partial N_1/\partial\xi & \partial N_2/\partial\xi & \partial N_3/\partial\xi & \partial N_4/\partial\xi \\ \partial N_1/\partial\eta & \partial N_2/\partial\eta & \partial N_3/\partial\eta & \partial N_4/\partial\eta \end{bmatrix} \begin{bmatrix} x_1 & x_2 & x_3 & x_4 \\ y_1 & y_2 & y_3 & y_4 \end{bmatrix}^{\mathrm{T}}$$

$$= \begin{bmatrix} \eta - 1 & 1 - \eta & \eta & -\eta \\ \xi - 1 & -\xi & \xi & 1 - \xi \end{bmatrix} \begin{bmatrix} x_1 & x_2 & x_3 & x_4 \\ y_1 & y_2 & y_3 & y_4 \end{bmatrix}^{\mathrm{T}}$$

2.4　解答:

因为

$$N_1 = \lambda_1;\quad N_2 = \lambda_2;\quad N_3 = \lambda_3$$

$$\begin{cases} x = \sum_{i=1}^{3} N_i x_i = \lambda_1 x_1 + \lambda_2 x_2 + (1 - \lambda_1 - \lambda_2) x_3 \\ y = \sum_{i=1}^{3} N_i y_i = \lambda_1 y_1 + \lambda_2 y_2 + (1 - \lambda_1 - \lambda_2) y_3 \end{cases}$$

所以

$$\boldsymbol{J} = \frac{\partial(x, y)}{\partial(\lambda_1, \lambda_2)} = \begin{bmatrix} 1 & 0 & -1 \\ 0 & 1 & -1 \end{bmatrix} \begin{bmatrix} x_1 & y_1 \\ x_2 & y_2 \\ x_3 & y_3 \end{bmatrix} = \begin{bmatrix} x_1 - x_3 & y_1 - y_3 \\ x_2 - x_3 & y_2 - y_3 \end{bmatrix} = \begin{bmatrix} x_{13} & y_{13} \\ x_{23} & y_{23} \end{bmatrix}$$

2.5　解答:等参单元有效的条件,即是局部坐标系与全局直角坐标系之间形成一一映射的条件,也就是等参变换雅可比矩阵的行列式 $|\boldsymbol{J}|$ 不等于 0。

2.6　解答:第一个误差来源,是指网格划分的边界与问题域的边界没有完全重合;第二个误差来源,是指单元内场值的计算采用了插值估计的方法。

2.7 解答:镜像对称是指结构与载荷(含约束)都是关于一个平面对称的。轴对称是指结构与载荷(含约束)都是关于一个轴对称的,即都是回转体的形式。

受重力作用的两端完全固定的水平等截面梁,就是一个镜对称的结构分析实例。这时可以采用梁单元建模,沿梁长方向为 X 轴,结点自由度有 UX,UY,UZ,$ROTX$,$ROTY$,$ROTZ$ 六个。建模时可取一半建模,镜像对称在半分点上给出的约束为:$UX = ROTY = ROTZ = 0$。

内壁温度均匀的锥形烟囱,就是轴对称的传热分析实例。这时可以采用平面实体传热单元建模,烟囱中心轴线为 Y 轴,结点自由度为 $TEMP$。建模时只取位于 XY 平面内 X 大于零的截面进行建模即可,而对称约束的约束方程则已隐含在建模中了。

第3章 弹性结构分析的有限元格式

3.1 解答:单元质量矩阵的力学含义是将单元质量产生的作用等效地离散到单元结点上,其计算公式为

$$\boldsymbol{m}^{(e)} = \rho \iiint_e \boldsymbol{N}^{\mathrm{T}} \boldsymbol{N} \mathrm{d}\Omega$$

单元刚度矩阵的力学含义是将单元弹性产生的作用等效地离散到单元结点上,其计算公式为

$$\boldsymbol{k}^{(e)} = \iiint_e \boldsymbol{B}^{(e)T} \boldsymbol{D} \boldsymbol{B}^{(e)} \mathrm{d}\Omega$$

单元等效载荷列阵的力学含义是将单元所受外力产生的作用等效地离散到单元结点上。

3.2 解答:另外三种误差分别是:第一种,采用数值积分计算单元上的各种矩阵元素时引入的误差;第二种,采用数值方法求解有限元格式的方程组时,会引入的数值误差;第三种,简化模型时引入的误差。

3.3 解答:在弹性结构体的有限元分析中,为了采用拉格朗日方程导出有限元格式,需要引入的线性几何约束,指的正是通过结点场值估算单元内任意一点的插值方法。以图 3-1为例,这一线性几何约束对(1)号单元重心点的相应系数分别为 1/3,1/3 和 1/3。

3.4 解答:比例阻尼指阻尼矩阵可以表示为质量矩阵与刚度矩阵的线性组合。引入比例阻尼只是一种简化实际阻尼的方法,这种简化的模型在采用振型叠加法进行瞬态分析时将会显著降低问题的复杂性,但也同时引入了模型误差。

3.5 解答:在弹性结构的有限元分析中,装配的力学含义实际上是建立每个结点的力学平衡方程,从而构造以全局自由度为未知数的方程组。

第 4 章 弹性结构稳态分析

4.1 解答:最大变形 7.3mm,最大应力 96.2MPa。

4.2 解答:到 1/16 建模。Von Mises 应力的最大值为 2.2MPa。

4.3 解答:

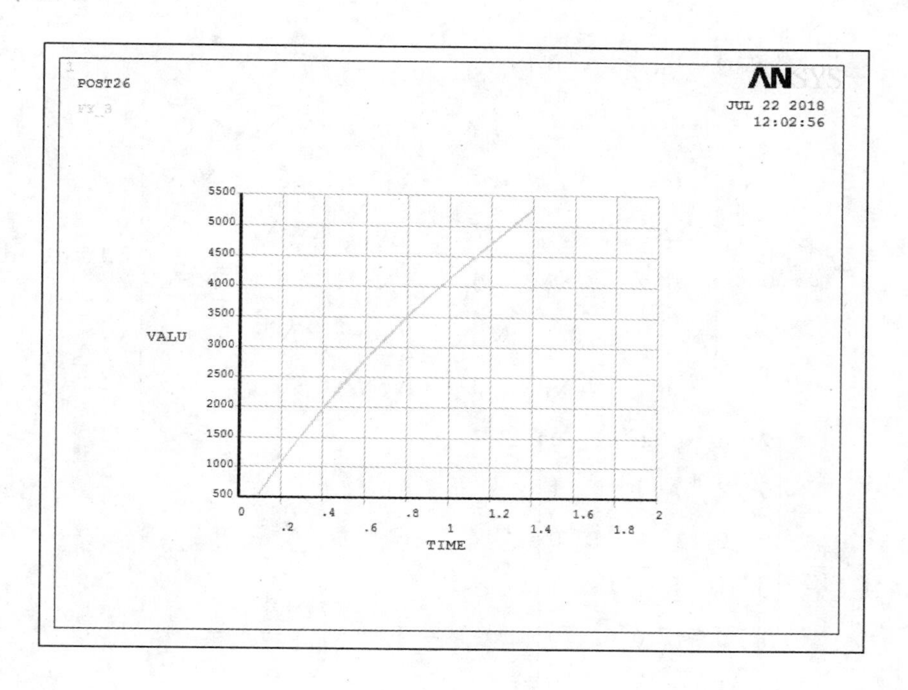

题 4.3 图

4.4 解答:建立 Block 几何模型,在右端中心点建立一个质量质点 Mass21,并将其与右端的四条边约束成刚体,之后再将 Mass21 的 UX、UY、$ROTX$、$ROTY$ 均约束为零,将 $ROTZ$ 约束为 pi/180,UZ 自由;左端全约束。取单元尺度为 2.5mm 分网,求解结果为:1592.8MPa。

第 5 章 弹性结构动态分析

5.1 解答:三结点线性结构单元的三个形函数为

$$N_1 = \lambda_1;\quad N_2 = \lambda_2;\quad N_3 = \lambda_3$$

相应的雅可比矩阵为

$$\boldsymbol{J} = \frac{\partial(x,y)}{\partial(\lambda_1,\lambda_2)} = \begin{bmatrix} x_1 - x_3 & y_1 - y_3 \\ x_2 - x_3 & y_2 - y_3 \end{bmatrix} = \begin{bmatrix} x_{13} & y_{13} \\ x_{23} & y_{23} \end{bmatrix} \Rightarrow |\boldsymbol{J}| = 2A_e$$

其中 A_e 为单元的面积。在整个单元上的位移分布为

$$\boldsymbol{u}=\begin{bmatrix}u\\v\end{bmatrix}=\begin{bmatrix}N_1&0&N_2&0&N_3&0\\0&N_1&0&N_2&0&N_3\end{bmatrix}\boldsymbol{q}^{(e)}=\boldsymbol{N}\boldsymbol{q}^{(e)}$$

其中单元的结点位移矢量为

$$\boldsymbol{q}^{(e)}=[q_1\quad q_2\quad q_3\quad q_4\quad q_5\quad q_6]^{\mathrm{T}}$$

质量矩阵为

$$\boldsymbol{m}^{(e)}=\rho\iiint_e\boldsymbol{N}^{\mathrm{T}}\boldsymbol{N}\mathrm{d}\Omega=\rho t_e\iint_{A_e}\boldsymbol{N}^{\mathrm{T}}\boldsymbol{N}\mathrm{d}S$$

$$=\rho t_e\int_0^1\left(\int_0^{1-\lambda_2}\begin{bmatrix}N_1^2&0&N_1N_2&0&N_1N_3&0\\0&N_1^2&0&N_1N_2&0&N_1N_3\\N_2N_1&0&N_2^2&0&N_2N_3&0\\0&N_2N_1&0&N_2^2&0&N_2N_3\\N_3N_1&0&N_3N_2&0&N_3^2&0\\0&N_3N_1&0&N_3N_2&0&N_3^2\end{bmatrix}|\boldsymbol{J}|\,\mathrm{d}\lambda_1\right)\mathrm{d}\lambda_2$$

$$=\frac{\rho A_e t_e}{12}\begin{bmatrix}2&0&1&0&1&0\\0&2&0&1&0&1\\1&0&2&0&1&0\\0&1&0&2&0&1\\1&0&1&0&2&0\\0&1&0&1&0&2\end{bmatrix}$$

5.2 解答:固有频率是一个弹性结构可以被激发出来的自由振动频率,用每秒多少次即 Hz 来表征,固有振型则是指对应于固有频率的振动形式,通常用各自由度的振幅的相对值来表示。所谓模态分析,就是计算一个弹性结构的固有频率及其相应的固有振型,通常最感兴趣的是从最低的固有频率开始的几个。

5.3 解答:用 COMBIN14 模拟弹簧,用 MASS21 模拟质点,将其中一个质点 A 的两个自由度均约束为 0,另一个质点 B 沿 AB 方向的自由度约束为 0,进行模态分析,结果为:0.227,0.356和 0.483。

5.4 解答:用 BEAM188 结合 Tapered Sections 建立 5 个梁单元,再用 MASS21 模拟三个红绿灯(设定无旋转自由度),约束至平面框架,求解可得:五个固有频率分别为 4.2、13.8、39.6、109.7 和 703.1。

5.5 解答:在非线性分析中,显式解法更具优势,因为在非线性分析中每个增量步的刚度矩阵 $\boldsymbol{K}$ 都要修正,而显式解法求解的方程组系数矩阵与 $\boldsymbol{K}$ 无关;显式解法比较适合用于机械波传播问题的分析,因为这类问题需要很小的时间步长,而显式解法也正好需要很小的时间步长。隐式方法与此正好相反:它在非线性分析中没有优势,并且不适合机械波传播问题,但它适合结构的动力学问题,因为这类问题中低频成分通常是主要的,所以通常可以取更大的时间步长。

5.6 解答:在特定的条件下,在积分运动方程之前,可以将其转换成若干个互不耦合的方程,这时每个方程可以单独求解,从而显著减少时间开销,称为振型叠加法。在实际应用中,通常只要得到若干个低阶固有振型的叠加,就能较好地近似估计系统的实际响应。这是由于高阶固有振型对系统的实际贡献本来就小,而有限元法对高阶固有振型的解精度又差,再有就是实际载荷的低频成分也往往远大于高频成分。需要说明的是,这种方法对非线性系统无效。因为对非线性系统而言,刚度矩阵 $\boldsymbol{K}$ 不是常数矩阵,因而固有振型也是不定常的。

第 6 章 多体接触结构分析

6.1 解答:按照结构是否达成受力平衡,多体接触的结构分析分为稳态分析与瞬态分析;按照单体之间相对运动的性质,多体接触的结构分析分为约束为主型与碰撞为主型两种;按照接触区域的描述形式,分为自由度耦合、线性方程约束、运动副单元与面—面接触等不同的形式。

6.2 解答:自由度耦合的典型应用,包括模拟由两个结点构成的回转副和球副和将一个弹性体(或部分)刚化为刚体等。其局限有:第一,只能模拟相对简单的几种运动副;第二,不能提供运动副接触面上具体的接触情况,比如实际接触面积,接触压强,等信息;第三,无法模拟在运动副中存在摩擦的情形。

6.3 解答:线性方程约束的典型应用是模拟由三个结点构成的移动副,其中两个结点来自称为导轨的运动构件,另一个结点来自称为滑块的构件,但仅限小变形情形。其局限是:既不能提供运动副接触面上具体的接触情况,比如实际接触面积,接触压强,等信息;也无法模拟在运动副中存在摩擦的情形。

6.4 解答:在 ANSYS 中,常用的运动副单元有回转副、万向铰链、移动副、圆柱副、螺旋副和球副等多种。其局限是:既不能提供运动副接触面上具体的接触情况,比如实际接触面积,接触压强,等信息;也无法模拟在运动副中存在摩擦的情形。

6.5 解答:在 ANSYS 中,面—面接触型接触单元就是在构成运动副的构件按其实际的三维(或二维)形状构建出来并分别完成三维(或二维)实体网格划分之后,在其相互接触的表面(或边线)上,分别构建一层二维(或一维)的单元,其中一层称为目标(TARGET)单元,另一层称为接触(CONTACT)单元。单元的形状实际上就是三维(或二维)实体网格划分之后自然形成的表面(或边线)网格,只是被赋予了新的含义和功能。FTOLN 的含义为允许接触单元侵入目标单元的深度容差。

6.6　解答:因为两者都需要很小的时间步。

6.7　解答:用 Workbench 中的 Explicit Dynamics 模块,分别建立半球壳与一块小台板,进行分析。

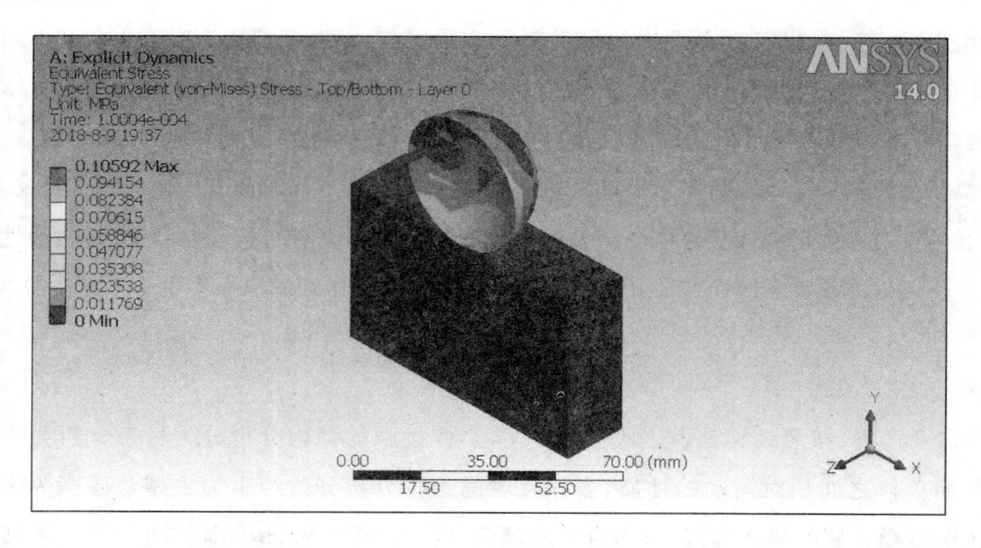

题 6.7 图

第 7 章　有限元传热分析

7.1　解答:

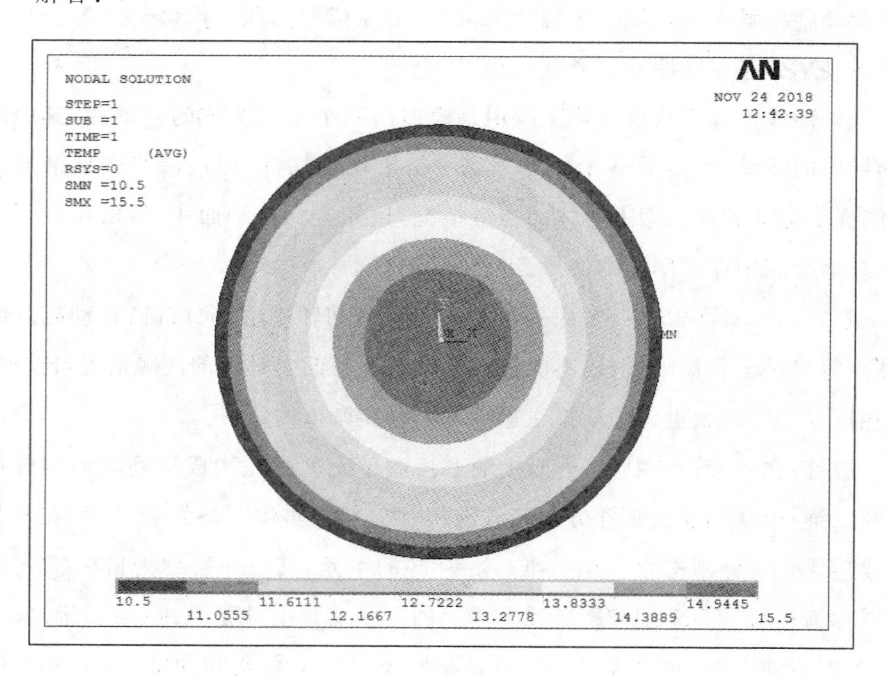

题 7.1 图

7.2 解答:第一,由于内部表面总是成对出现在相邻的单元中,因而其上的热流密度积分,即热流在最后装配时会自动抵消,因而无须计算,这就是式(7.9)中第一处采用“≙”而不是“=”的原因。第二,对位于表面 Σ_1 上的单元表面,也无须计算,这是因为:对于单元在这个表面上的结点,因其对应的积分只对式(7.6)中的 $\boldsymbol{K}_c$ 产生贡献,而这个矩阵在求解 $\boldsymbol{T}_u$ 时用不到,因而无须计算;对于不在这个表面上的结点,则因其相应的形函数在这个表面上为零,因而计算结果必为零,无须计算,这就是式中第二处采用“≙”的原因。

7.3 解答:建立半轴截面,用 PLANE183 单元,先加 100℃的载荷,分成 50 子步(100 子步将不能收敛,只能降低精度取 50 子步),并保存每个子步,打开大变形开关,计算完成后,打开动画,观察跳变结果。

第 8 章 有限元流场分析

8.1 解答:选 FLUID141,建立有限元模型;点击 Preprocessor>FLORTRAN Set Up >Flow Environment>FLOTRAN Coor Sys,选 Polar or Cylin,即选极坐标系为参照系。施加无穷远速度 VX=500 条件时,先选定三条直边上的所有结点,然后执行如下程序

```
N=NDNEXT(0)
*DOWHILE, N
X=NX(N)
Y=NY(N)
R=SQRT(X*X+Y*Y)
D,N,VX,500*X/R
D,N,VY,-500*Y/R
N=NDNEXT(N)
*ENDDO
```

最大速度与压力结果为

	$\mu=10^{-3}$	$\mu=10^{-6}$	$\mu=10^{-9}$	$\mu=0$
500	883mm/s,0.224MPa			
1000	665mm/s,0.132MPa	958mm/s,0.123MPa		
2000	634mm/s,0.126MPa	950mm/s,0.121MPa	952mm/s,0.121MPa	
理论				1000mm/s,0.125MPa

8.2 解答:在例 8.2 模型的基础上,引入 FLUID142,按法向拉伸 40 份建模,迭代 100 步,轴向流速图与压力图分别如下。

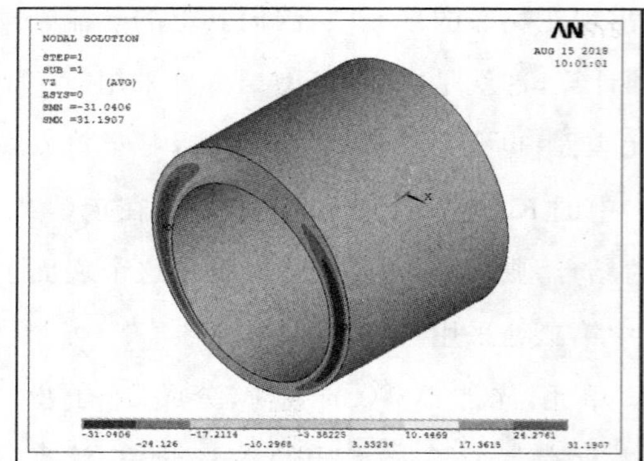
NODAL SOLUTION
STEP=1
SUB =1
VZ (AVG)
RSYS=0
SMN =-31.0406
SMX =31.1907
AUG 15 2018
10:01:01

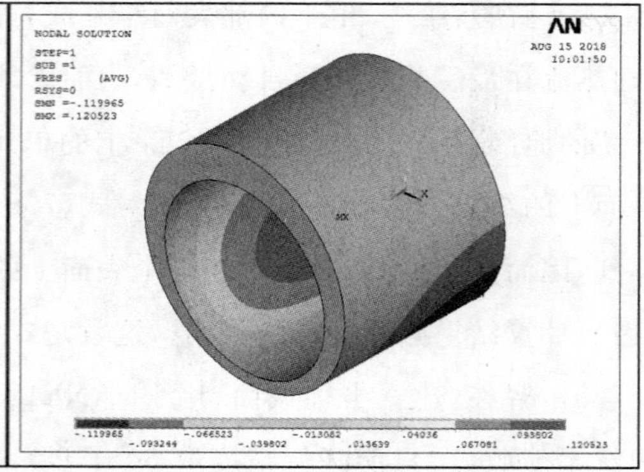
NODAL SOLUTION
STEP=1
SUB =1
PRES (AVG)
RSYS=0
SMN =-.119965
SMX =.120523
AUG 15 2018
10:01:50

题 8.2 图

参考文献

[1] Saeed Moaveni. FINITE ELEMENT ANALESYS: Theory and Application with ANSYS (Second Edition). New Jersey (USA):Pearson Education,Inc. ,2003.

[2] (美)T. R. 钱德拉佩特拉,A. D. 贝莱冈度. 工程中的有限元法. 北京:机械工业出版社,2008.

[3] 王勖成,邵敏. 有限单元法基本原理和数值方法(第二版). 北京:清华大学出版社,1997.

[4] 金英玉,杨兆华. 弹塑性力学. 北京:地质出版社,2010.

[5] 刘彦丰,高正阳,梁秀俊. 传热学. 北京:中国电力出版社,2015.

[6] 林建忠,阮晓东,陈邦国,等. 流体力学. 北京:清华大学出版社,2006.

[7] 王福军. 计算流体动力学分析——CFD 软件原理与应用. 北京:清华大学出版社,2017.

[8] 浦广益,ANSYS Workbench 基础教程与实例详解(第二版). 北京:中国水利水电出版社,2013.

[9] ANSYS. Inc. ,ANSYS Help 14.0,在线电子文档,2011.